监控平台解密
IT 系统风险感知和洞察

姜才康　何　玮　蒋德良　邢世友　杜旭东　编著

電子工業出版社.

Publishing House of Electronics Industry

北京 · BEIJING

内 容 简 介

本书采用循序渐进的方式，介绍了如何从零开始构建一个企业级监控平台的相关理论技术和实践方法。首先从监控系统规划及原理出发，逐步介绍监控系统的发展历程、总体规划、分类、工作原理、模式分类及监控事件总线；随后自底向上依次对计算机硬件设备、虚拟机监控、操作系统监控、数据库监控、中间件监控、Docker 容器监控、应用监控、日志监控等内容做了介绍；最后对监控系统发展趋势即智能监控做了展望及介绍。通过对本书的学习，可以对计算机监控系统的基本原理、设计思想、实现方式等方面有全面、深入的了解。

图书在版编目（CIP）数据

监控平台解密：IT 系统风险感知和洞察 / 姜才康等编著. —北京：电子工业出版社，2022.6
ISBN 978-7-121-43377-1

Ⅰ. ①监… Ⅱ. ①姜… Ⅲ. ①监控系统－研究 Ⅳ. ①TP277.2

中国版本图书馆 CIP 数据核字（2022）第 081545 号

责任编辑：朱雨萌
印　　刷：北京天宇星印刷厂
装　　订：北京天宇星印刷厂
出版发行：电子工业出版社
　　　　　北京市海淀区万寿路 173 信箱　　邮编：100036
开　　本：720×1 000　1/16　印张：19.25　字数：388 千字
版　　次：2022 年 6 月第 1 版
印　　次：2022 年 6 月第 1 次印刷
定　　价：102.00 元

凡所购买电子工业出版社图书有缺损问题，请向购买书店调换。若书店售缺，请与本社发行部联系，联系及邮购电话：(010) 88254888，88258888。
质量投诉请发邮件至 zlts@phei.com.cn，盗版侵权举报请发邮件至 dbqq@phei.com.cn。
本书咨询联系方式：zhuyumeng@phei.com.cn。

推荐序一

近年来，以 5G、物联网、大数据、云计算、人工智能、区块链、量子科技等为代表的新技术与金融业务融合步伐的加速，有效提升了金融服务的能力和效率，科技赋能金融业创新将成为增强金融稳定发展的动力核心。金融科技创新催生了智能化、精细化、多元化的新场景，有效促进了企业的数字化转型，但是金融科技在为金融发展注入新活力的同时，也深刻改变了风险的传播方式和传播速率，并且随着微服务、云原生、容器化等理念或技术被逐渐引入企业系统建设工作中，系统运行及建设模式逐步从稳态转变为敏态，系统之间的交互方式变得越来越复杂。这些因素对业务系统在稳定运行、业务连续性保障、金融风险防范等方面都带来了不小的挑战，而解决这些问题的有效手段之一就是打造一个可以对业务系统运行情况和 IT 全栈要素实现立体化监控及健康度评估，并且能够做到事前智能预警、事后快速定位的监控平台，从而实现对系统风险的多维度、全天候监测，从源头提升安全风险防范能力。

不仅在金融行业内，在各个行业中，无论系统规模大小、系统架构是单体架构还是分布式架构、所用技术是传统技术还是新兴技术，都需要对业务系统尤其是核心业务系统及所承载的业务功能进行持续监控，并结合相关风险防范机制确保问题早发现、漏洞早补救、风险管得住，所以建设一套可靠好用的监控平台是夯实企业信息化建设工作的重要一环。

本书编著者姜才康深耕于金融科技领域，长期从事金融行业应用软件设计开发、技术标准制定和技术管理等工作，在构建全方位的银行间市场风险治理和安全运维体系等方面有着丰富的经验。他和他的团队将从业以来关于 IT 系统监控平台建设所积累的实践经验、领域知识及解决方案等内容进行归纳总结，为读者详细介绍了从底层基础设施到上层业务监控各个阶段所涉及的监控原理、实现技术及实施方法等内容，从理论到实践，皆言之有物，是一本不可多得的介绍监控平台建设的专业书籍。

最后，祝每位读者通过对本书的阅读都能够在各自的专业领域里打开新的思路，不断提升信息系统建设质量和运行保障水平，在科技创新浪潮中，奋楫扬帆，逐浪前行。

李伟

中国人民银行科技司司长

推荐序二

　　金融基础设施作为国家发展和稳定金融市场的主要载体，对于系统的稳定性和可靠性要求极高，运维团队作为最后一道防线，起到了至关重要的作用。近年来，随着分布式、云原生系统架构的逐渐兴起，系统的复杂度日渐上升，传统的手工运维已经逐渐被自动化的运维平台所替代，一个高可靠、可扩展的运维平台方能支撑起高度复杂的业务系统。

　　如今运维平台的监控范畴也早已跨越了针对系统硬件和网络设备的传统监控，要求运维平台的建设人员能以业务人员的视角出发去审视系统功能，从设计人员的视角入手拆解系统架构，从开发人员的视角介入去理解应用代码，把基础资源和应用系统作为一个整体，用系统论的方法去分析问题，在工具平台层面找到落脚点，综合运用传统监控技术与人工智能、数据挖掘的新兴技术，最终通过快速迭代的建设方式形成监控和运营一体化、为业务赋能的运维平台。

　　作为金融系统的建设者，无论是业务人员、设计人员、开发人员还是运维人员，掌握运维平台的运行机制和相关技术知识，合理运用平台功能来跟踪、预警和解决应用系统日常运行问题，都是必不可少的技能，有些时候还能起到事半功倍的效果。

　　本书从监控平台的原理和规划谈起，既涵盖了传统的计算机设备、虚拟机、操作系统监控，也囊括了常用的数据库和中间件监控，还有针对性地介绍了日志分析在各类监控领域中的应用和基于容器化技术的应用系统监控原理及实现方式。全书内容覆盖完整，行文深入浅出，是一本既有广度又有深度的工具书。

　　本书编著者姜才康长期战斗在银行间市场业务系统建设的最前线，先后参与了四代本外币交易系统的建设和运维工作，是业内有名的运维专家，熟知系统运维和监控领域的相关产品及技术。本书是其近三十年工作经验的精华，可供有志于了解或从事运维工作的读者参考，相信各位读者在阅读此书后会获益匪浅。

许再越

跨境银行间支付清算有限责任公司总裁

推荐序三

运维监控，在很多人看来是一个传统的技术领域，在过去的二十多年里，BMC Patrol、HP OpenView、IBM Tivoli 等外企传统监控产品一度成为国内监控领域的标配产品，但最近五年开源逐渐被认知、云计算成为数据中心建设核心、云原生开始崭露头角，新的运维监控技术和产品被大量采用，开源的 Zabbix、Prometheus 等监控系统逐渐成为主角。同时，人工智能技术的加持使得近几年智能运维 AIOps 成为大家关注的热点，通过人工智能技术提前发现问题、预防问题乃至自动解决问题，不正是运维团队一直期望和梦想的吗？所以，运维监控也是一个与时俱进的技术分支，其重要性随着企业数字化进程而相应提升。

中国外汇交易中心的核心交易系统是我国金融市场的重要金融基础设施，其本币、外币两大国内外交易系统及数十个周边交互系统共同承载覆盖国内外银行、证券、保险等行业 3 万多家机构投资者每天海量的本外币交易及相关业务。如何确保这么多系统及组件稳定运行，如何第一时间发现隐患，运维监控系统在其中扮演着最关键的角色。本人有幸曾和外汇交易中心的技术团队共同参与早期运维监控系统的规划和建设工作，外汇交易中心的技术团队经过多年实践，积累了大量宝贵经验，从 IBM Tivoli 到开源 Zabbix 监控，再到自研监控系统，所用监控工具及技术不断迭代，管理效能不断提升，确保了交易系统数十年如一日地可靠运行。

本书编著者姜才康负责的部门从开发中心到数据中心，经历了核心业务系统从开发阶段到生产运维阶段的全过程。哪里是可能的风险点、哪里是可能的性能瓶颈、哪里必须实现秒级监控、哪里需要进行历史数据汇总分析，他了然于心，他带队搭建的监控平台是业务系统长期稳定运行不可或缺的组成部分。

本书没有深奥的原理，也没有花哨的技术包装，实实在在从实战角度出发，从一个从业多年，同时具备开发和运维深厚经验的专家角度诠释了监控系统的建设之路，是一本在智能监控平台建设领域非常有参考价值的著作，相信读过此书的读者都会有自己的体会和收获。

沈鸥

北京青云科技股份有限公司副总裁

前　言

在 IT 建设工作中，监控一直扮演着重要角色。我们能否在应用系统及其所依赖的各类基础设施发生异常时及时探测异常、迅速定位问题原因、快速解决异常，以及总结经验、避免再次发生类似问题，在很大程度上取决于监控系统的支持程度。可以说，在数据中心的建设过程中，监控贯穿了各个环节，从最上层的应用系统到底层的基础设施，都需要通过不间断的、近乎实时的监控检测措施来保障业务的连续性。监控系统的建设工作是各企业内部一项最基础，同时也是最重要的工作，尤其是在对业务连续性要求非常高的金融机构内，构建一套成熟完备的监控系统更是重中之重。

在业务系统结构不复杂、业务规模不大的情况下，监控系统的建设相对没有那么复杂，我们通过搭建一套主流的监控系统，就可以实现大部分的监控需求了。但是，随着 IT 技术的快速迭代和发展，云计算、容器、分布式架构等技术在企业内部的应用、落地及推广程度逐渐加深，以及相应配套基础设施的规模呈几何级数增加，构建一个能够第一时间发现问题、精准定位问题，甚至可以通过大数据分析、人工智能等手段进行异常预警及事后分析且避免同类问题再次发生的监控系统就并非易事了。这对监控系统的功能、监控信息的准确性和及时性、监控范围的覆盖程度，以及监控系统自身的高可用性等方面都提出了更高的要求，涉及从底层基础设施到顶层应用系统的各个领域的监控实施工作。我们几乎很难找到一套可以满足所有监控需求的监控系统，所以监控系统的建设工作通常包括把对各类监控细分领域实施精细化监控的监控系统或工具进行整合、定制开发及自研等工作。

本书试图以理论结合实践的方式，为读者介绍如何从 0 到 1 打造一个一体化企业级监控系统，全书共 11 章，第 1 章"监控系统规划及原理"详细介绍了监控运维管理的发展历程、监控体系总体规划、监控系统的分类、监控系统工作原理、监控系统运行模式分类，以及监控事件总线等内容；从第 2 章开始至第 10 章自底向上依次对计算机硬件设备、虚拟机、操作系统、数据库、中间件、Docker 容器、Kubernetes、应用，以及日志等领域实施监控的技术原理、常用监控指标及实现方式等内容做了介绍。第 11 章"智能监控"作为全书总结，对监控系统下一个阶段的发展趋势，即智能监控涉及的相关技术原理及常用智能监控功能做了介绍。本书第 1 章由姜才康编著；第 2 章、第 4 章、第 11 章由何玮编著；第 3 章、第 5 章、第 6 章、第 7 章由邢世友编著；第 8 章、第 9 章由蒋德良编著；第 10 章由杜旭东编著；全书由姜才康和蒋德良统稿。

监控系统的成功建设离不开运维和研发工程师的互相配合及共同努力，所以本书对运维和研发工作具有同样重要的意义。运维工程师通过对本书的系统学习，可以对监控系统的基本原理、设计思想、实现方式等内容有全面理解及深入掌握，从而将这些内容运用到监控系统的建设或完善工作中。研发工程师通过对本书的系统学习，可以更好地了解监控系统对应用系统进行监控的工作原理及可能产生的影响，从而在系统研发过程中更全面地考虑与监控系统的整合方式，构建能更加稳定运行的业务系统。

本书的出版离不开中国人民银行科技司、中国外汇交易中心及中汇信息技术（上海）有限公司各位领导的指导和同事们的大力支持，离不开电子工业出版社徐蔷薇和朱雨萌编辑的认真态度和辛勤工作，编著者都是利用业余时间完成本书的编写工作的，其间更是离不开家人的体谅与支持，在此一并表示由衷的感谢！同时，特别感谢中国人民银行科技司李伟司长、跨境银行间支付清算有限责任公司许再越总裁、北京青云科技股份有限公司沈鸥副总裁为本书倾情作序。

最后，因监控技术的迭代和新技术的涌现速度非常快，受限于水平和经验，书中内容的编写难免有欠妥和不足之处，热忱欢迎读者批评指正。

姜才康
2021 年 8 月于上海

目 录

第①章

监控系统规划及原理

在整个运维体系中，监控工作贯穿了运维管理工作的各个环节，从最上层的业务系统到底层的基础设施，都需要通过不间断的实时监控来保障业务的连续性。监控是一项最基础，同时也是最重要的工作。随着云计算、容器、分布式架构等技术在企业内部的应用、落地及推广，系统架构的复杂性及相应配套基础设施的规模呈几何级数增加，这些因素对监控工作的自动化程度、精准性，甚至监控自身的高可用性都提出了更高的要求，建设一个能够第一时间发现问题、精准定位问题，甚至可以通过大数据分析、人工智能等手段进行异常预警的监控平台显得尤为重要。本章将从监控系统的发展历程、监控系统常用架构、监控原理等方面对监控体系做一个介绍。

▶ 1.1　IT 监控运维管理的发展历程

谈到 IT 监控运维管理的发展历程，有必要先区分两个重要市场，一个是运营商市场，另一个是行业和企业市场。因为这两个市场的业务方向、体量，以及管理成熟度都有比较大的差别，因此 IT 监控运维系统的建设也有很大差异。IT 监控运维管理的目标是支撑业务运行、保障服务质量，尤其是在数据通信业务（运营商）早期阶段，这种业务差异尤为明显。

运营商同行业和企业业务结构的最大区别是，运营商的核心业务是提供数据通信服务，监控运维管理从一开始就是数据通信系统的重要组成部分，随运营商系统同步建设。IT 监控运维在运营商系统内发展较早，体系较成熟。

在运营商系统内，运营商的 IT 监控运维管理中，网管监控部分比行业和企业用户更为复杂，这部分功能运营商称之为 OSS（Operation Support System，运营支持系统），是面向线路信号、操作维护、运行质量报表、服务申请、故障处理流程等的。OSS 中相关监控主要用于监控局端线路、程控交换设备、基站及信号质量等方面。另外，还有拨测（及时发现线路故障）和网优（针对发现的问题进行网络优化）两个重要方面。早期的爱立信、北电网络、3com、摩托罗拉、朗讯、诺基亚、上海贝尔、华为等也都有自己独立的 OSS 网管、拨测及网优工具。

在行业和企业中，运维监控是围绕着业务系统的稳定运行和业务性能优化建立和展开的，网络监控是其早期的重点和重要组成部分，随着网络质量和稳定性的逐步提高，行业和企业用户的监控运维重点逐渐转变为业务的稳定保障、应用的性能优化，以及服务的 SLA（Service Level Agreement，服务等级协议）可度量等方面。

1.1.1 新兴的中国市场（1985—1994 年）

自 1978 年改革开放以来，我国开始引进国外先进的技术，建立、完善覆盖全国的电信基础设施网。在 20 世纪 80 年代中后期，程控交换设备开始投入使用，电话开始进入寻常百姓家庭，运营商随程控交换设备开始引入网络设备制造商配套的 OSS 网管软件，用于对制造商设备的操作与维护。当时的程控交换设备供应商主要有加拿大北电网络、美国 AT&T、法国阿尔卡特、瑞典爱立信、芬兰诺基亚等。

1984 年，当时的邮电部选择了比利时 ITT 贝尔公司，共同建立了我国高新技术领域第一家中外合资企业——上海贝尔（现上海诺基亚贝尔股份有限公司）。1985 年，上海贝尔第一条程控交换设备生产线投产，自身设备的网管软件也配套投入使用，这是最早的国产网管软件。

1.1.2 运营商大建设期（1995—2000 年）

1995 年，安装一部固定电话的初装费为 3000～4000 元，相当于当时普通消费者 10 个月的工资收入。为了打破垄断，解决通信资费昂贵的问题，管理层在这一阶段进行了重大调整、拆分。1994 年，电信局从邮电部独立出来，1995 年，中国电信成立，同时中国联通成立。1998 年，信息产业部组建，电信业实现政企分离，从中国电信又拆分出中国移动和中国卫星通信。这一阶段的拆分奠定了中国运营商格局，随后运营商进入新一轮的大建设时期。

面对中国巨大的通信市场，世界各通信设备制造巨头纷纷进入，这一时期的网管软件多为命令行方式，结合一些简单的网络质量检测工具，各厂商的网管软件只支持对自身程控交换设备的监控和操作，不能互相兼容。早期的网管软件对使用者的能力要求非常高，不仅需要精通程控交换原理，而且要非常了解所维护的网络的物理架构。

运营商需要面对的是管理不同的通信传输组网骨干设备，以及多品牌厂商的管理工具。如加拿大北电网络建设了全国的光传输骨干网，若干省份选择了芬兰诺基亚的 GSM，这些设备同时存在、构建、支撑着运营商不同的业务，如固定电话、寻呼、移动通信等。由表 1-1 运营商大建设期的厂商可见种类之繁多。

表 1-1　运营商大建设期的厂商

品　牌	国　籍	进入中国时间	发展现状	现品牌
阿尔卡特	法国	1984 年	2006 年收购了朗讯，2016 年被诺基亚收购	诺基亚
摩托罗拉	美国	1987 年	2011 年被谷歌收购；2014 年联想从谷歌手中收购了其原摩托罗拉手机业务	谷歌 联想
朗讯/贝尔（AT&T）	美国	1993 年	1995 年 AT&T 分拆出了朗讯（原通信设备制造部门+原贝尔实验室）和 NCR，2006 年朗讯被阿尔卡特合并，2016 年被诺基亚收购	诺基亚
爱立信	瑞典	1985 年	2001 年爱立信与索尼共同组建索尼爱立信，致力于手机终端市场，2012 年爱立信退出手机终端市场，把手机终端业务全部出让给索尼，专注于移动网络设备和通信服务	爱立信
诺基亚	芬兰	1985 年	现在的诺基亚包括阿尔卡特、朗讯、西门子通信（电信设备业务）	诺基亚
北电网络	加拿大	1987 年	2009 年陷入财务丑闻，随后破产	已破产
高通	美国	1998 年	移动通信领域、商用卫星、3G、4G、5G	高通
西门子通信	德国	1982 年	2006 年西门子电信设备业务部与诺基亚网络事业部合并，成立诺基亚西门子网络公司。2013 年西门子剩余的 50%股权全部被诺基亚收购，完全成为诺基亚	诺基亚

1. 运营商网管系统

随着越来越多运营商业务系统的建立，运营商运营管理的矛盾日益凸显。为了应对这些新问题，运营商建立了网管系统 OSS，OSS 面向网元、信令、动力环境等方向深化建设，由国内服务商实施国外产品，并以本地化开发为主，国外产品主要有 IBM Tivoli、HP Open View、BMC 等。

这一时期的监控系统相对原始网络监控时代，除了具备良好的图形化界面，还具备更加完整的系统性，即六大主要功能：网络性能管理、网络故障管理、网络配置管理、网络安全管理、服务请求管理及工单管理。

2. 行业企业网管工具

20 世纪 90 年代后期，行业/企业（如税务、金融、保险、电力、石化等）IT 的建设重点仍然是全国分支机构联网和传统业务电子化。虽然线路是租用运营商或自己敷设的，但线路或通信质量并不稳定。这一阶段行业/企业用户广域网建设的核心路由交换设备大量采用 Cisco 的设备，因此该阶段的企业用户网管工具主要是随购买设备配套的 Cisco Works，以及检查局域网敷设线路信号传输质量的工具 Fluke。

这一阶段的网管系统相较于早期监控系统已经比较完善，可以对网络设备包括交换机、路由器、防火墙和服务器等进行基础性能、故障的监控。行业/企业网管的重点工作是在网络建设和通信质量层面的。这一阶段对应用的质量缺乏有效的监控手段，仍然以人工巡检方式完成质量检查。

1.1.3 多元化的监控运维系统（2001—2010 年）

2001—2010 年，这个阶段的 IT 监控运维系统建设逐步体系化，企业机构开始引入 ITIL（Information Technology Infrastructure Library，IT 基础架构库）体系作为建设标准，监控工具也更加注重多维度和细分市场划分。客户开始注重 SLA 服务等级，通过建立以监控网管控制为核心的维护管理体系，形成以快速响应业务为中心的运维机制，完善面向业务的系统运行综合管理与维护方式，实现高质量、高可靠、高效率、低成本的维护目标，提高 IT 综合管理水平和维护效率。

随着 ITIL 体系的引入，IT 运维监控市场也开始向两个方向发展，大厂商通过并购、整合等方式向全面化覆盖方向发展，小厂商立足自身专业技术，精细化布局专业市场。

IBM Tivoli 和 HP OpenView 在早期 IT 服务领域，因各自硬件市场份额优势和销售优势，占领了大部分运营商和金融行业头部企业的 IT 基础架构管理和服务管理的软件市场。2005 年 12 月，IBM 以 8.65 亿美元收购了 Micromuse 公司，Micromuse 的 Netcool 系列产品能帮助用户建立一个自动化的网络管理运维平台。Omnibus 是 Netcool 产品的核心模块，该产品被很多企业沿用至今。

2007 年 7 月，HP 斥资 16 亿美元收购了 Opsware 公司，开始布局网络自动化和服务器自动化市场，Opsware 公司是在网络设备及服务器设备自动化配置领域技术较为领先的企业。

2007 年，专注于 IT 运维管理，包括基础架构监控、CMDB、IT 资产管理和运维自动化等多个 IT 管理领域的 BMC 公司也斥资 8 亿美元收购了 BladeLogic 公司，进一步布局 IT 自动化市场。

亿阳信通、神州泰岳、电讯盈科、南京南瑞等一批专业的大型综合运维系统实施服务商应运而生，它们通过代理 IBM、HP、BMC 等的产品，在帮助运营商及金融电力等行业企业落地运营商业务运营支撑系统、ITIL 实施服务的过程中，逐渐积累了 IT 监控运维管理核心技术。

同时，在这一时期，更多国产厂商开始打破技术垄断，诞生了许多拥有自主知识产权的高科技企业，典型的代表是华为公司和华三公司。在国内网络通信设备市场，这两家公司颇有渊源，当时华为公司主攻运营商市场，华三公司发力在企业网络建设市场。

华为公司和华三公司的发展，让国内运营商和企业通信网络建设的供应商格局发生了重大变化，这一变化也导致 IT 监控运维管理市场从之前的国外三大厂商（IBM、HP、BMC）垄断市场转变为更开放的市场，有了更多的参与者加入竞争。中国的 ITSS（Information Technology Service Standards，信息技术服务标准）运维标准化体系也在这一时期建立，国内监控运维厂商在这一时期蓬勃发展，典型的有上海北塔软件、网利友联、上海网强、北京游龙科技、广通信达等。

除了国外几大著名厂商，细分 IT 监控工具市场也在这一阶段得到充分的发展，如 SolarWinds 在网络管理、配置管理和流量管理方面处于领先地位，Netscout 的 Sniffer 在网络流量分析领域的领先优势一直延续至今。

1.1.4　面向云和应用（2010 年至今）

随着虚拟化、云计算，以及软件定义网络和存储的发展，基础架构在这一阶段被重构，IT 监控运维也转向智能化、专业化、精细化发展。之前的大型国际综合性监控运维软件逐渐被在各个细分领域研究更专业、投入更深入的开源或商业产品所替代，如可以对基础设施进行有效监控的 Zabbix 监控系统、对系统日志进行集中收集及分析的 ELK 监控系统、对容器编排系统 Kubernetes 进行监控的 Prometheus 系统、对应用调用链路进行跟踪及分析的 Dynatrace 系统等。

1.2　监控体系总体规划

构建一套完整的监控体系需要从 IT 运营体系的阶段性和监控系统建设的阶段性两个方面考量。项目管理中经常提到"渐进明细"一词，任何系统的建设都是一个在摸索中前行的过程，本节将分享监控体系构建的一些实践经验。

1.2.1　IT 运营体系的阶段性

监控体系的建设，规模小的可以是一套简单的监控系统，如运用 Zabbix 监控软件，实现操作系统、数据库等 IT 基础监控，也可以是整合网络监控、IT 基础监控、应用监控、点检系统、巡检机器人等监控系统与数据中心的流程管理、配置管理、大数据平台等共同组建的运维监控平台。

监控体系的构建需要参照 IT 运营组织的管理成熟度。处于不同管理成熟度的企业在选择自己的监控系统时区别很大，好的监控体系不能一味求大求全，也就是我们常说的"只买对的，不买贵的"。

参照图 1-1 IT 运营组织的管理成熟度发展的不同阶段，IT 运营组织的管理成熟度分不同阶段，包括：面向资源管理、面向应用和流程管理、面向服务管理、面向业务管理四个阶段。

图 1-1　IT 运营组织的管理成熟度发展的不同阶段

1. 面向资源管理阶段

该阶段的企业主要关注的是不同类别的 IT 基础资源的可用性和性能。处于该阶段的企业一般处于创业初级阶段，对外提供的服务单一，对时效性要求也不高，架构简单，服务器的类型、数量、版本等少，而且 IT 基础资源的配置和使用上以最低廉的成本实现基础功能，规范性差，可维护性也差。

企业将有限资源用于保障对外服务的"刀刃"上，运营资源被无限压缩，员工在企业中的运维手段和技术也很欠缺，常常使用人工点检的方式。

建议处于该阶段的企业将主要精力用在 IT 基础架构平台监控上和网络监控的设计和搭建上。如果有其他的特定需求和余力，可按照选择发展 IT 虚拟资源池监控、存储资源监控、动力环境监控，以及 IAAS 云监控等。

2. 面向应用和流程管理阶段

该阶段的企业开始关注跨越 IT 基础设施的业务应用端到端的管理，驱动来自应用可用性和服务水平。"古典经济学之父"亚当·斯密认为，分工导致劳动者技能的提高、时间的节约和技术进步，企业在发展过程中通过专业分工、有效协同来提高工作效率成为必然。管理能力和团队规模也将跟随业务增长而快速增长。

建议处于该阶段的企业基于上一阶段搭建的各类型基础监控发展用户体验、主动监控、应用性能监控和诊断，推进面向应用的 IT 资源管理持续优化，建立应用监控规范，构建 ITIL 服务支持流程，如有需求可选择发展 PAAS 云、混合云监控。

3. 面向服务管理阶段

该阶段的企业初具规模，为提高整个 IT 服务水平，需要 IT 基础设施、业务应用和服务的组合，驱动力来自 IT 整体服务水平要求。企业关注整体服务目录、每项服务的质量和效果，以及用户满意度。

建议处于该阶段的企业致力于搭建全渠道交互门户，集中管理告警和管理性能；设计企业自动配置库 CMDB，持续维护 CMDB 数据的正确性；完善 ITIL 服务交付流程，形成配置变更控制平台；集中汇聚运维组织过程资产、搭建运维知识库，并可初步建设运维大数据分析系统，为后续运维故障分析及预警打下基础。

4. 面向业务管理阶段

该阶段的企业关注每项服务成本，关注资源跟随业务要求的动态部署。处于该阶段的企业将视角完全转向业务，应逐步形成一套业务交易监控、业务服务监控规范、业务影响分析、业务监控指标体系、业务服务水平管理，以及运维绩效考核体系。

1.2.2 监控体系建设的阶段性

监控的工作就是发现故障、定位故障、解决故障、预防故障、及时准确告警、分析定位故障、高效快速排障、资源架构优化的过程，监控体系建设的阶段性如图 1-2 所示。

图 1-2 监控体系建设的阶段性

1. 阶段一 基础监控

目标：专业监控覆盖率→100%。

IT 设施有各种类别，任何单一的监控软件都有自己的局限性，无法满足所有 IT 设施监控的需求。当企业处于面向资源管理阶段时，不建议过多地使用各类专有监控软件，因为专有监控软件大多是由被纳管 IT 基础组件厂商设计开发的，在针对自己的组件监控上尚可发挥作用，但是针对同类型其他厂商的产品就显得不那么得心应手了，而且这类专有监控软件大多是闭源的，无法深度定制纳管其他厂商的产品。

在市面上各类监控软件中，搭建企业级基础监控系统建议采用 Zabbix，它几乎能满足你的"温饱"需求。Zabbix 是一款开源的 IT 基础监控解决方案，提供了多种数据收集方式，灵活的模板定义，高级告警配置，可实时绘图并扩展图形化显示网络拓扑等特性。即使 Zabbix 标准组件无法满足监控需求，用户也可以自行编写脚本实现定制需求，实现网络设备、服务器、Cloud、应用、服务等监控，Zabbix 监控解决方案如图 1-3 所示。

当然，Zabbix 监控无法作为动能环境监控使用，同样也不能用于业务交易路径监控，要覆盖所有的 IT 设施，需要以较完备的监控软件为基础。

2. 阶段二 集中监控

目标：事件及时响应→100%。

全方位监控

全面监控，适用于任何IT基础架构、服务、应用程序和资源的监控

网络设备监控	服务器监控	Cloud监控	应用监控	服务监控
采集网络中的所有性能指标和事件数据，全面监控网络性能，实时检测网络故障、排除故障	全面采集并监控物理和虚拟服务器的可用性、CPU、磁盘空间和内存利用率等关键性能指标	收集获取云资源的监控指标或用户自定义的监控指标，探测服务可用性，以及针对指标设置告警	实时获取应用性能数据，通过确保服务器与应用的正常健康运行，来保证关键业务系统的高可用性和性能	关注IT部门服务整体的可用性、SLA指标、现有IT基础设施架构的结构，以及更高层面的监控信息

图 1-3 Zabbix 监控解决方案

基础监控软件存在专业性，在阶段一中部署的多款基础监控软件之间无法做数据交互，存在数据"竖井壁垒"。但是任何生产事件是不会独立存在的，事件之间存在因果关系。在实际工作中，工程师只负责自己模块的事情，也同样存在"竖井壁垒"。这就造成了即使 IT 设施异常的事件通知到具体的工程师，他们在应对具体事件时也只能各行其是，事件是什么原因造成的，会影响其他什么业务，均无法定位。

集中监控的本质就是将各类基础监控软件事件、性能等数据集中汇聚和管理，为人工统筹、处置和管理事件提供一个接口。IBM Tivoli 产品架构是集中监控平台中相对比较成熟的架构，读者在搭建时可以参考，其架构如图 1-4 所示。

该平台用到了如下 Tivoli 产品线功能组件。

（1）ITM/ITCAM 用于操作系统、中间件、数据库等监控。

（2）Netcool/ OMNIbus 用于用户数据集中、转发、丰富、降噪等，为 IBM 多数架构的核心组件。OMNIbus 据称有 300 余项接口组件，其扩展性、性能、友好度、稳定性等均堪称翘楚之作。

（3）EIF Probe ITM/ITCAM 连接 OMNIbus 的接口。

（4）Syslog Probe Syslog 服务器连接 OMNIbus 的接口。

（5）Trap Probe 硬件连接 OMNIbus 的接口。

（6）ISM Probe 端口、ping、监控工具连接 OMNIbus 的接口。

（7）Precision 网络拓扑工具连接 OMNIbus 的接口。

（8）Netcool/Impact 用于 OMNIbus 连接 CMDB 并做事件丰富。

（9）TADDM 配置项自动发现工具。

（10）TIP 事件管理展示平台。

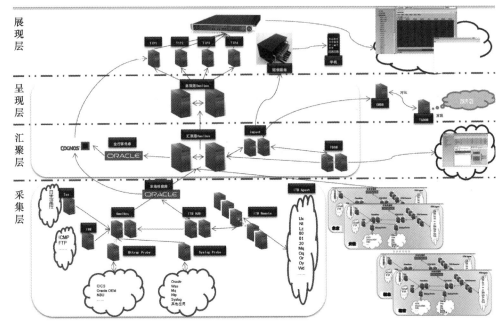

图 1-4　IBM Tivoli 的产品架构

（11）Cognos 报表工具。

（12）TEC 本地监控日志工具，在早期 IBM 项目中的作用类似于 OMNIbus。

如上组件共同构建了集中监控平台，OMNIbus 作为"万能胶"将各组件黏合在一起，构建了一个有扩展性的运维监控平台。

3. 阶段三　监控运营

目标：监控有效率→100%。

监控运营的范畴很大，简单概括起来就是"用最高效的方式满足监控需求，保证需求持续改进并有效"。让该被监控的被监控起来，该报的警报出来，不该报的警不报出来。另外，还要做好监控自动化，缩减监控运维成本，提高工作效率。做好监控与其他运维工具的集成，使大家能方便地使用监控，进而依赖监控，最终乐于使用监控。

4. 阶段四　根因定位

目标：故障定位时间→0。

根因定位解决的问题可概述为"发生了什么""为什么发生""影响到哪些业务"。

监控运维阶段是根因分析的"神经元"形成的过程。根因定位的关键词主要是"大数据""算法""AI"。IT 运维的根因分析不是玄学，而是一套依赖于切实可行的配置管理信息，以及行之有效的算法绘制故障"影响树"形成的降维故障影响元素，缩减故障定位成本，助力快速发现问题的一套方法论和解决方案。

5. 阶段五　协同止损

目标：MTTR（平均故障恢复时间）→0。

投资术语中的止损也叫"割肉"，是指当某项投资出现的亏损达到预定额度时，及时"斩仓出局"，以免形成更大亏损。监控中提到的止损通常也叫"自愈"，是指在监控系统探测到某些异常后，通过自动化软件或脚本等，按照预先定义好的操作流程，对已发生事件进行处置，以恢复生产运营的过程，以求及时解除生产事故，最小限度地影响生产。

协同止损发起于监控系统，由监控系统探测具体组件功能异常；其核心是基于 CMDB、知识库的告警决策模块，当然，决策在很大程度上也依赖根因定位；自动化模块完成事故异常的处理操作，也就是"监控"中的"控"。

6. 阶段六　故障规避

目标：MTBF（平均故障间隔时间）→∞。

业界常将运维人员称为"背锅侠"，故障是运维人员心中永远的痛，如果仅依赖监控发现问题，不对问题做改进，那无非是不断揭"伤疤"的痛。

在日常运维中，通过监控系统发现问题是最基础的要求，针对发现的问题不断深挖原因才是运维人应该具有的品质。我们有必要遵循 PDCA（Plan、Do、Check、Action）模型（见图 1-5）持续改进，依赖基础监控软件发现新问题、梳理故障脉络、快速定位问题根因，运用自动化平台高效解决问题、分析问题数据并规避问题，持续改善运维品质。

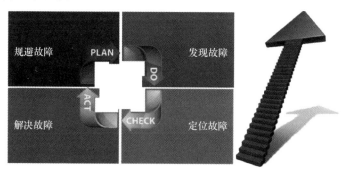

图 1-5　PDCA 模型

▶ 1.3 监控系统的分类

Gartner 在 *AIOps Will Provide Consolidated Analysis of Monitoring Data*（AIOps 将提供监控数据的综合分析）中将监控分为：ITIM、NPMD、APM、DEM 四类，各类监控软件及数据汇聚在一起构成了 IT 运维的人工智能（Artificial Interlligence For IT Operations，AIOps）监控，如图 1-6 所示。

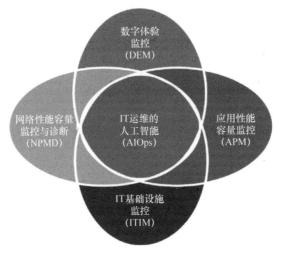

图 1-6　IT 运维的人工智能监控

1. ITIM（IT Infrastructure Monitoring，IT 基础设施监控）

IT 基础设施监控主要针对操作系统、数据库、中间件、服务器、存储等。当然，日常我们也使用 ITIM 监控软件做一些简单的业务级别的监控，如进程的状态、性能等。

现在市面上常见的 ITIM 软件有：Zabbix、Open-falcon、Prometheus、Sensu，商用的有 IBM Tivoli 系列中的 ITM/ITCAM、BMC 的 Potorl、HP 的 Openview Perfview/MeasureWare 等。

2. NPMD（Network Performance Monitoring and Diagnostics，网络性能容量监控与诊断）

网络性能容量监控与诊断常对应网络基础监控和网络性能容量监控（Network Performance Monitoring，NPM）两大类。

网络基础监控一般通过 SNMP、Syslog 等协议，主动或被动向网络设备获取相关数据，完成网络设备的性能容量管理、网络拓扑管理、事件管理、设备管理、配置管理等工作。常见的有：Solarwinds 网络管理系列产品、北塔软件网络监控系列产品等。

网络性能容量监控一般基于网络数据镜像技术，以 NetScout 为例，其主要致力于三类问题：①业务应用的网络流量是多少，是否有突发流量和网络拥塞；②业务应用为什么慢；③业务应用请求为什么提交不成功。

3. APM（Application Performance Monitoring，应用性能容量监控）

应用性能容量监控主要是针对业务系统的监控。需要明确的是，许多 IT 基础设施监控软件也提供了针对业务功能模块的监控，如 IBM Tivoli Composite Application Management 有针对 WAS、SOA、Dadabase 等业务组件的监控模块，且产品也被定义为"Application"监控，但一般不把它们当作 APM 软件，而是当作 ITIM。

国外的 APM 有 Dynatrace、pinpoint、Traceview 等，国产的 APM 软件也有听云（Tingyun）、天旦（Netis）、科来等。

4. DEM（Digital Experience Monitoring，数字体验监控）

DEM 软件用于发现、跟踪和优化网络资源和最终用户体验。这些工具可以监视流量、用户行为和许多其他因素，以帮助企业了解其产品的性能和可用性。DEM 产品集成了主动或模拟的交通监测和真实用户监测，分析了理论性能和真实用户体验。这些为检查和改进应用程序和现场性能提供了分析工具，还帮助企业了解访问者如何浏览他们的网站，并发现终端用户的体验是否受到了影响。

DEM 和 APM 的界限稍有模糊，如 Dynatrace 也常被认为是 DEM 监控软件。另外，DEM 还有 Centreon、Nexthink、Catchpoing 等。

▶ 1.4　监控系统工作原理

数据中心各类监控系统，主体模块一般可分为：代理层、协议层、汇聚层、核心层、展现层。以目前市面上比较流行的日志监控解决方案 ELK（Elasticsearch + Logstash + Kibana）为例，其中，Logstash 是工作于代理层和汇聚层的用于日志数据收集的代理（Agent）；Elasticsearch 是工作于核心层的开源的分布式搜索引擎，提供日志数据检索、分析、存储；Kibana 是工作于展现层的开源免费的日志分析展示 Web 界面，用于监控数据可视化。同时，监控系统还需要有对接告警网关的告警模块、用户和权限管理模块等，监控系统通用架构如图 1-7 所示。

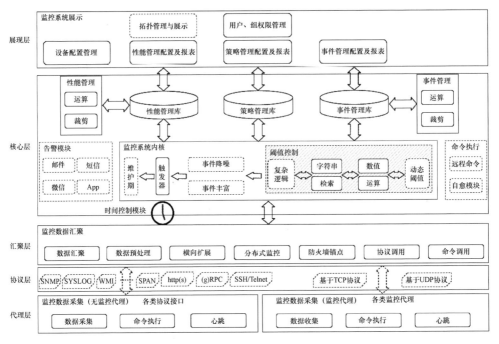

图 1-7　监控系统通用架构

1. 代理层

监控数据采集一般有无监控代理（Agentless）和监控代理（Agent）两种方式。

无监控代理大多是通过被监控组件端（监控代理端）自带的协议，如 Windows 操作系统使用 WMI、数据库使用 JDBC、PC Server 使用管理口配置 Trap 等，由监控代理端向服务端推送或有监控服务端拉取监控数据的监控工作模式。

监控代理则是在监控代理端部署监控代理，如 Zabbix 的 Zabbix Agent、Splunk 的 Forward 等，通过启用监控代理服务与监控服务端交互监控数据的监控工作模式。其中，心跳模块保障监控代理端与服务端的数据连接，当心跳丢失时，产生事件告警，通知监控管理员及时恢复监控代理状态。

2. 汇聚层

目前市面上大多是分布式监控系统（Distributed Monitor System），都设计了分布节点，作为将采集完成的数据汇聚送入监控核心的前置，其主要实现如下功能。

（1）数据预处理、缓冲和分流主服务器压力。数据预处理操作前置，将采集数据中的无用脏数据丢弃，计算、分类、格式化采集的数据，以便于后续监控核心模块使用。在数据汇聚模块日常收集数据后，将数据缓存在本地，间歇性地输送给监控主服务器，缓冲主服务器压力。监控数据汇聚模块在大多数监控中作为一个数据前置节点，其通常是一个可选项，即可以跳过数据汇聚模块直接将监控数据送达监控核心，但监控数据汇聚模块的出现有利于大幅降低监控核心模块的系统资源开销。

（2）分布式设计，便于监控系统灵活伸缩。监控事件（告警）集中管理和监控数据分布采集是互联网架构和微服务设计思潮下的产物。与传统架构相比，分布式架构将模块拆分并使用接口通信，降低了模块间的耦合性，使得系统可以更灵活地架设和部署；更利于整个系统的横向扩展。当系统性能遇到瓶颈时，可以在不触及监控主服务器架构的情况下，方便地以新增节点的形式扩充监控系统整体性能容量。

（3）防火墙锚点，安全隔离，如图 1-8 所示，企业为了保障自身网络安全，防火墙是必不可少的网络安全设备。特别是在大型数据中心里，网络和机房场地更加复杂，可以通过在防火墙上配置策略，允许或限制网段之间的数据传输。监控软件提供的代理模块，使得监控服务端通过访问防火墙背后的代理服务器，监测非本网段下的各 IT 组件，仅需要在该防火墙上设置有限的策略，允许数据通过。如 Zabbix 监控提供的 Zabbix Proxy。Zabbix Proxy 是无须本地管理员即可集中监控远程位置、分支机构和网络的理想解决方案。

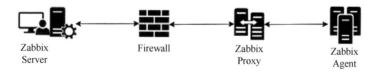

Zabbix Server　　　　Firewall　　　　Zabbix Proxy　　　　Zabbix Agent

图 1-8　防火墙锚点

3. 核心层

监控系统核心与监控数据库共同组成了整个系统的大脑，不同的监控系统对数据的处理逻辑、算法及存储方式有所不同，但概括起来需要完成如下工作。

（1）数据运算与裁剪。数据在被采集后，一般以报文的形式送入监控系统，系统截取有效原始数据字段。针对特定数据需要做运算后才能得到，如 Linux 净内存使用率计算（详见 4.4.2 节）。

监控系统上存放的数据离当前时间越久远，时效性也就越差，而存储空间又是有限的，没必要把有限的空间用于无用的数据上。IBM Tivoli ITM/ITCAM 设计有分表、时表、日表，通过裁剪代理（SY）对数据做裁剪，数据的颗粒度随时间越长越粗略。

（2）阈值触发。监控值常见的有状态（如是与非、红黄绿、是否可达等）和数值（如 80GB、20%、交易笔数、交易延迟等）两类，监控系统可针对监控值设置阈值，即告警事件触发条件。

如果操作系统比较先进，可能还有性能容量的动态阈值功能，可基于不同的时间点对监控值动态地适配生成告警事件。

（3）时间控制。时间控制是监控系统中重要的调度触发模块，监控数据每隔多长时间采集、在什么时间段对指标监控、什么时间点触发监控策略，都需要用到时间控制。

（4）配置管理。配置管理是用于存储监控软件监控策略、用户权限等的监控配置数据库。

（5）性能管理。性能管理是用于存储监控组件性能容量数据的监控性能数据库。

（6）事件管理。事件管理是用于存储监控异常事件告警的监控事件数据库。

（7）告警模块。当监控软件检测到异常时，由监控告警模块触发告警。告警的形式可以是短信、邮件、微信，有的告警还集成了电话语音包。但这类告警绝大多数是单向的，监控告警模块仅完成事件通知，至于受理岗是否接到了告警，是否处理了事件，业务是否恢复正常，都不是监控告警模块所关注的。为解决这些问题，部分监控软件设计了移动终端 App，使用 App 接事件单、反馈处理进度、汇报处理结果。

（8）命令执行。部分监控软件也集成了自动化模块，可以使用对被纳管设备进行操作。例如，远程命令（Telnet 某台设备）、监控自愈（如 Zabbix 的 Action）等。

4. 展现层

与监控数据库对应，监控系统展示模块一般包括：拓扑管理与展示、用户组权限管理、设备配置管理、性能管理配置及报表、策略管理配置及报表、事件管理配置及报表等模块。

▶ 1.5 监控系统运行模式分类

1.5.1 主动/被动监控

主动和被动是以监控客户端或监控代理为参照物的。

1. 被动监控

服务端向客户端发送获取监控数据的请求，客户端被动响应，接收请求和执行命令，并把监控数据传递回服务端的监控工作模式。

2. 主动监控

客户端主动执行命令和收集监控数据，并将监控数据主动传递给服务端。服务端仅完成监控数据接收和后期处理的监控工作模式,主/被动监控模式如图 1-9 所示。

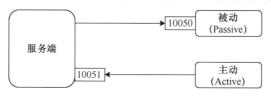

图 1-9　主/被动监控模式

以 Zabbix 监控为例,在被动模式下,客户端默认启动监听端口 10050,服务端向客户端请求获取监控项的数据,客户端返回数据。Zabbix 被动监控工作原理如图 1-10 所示。

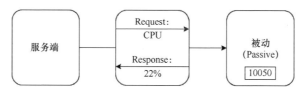

图 1-10　Zabbix 被动监控工作原理

(1)服务端打开一个 TCP 连接。

(2)服务端发送请求。

(3)客户端接收请求并且响应。

(4)服务端处理接收的数据。

(5)关闭 TCP 连接。

从被动模式工作流程上看,监控动作是由服务端发起的,服务端拥有丰富的监控模板和策略逻辑,配置起来更加灵活多变。同时,服务器在该过程中作为发起方、接收方和数据处理方,而监控代理只是被动地响应服务端的请求,一旦监控代理的数量过多,服务端将承载过大负载。

在主动模式下,服务端默认启动监听端口 10051,客户端请求服务端获取主动的监控项列表,并主动将监控项内需要检测的数据提交给服务端/代理端。Zabbix 主动监控工作原理如图 1-11 所示。

(1)客户端建立 TCP 连接。

(2)客户端提交 items 列表收集的数据。

(3)服务端处理数据,并返回响应状态。

(4)关闭 TCP 连接。

在主动模式下,监控代理主动将数据报文推送给服务端,服务端无须进行干预,主动模式在一定程度上减轻了服务端的负载压力。

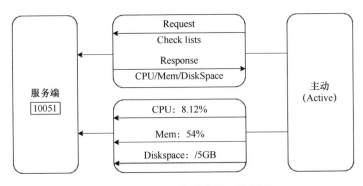

图 1-11　Zabbix 主动监控工作原理

1.5.2　有代理/无代理

在 IT 服务管理行业早期，采用有代理（Agent-base）或无代理（Agentless）的监控管理技术存在争执。其实，有代理或无代理模式不存在绝对的优劣，主要还是取决于应用场景。

1. 安全需求因素

在部分企业或机构内部，为避免服务器上各类代理安装过多，对系统运行的稳定性及安全性造成影响，通常在服务器上默认不允许安装监控代理、监控代理用户不允许有写权限、监控代理资源消耗不允许超过某值、监控代理端口限制等，在这种场景下，通常会使用无代理的模式进行监控数据收集和通信。

无代理即可简化监控代理和无代理设计之间的差异主要围绕数据收集和通信，无代理产品不会在 IT 组件中嵌入代理管理功能。相反，其依靠行业标准接口来收集监控数据。所有管理工具都需要在设备上运行的软件（某项专有服务），即 IT 组件默认代理。但是，通过基于标准的通信接口，无代理系统提供针对关键指标和基本监控情况的轻量级监控。无代理监控实际上意味着使用现有的嵌入式功能，可实现基于内置 SNMP、远程 shell 等的访问。"无代理人"有些用词不当，无论代理是否嵌入 IT 组件，所有管理都依赖代理。

2. 资源消耗因素

监控代理深入系统的内部工作中，用专门设计的应用程序来使用监控数据，如操作系统事件日志。安全性是另一个代理系统的加分项，设备上的代理通信在内部发生，而不是在企业网络上发生，因此可以防止攻击。代理系统设计减少了 IT 监控的网络带宽需求，通常，代理监控系统在本地收集和评估性能信息，仅在出现重大问题时向中央监控系统发送遇险信号。

监控应用程序不会遇到防火墙规则或其他障碍，因此代理系统仅需要最少的网络配置。企业数据网络变得越来越大、越来越复杂和越来越分散，IT组织希望减少白噪声监控系统产生的数量，使系统故障排除变得更快、更有效。

3. 运维成本因素

代理是安装在被监控的IT基础组件上的专有软件应用程序，基于代理的技术可实现深入的监控和管理，但也可能是因为它们的管理平台仅用于与其专有代理商合作，结果是供应商锁定，而更换供应商可能意味着更换技术的昂贵费用，以及大规模、长期部署。因此，当IT需求发生变化时，满足这些需求的费用可能会非常昂贵，从长远来看，开放标准和灵活性的工作要好得多。

1.6　监控事件总线

1.6.1　什么是集中监控事件总线

总线（Bus）通常指连接计算机各功能组件的传输模块，在计算机主板上就集成了总线模块，用于共享、规范传输数据。随着企业信息化建设的不断发展，企业建立了大量的IT系统，这些IT系统在运营过程中每天产生大量监控事件信息，系统管理员、业务操作员需要通过这些监控事件信息来判断IT系统的运营状况。然而，由于监控事件信息分布在不同的系统中，如操作系统、数据库、中间件、服务器、网络设备等均有自己的监控事件管理控制台，分别存储各自的事件信息，并且通常一个大、中型数据中心，每天产生的监控事件信息高达几万至几千万条。如何收集、分析、处理这些分散、海量的监控事件信息变得非常复杂。

大、中型数据中心遇到的挑战主要表现在：缺少对各类事件综合的数据分析，导致无法反映系统整体真实运行情况；无法统一收集、处理各类事件信息，只能分散管理，导致事件管理混乱和经常重复处理同一事件；工作效率低下，缺少对海量事件信息的关联，重复性分析，无法快速定位问题所在，导致系统故障或系统"带病工作"，影响前端业务正常运行；无法集成其他非IT设施（空调、电源、环境温湿度等）的告警事件，从而无法做到IT与非IT系统的整体管理。

因此，集中监控事件总线作为企业集中监控平台的核心模块，其作用如图1-12所示。监控事件总线承担着重要的数据连接融合的角色，整合各类监控系统和其他运维系统，形成一个有机集中监控平台，为大数据分析、智能运维体系建设提供了重要的业务数据中台支持。

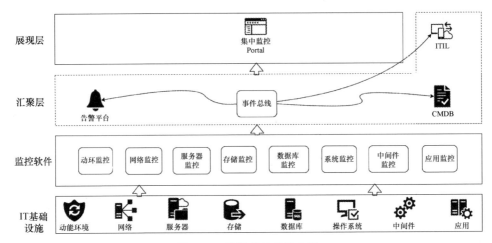

图 1-12　监控事件总线作用

1.6.2　事件总线的市场格局

在 20 世纪 90 年代，随着传统模拟电信业务向 IP 业务转型，运营商的基础设施建设和管理复杂度呈暴发式增长。多品牌、多厂商型号、异构系统，越来越多地出现在同一个数据机房，随之带来了需要解决针对不同厂家、不同型号设备所产生的告警的集成、统一、智能、高效的事件管理需求。IBM、HP、CA、BMC 等一线 IT 厂商纷纷布局这一领域，帮助数据中心管理人员对分散、海量的事件信息进行管理。

我们以主流商业软件领先者 IBM Tivoli Netcool/OMNIbus 为例，简述集中监控事件平台功能要点。OMNIbus 是 IBM Tivoli 收购的 Micromuse 的旗舰级操作支持系统（OSS）应用，能够提供统一的企业级网络事件图，其主要功能是通过服务提供环境，从各种网络设备和管理平台收集网络事件信息，对收集来的网络事件信息做汇聚与处理，然后将这些信息分别传递给负责故障和服务等级监控的操作员和管理员。

Netcool 事件平台解决方案是 IBM Tivoli Netcool 产品线下的常见组件（软件），解决方案示意图如图 1-13 所示。

1. ObjectServer

ObjectServer 是网络事件综合管理平台，基于内存的高速事件处理引擎，负责事件的汇总和自动化处理，是运维监控的核心处理平台。

2. Webtop

Webtop 用于 Netcool 系列软件，提供用户图形 Web 界面；提供事件清单和目标视图，用于监控和管理目标服务器事件的解决方案，用户可自行通过过滤器定制事件列表。Webtop 还提供了用户权限管理。

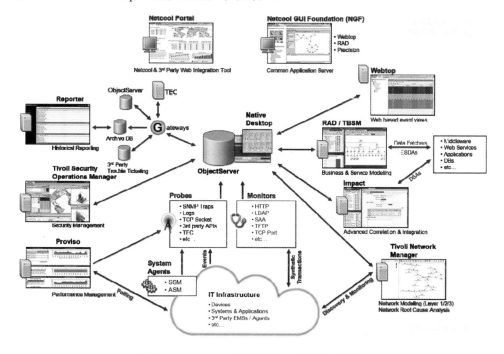

图 1-13　Netcool 事件平台解决方案示意图

3. Gateways

Gateways 在 ObjectServer 和其他系统之间提供一个管道，主要功能如下。

（1）故障网关（Trouble Ticket Gateway）：ARS、Clarify、Peregrine、Vantive。

（2）数据库网关（Database Gateways）：Oracle、Sybase、Informix。

（3）恢复/故障切换（Resilience/Failover）：用于 Object Server Gateway。

（4）事件路由（Event Forwarding）：SNMP Trap、Flat File、Socket。

（5）报表网关（Reporter Gateway）：用于 Netcool/Reporter。

4. Netcool/Reporter

Netcool/Reporter 与报表网关联用，生成报表。

5. Netcool/Impact

Netcool/Impact 用于管理 OMNIbus 和管理信息系统（MIS）之间的关系，即通过 MIS 系统丰富 OMNIbus 信息字段。

1.6.3　监控事件总线的功能设计

目前，国内有不少监控事件总线产品，但绝大多数都是基于某个项目定制开发后作为监控产品线的可选模块推广应用的，常存在可移植性差、功能不全、数据接入接口欠缺等问题。监控事件总线功能如图 1-14 所示。

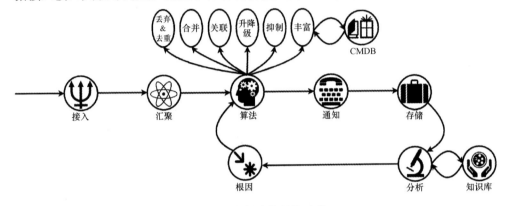

图 1-14　监控事件总线功能

1. 接入

监控事件总线作为核心管理组件，在整个 IT 服务体系中起整合和管理作用，其需要数据集成企业中的各类监控软件监控，将如 Zabbix、Nagios、VMware、IBM Tivoli、华为等开源或商业监控数据接入总线。接入接口的丰富程度决定了该事件总线产品的成败，IBM Tivoli/OMNIbus 提供从不同的监控工具中收集并集成的管理事件信息，不再需要相关管理员费时费力地进入各个事件管理工具搜索相关信息。

2. 汇聚

汇聚是接入和后期数据处理的"中介"，该过程对数据做初步加工。数据来自不同监控或事件管理系统，不同系统有各自的数据结构和组织方式，如 Zabbix 的事件级别为 0 级 Not Classified、1 级 Information、2 级 Warning、3 级 Average、4 级 High、5 级 Disaster，但新华三 iMC 的事件级别为 1 级紧急、2 级重要、3 级次要、4 级警告、5 级通知，如此两类监控事件在汇入监控事件总线时，会出现告警级别错乱的情况，需要同步事件级别。

另外，监控事件总线有必要丢弃不符合接入规则的事件信息，以减缓后续数据处理的资源压力；为事件数据打标签，标示事件来源；路由数据到下一道工序等。

3. 算法

监控事件总线的主要功能是从各种 IT 系统或监控管理平台收集相关事件告警信息，算法会对事件进行深度加工，丢弃、去重、合并、关联共同完成对事件的降噪（Reduce Volumes）。降噪是 IBM Netcool/OMNIbus 中的术语，监控事件总线需要保证系统处理数以千万计的原始告警信息，并对这些告警信息进行整合、技术相关性分析，业务相关性分析、从众多"噪声事件"中提取真正影响业务的告警信息，并及时提醒管理人员注意，有效提高事件管理人员响应处理问题的效率。

1）丢弃&去重

有过事件集成项目经验的人就会发现，随着事件汇入事件总线，常会带有类似心跳的事件，另外，还有一些无须关注的低级别的 info 或 debug 信息，而这类事件汇入事件总线是无价值的，应该在进入事件总线前予以丢弃。

去重可以简单归纳为针对"重复原始事件告警不再告出"。硬件或日志监控常伴有同一告警信息重复不断刷出的情况，做好该类重复事件的控制能有效减少事件风暴的发生，降低对系统资源的压力，进而保证事件总线的健康运行。

2）合并

该场景常被称为告警合并或事件集。当数据中心规模足够庞大、监控手段足够完善时，控制监控事件的数量将成为难题。试想，运维人员每天收到 10 条监控告警短信尚可应对，而当告警短信达到每天 100 条时，他们将疲于奔命。

可将原始事件告警基于各种维度合并为事件集，常见的方式有：按照策略类型合并、按照实例类型合并、按照部署机器合并、按照模块合并、按照业务合并、按照机房合并、按照运维受理人合并等。

3）关联

事件的合并只是初步解决原始事件通知过多的问题，并没有实际解决告警间的关系问题。事件的关联更接近初步的根因分析，设计依赖的规则梳理本身就是一个复杂的工作。如果监控策略规划得足够清晰，可以尝试设计策略依赖模型配合监控事件合并做到监控事件关联。但在实战中，如果依赖模型颗粒度太细，维护成本会很大，如果颗粒度太粗，又产生不了多少实际价值。

4）升降级

事件升降级是指某告警事件的原有严重级别不是所预期的，需要进行级别重定义。由于监控软件是统一定制某一类型事件级别的，而这类事件中常出现个别临时特例，如果在监控软件上直接定制这类特例事件级别，势必会增加监控策略的维护维度。通过监控事件总线维护这类临时特例事件，能实现对其集中、标准、有效的管理。

5）抑制

变更维护期是事件总线告警抑制最常见的应用场景。变更维护时间段，监控点状态将出现可预知异常，并触发告警（短信、邮件）。不断接收到报警短信的手机成为"震动按摩器"，影响变更心情；产生不必要的短信资费；不利于从变更期内接收的众多告警中找到所需信息。

变更维护期是指在变更或准生产搭建过程中，对可预知短信、邮件报警做合理抛弃的监控模块。设计完备的变更维护期应支持按照字段条件配置维护窗口，如服务、主机、内容、严重程度等；支持按照时间条件配置维护窗口，时间可配置为时间段、周期时间等。图 1-15 所示为变更维护期案例。

图 1-15　变更维护期案例

6）丰富

在通常情况下，监控系统告警信息对于运维人员来说不是特别的详尽，达不到"窥一斑而知全豹"的效果，因此完善告警信息的需求应运而生。例如，Oracle数据库的报错 ORA-00060：等待资源时检测到死锁。对于 Oracle 日志的监控，如果日志中出现了 ORA-00060 关键字，则将该日志事件的告警信息丰富为"等待资源时检测到死锁"，还有将 CMDB 中的服务器的机房机柜位置和业务信息丰富进告警信息中也是事件丰富的常见场景。

4. 通知

事件总线须提供接入邮件、短信、电话等集成方式，可将接入总线的事件数据以某种方式通知到岗、通知到人。随着移动终端的发展与普及，较多公司也集成了微信小程序、钉钉等通知手段，完成事件通知、处理和关闭。

5. 存储

事件的存储常设计了实时事件库和历史事件库。OMNIbus 中的 Object Server 自身就是实时事件库，用于存储当前活跃事件信息。实时事件库一般会选择轻量、高效的数据解决方案。OMNIbus 内存数据库技术作为 Tivoli 核心组件被沿用至今，历时近 20 年，其 50000 条/秒的事件吞吐量仍是业界其他同类产品不可企及的。历史事件库存储生命周期完结的事件数据，用于后期分析和改进，一般关系型数据库均能胜任，如果涉及复杂的关联关系，需要引入图数据库。

6. 分析&根因

监控事件总线应提供全方位的视图总览，界面的每个区域都能清晰地展现重点关注信息，方便运维人员第一时间了解系统运行情况。用于分析的多维度报表也是事件总线必不可少的，事件数量总览、事件数量趋势分析、事件级别分布、事件业务分布、重复事件统计、事件恢复统计、负责人事件统计等，能帮助管理者把控运维全局。

根因是基于应用场景，整合运维资源，运用合理的算法分析运维大数据，绘制事件依赖关系的过程。事件的故障修复时间由定位和止损操作两个部分组成，而绝大多数时间是消耗在问题定位上的，根因能够有效缩减问题排查定位时间，进而大幅度降低平均故障修复时间（MTTR），保障业务持续可用。

本 章 小 结

本章首先介绍了自 20 世纪 80 年代至今 IT 监控运营管理的发展历程；其次介绍了监控平台建设的总体规划及实践经验；再次介绍了监控系统的四大分类、通用架构、各模块功能、运行模式分类等；最后介绍了监控事件总线概念，以及在企业监控体系中扮演的角色和起到的价值。

第 2 章

计算机硬件设备监控

本章讨论数据中心里的计算机设备监控，即已开箱、上架、加电、入网的成品计算机硬件设备监控。

我们知道，计算机由硬件（Computer Hardware）和软件（Computer Software）构成。硬件为计算机提供物理支撑，常见的硬件包括：中央处理器、主板、内存、存储、网卡、显卡等，这些硬件共同组成了计算机设备。区别于个人计算机，数据中心绝大多数计算机设备都集成了管理口。在计算机设备加电入网后，管理口大多可独立于计算机上运行的对外提供业务服务的系统，通过设置管理 IP 地址，以某些特定协议，如 http(s)、SNMP、IPMI 等可登录计算机硬件设备进行管理和监控。

2.1 计算机的分类

根据计算机的效率、速度、价格、运行的经济性和适应性来划分，计算机可分为通用计算机和专用计算机两大类。专用计算机是指专为某些特定工作场景而设计的功能单一的计算机，一般说来，其结构要比通用计算机来得简单，具有可靠性高、速度快、成本低等优点，是特定场景中最有效、最经济和最快速的计算机，但是其可移植性和适应性很差。通用计算机通用性强、适应面广且功能齐全，可完成各种各样的工作，但是在效率、速度和经济性方面有所妥协。

通用计算机又可分为超级计算机（Supercomputer）、大型机（Mainframe）、服务器（Server）、工作站（Workstation）、微型机（Microcomputer）和单片机（Single-Chip Computer）六类，它们的区别在于体积、复杂度、功耗、性能指标、数据存储容量、指令系统规模和价格。

一般而言，超级计算机主要用于科学计算，其运算速度远远超过其他计算机，数据存储容量很大、结构复杂、价格昂贵。单片机是只用单片集成电路（Integrated Circuit，IC）做成的计算机，其体积小、结构简单、性能指标较低、价格便宜。

介于超级计算机和单片机之间的是大型机、服务器、工作站和微型机，它们的结构规模和性能指标依次递减。但是，随着超大规模集成电路的迅速发展，微型机、工作站、服务器彼此的界限也在发生变化，今天的工作站有可能是明天的微型机，而今天的微型机也有可能是明天的单片机。

▶ 2.2　数据中心常见的计算机种类

我们这里谈到的传统企事业数据中心与超算中心不同，超算中心面向的是科学计算，更侧重计算能力，主要应用在科学领域，承担各种大规模科学计算和工程计算任务，同时拥有强大的数据处理和存储能力。超算中心的计算能力惊人，如用一台普通计算机分析 30 年的气象数据需要很久，而使用千万亿次超级计算机只需要 1 小时。超级计算机主要用在新能源、新材料、自然灾害、气象预报、地质勘探、工业仿真模拟、新药开发、动漫制作、基因排序、城市规划等领域。2016 年 6 月 20 日，德国法兰克福国际超级计算机大会（ISC）公布的我国最新的超级计算机"神威·太湖之光" 登顶新一期世界计算机 500 强榜单。数据中心最早起源于 20 世纪 40 年代的巨大的计算机机房，以 ENIAC（Electronic Numerical Integrator and Computer，电子数字积分器和计算器）为代表，其已经形成了现代数据中心的雏形，它部署了安装设备的标准机架，高架地板和安装在天花板上的电缆桥架等。直到 20 世纪七八十年代，随着 UNIX 和开源免费的 Linux 的广泛应用，以及相对廉价的网络设备和网络结构化布线新标准，使得服务器可以放置在企业内部特定的房间中，"数据中心"的术语开始被使用。数据中心后续又经历了 20 世纪 90 年代的 IDC（Internet Data Center，互联网数据中心）和现今的 CDC（Cloud Data Center，云数据中心）时代。现今的数据中心主要面向的是大众，以商业用途为主，传统数据中心一般使用的计算机包括：大型机、小型机、PC 服务器等。

2.2.1　大型机

大型计算机（Mainframe），直译为主机，常称为大型机，又称大型主机，指从 IBM System/360 开始的一系列计算机及与其兼容或同等级的计算机。与通常用于科学与工程上的计算，拥有极强的计算速度的超级计算机不同，大型机主要用于大量数据和关键项目的计算，如银行金融交易及数据处理、人口普查、企业资源规划等。

UNIVAC 于 1951 年交付给美国人口普查局，被认为是第一批批量生产的计算机。它的中央主体相当于一个车库的大小（约 4.2 米×2.4 米×2.5 米），其真空管会产生巨大的热量，所以需要不断地通过大容量的冷冻水和鼓风机空调系统进行冷却。在 UNIVAC 之后，IBM 进入大型机版图，于 1952 年引入的第一代大型机 IBM 701，被认为是第一个用于解决复杂的科学、工程和商业问题的大型商用计算机系统。在 1959 年，IBM 推出了第二代计算机 IBM 1401——一个全晶体管化的数据处理系统，将小型企业也可以使用的电子数据处理系统功能放置其中。不久后，在 1964 年，IBM 大胆地调整方向并推出第三代计算机 System/360。20 世纪 70 年代，System/370 的虚拟存储得到发展；20 世纪 90 年代，OS/390 兼容了 Y2K，直到我们今天看到的 z 系列主机。

图 2-1　IBM 最新型号大型机
（IBM z14 双机柜）

尽管大型机使用已经普及，用户基础广泛，但随着新技术的出现，从 20 世纪 90 年代起，很多客户端服务器专家预测，大型机将走向没落直至消亡。行业专家 Stewart Alsop 在 1991 年预测："……最后一台大型机将于 1996 年 3 月 15 日消亡"。具有讽刺意味的是，2004 年，IBM 庆祝了大型机的 40 岁生日，在接下来的一年，以超过 10 亿美元投资研发 z9——z 系列中的最新一代。2009 年，z 系列上的 Linux 被推出，一个真正开放的操作环境得以实现。2014 年，也就是在大型机 50 周年庆典过后，IBM 发布了 z13 企业服务器，以应对不断发展的移动技术、数据分析和云计算。图 2-1 是 IBM 最新型号大型机（IBM z14 双机柜）。

2.2.2　小型机、PC 服务器

"小型机"（Minicomputer）一词诞生的故事

1965 年，DEC 公司海外销售主管约翰·格伦将 PDP-8 运到英国，发现伦敦街头正流行"迷你裙"，姑娘们争相穿上短过膝盖的裙子，活泼轻盈，显得妩媚动人。他突然发现 PDP 与迷你裙之间的联系，新闻传媒当即接受了这个创意，戏称 PDP-8 是"迷你机"。"迷你"（Mini）即"小型"，这种机器小巧玲珑，长 61 厘米、宽 48 厘米、高 26 厘米，把它放在一张稍大的桌子上，怎么看都似穿着"迷你裙"的"窈窕淑女"。在计算机价格高昂的当时，它的售价为 18500 美元，比当时任何公司的计算机产品都低，很快便成为 DEC 获利的主导产品。

在英文里，小型机和 PC 服务器都叫 Server（服务器）。PC 服务器主要指基于 intel 处理器的 x86 架构，是一个通用开放的系统，如 Dell PowerEdge R730 PC 服务器（见图 2-2），不同品牌的小型机架构大不相同，使用 RISC、MIPS 处理器，像美国 Sun、日本 Fujitsu 等公司的小型机是基于 SPARC 处理器架构的，而美国 HP 公司的小型机则是基于 PA-RISC 架构的，Compaq 公司的是基于 Alpha 架构的，IBM 和 SGI 等的也都各不相同。各品牌的小型机 I/O 总线也不相同，Fujitsu 是 PCI，Sun 是 SBUS 等，这就意味着各公司小型机上的插卡，如网卡、显示卡、SCSI 卡等也难以通用。操作系统一般是基于 UNIX 的，像 Sun、Fujitsu 使用 Sun Solaris，HP 使用 HP-UNIX，IBM 使用 AIX 等，所以小型机是封闭专用的计算机系统。图 2-3 是 IBM Power 740 小型机。使用小型机的用户一般是看中 UNIX 操作系统的安全性、可靠性和专用服务器的高速运算能力，小型机的价格一般是 PC 服务器的好几倍。

图 2-2　Dell PowerEdge R730 PC 服务器

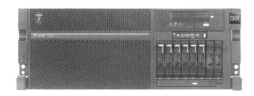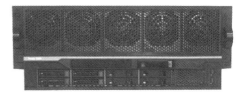

图 2-3　IBM Power 740 小型机

一般而言，小型机具有高运算处理能力、高可靠性、高服务性、高可用性四大特点。

1. 高运算处理能力（High Performance）

小型机采用 8～32 颗处理器，实现多 CPU 协同处理功能；配置超过 32GB 的海量内存容量；系统设计了专用高速 I/O 通道。

2. 高可靠性（Reliability）

小型机延续了大型机、中型机高标准的系统和部件设计技术；采用高稳定性的 UNIX 类操作系统。

3. 高服务性（Serviceability）

小型机能够实时在线诊断，精确定位问题的根本所在，做到准确无误的快速修复。

4. 高可用性（Availability）

多冗余体系结构设计是小型机的主要特征，如冗余电源系统、冗余 I/O 系统、冗余散热系统等。

2.2.3 RISC、CISC

粗略地说，现今市面上服务器的 CPU 指令集类型分为 RISC（Reduced Instruction Set Computing，精简指令集计算机）和 CISC（Complex Instruction Set Computing，复杂指令集计算机）两类，指令集类型常可用来区分小型机和 PC 服务器。小型机中如 IBM Power 使用的 Power 架构，Oracle（Sun）、Fujitsu 使用的 SPARC 架构，HP 基于 PA-RISC 架构都属于 RISC 精简指令集架构。而 PC Server 中常见的 x86 和 AMD 绝大多数属于 CISC 复杂指令集架构。当然也有特例，如现有的国产 PC Server 基于 ARM（Advanced RISC Machine，进阶精简指令集机器）架构的 CPU 是精简指令集。

RISC 和 CISC 各有优势，而且界限并不那么明显，如表 2-1 所示为 CISC 与 RISC 指令集的区别。

表 2-1　CISC 与 RISC 指令集的区别

CISC	RISC
指令系统复杂，指令数目多达 200～3000 条	只设置使用频率高的一些简单指令，复杂指令的功能由多条简单指令的组合来实现
指令长度不固定，有更多的指令格式和更多的寻址方式	指令长度固定，指令种类少，寻址方式种类少
CPU 内部的通用寄存器比较少	CPU 中设置大量的通用寄存器，一般有几十到几百个
有更多的可以访问主存的指令	访存指令很少，有的 RISC 只有 LDA（读内存）和 STA（写内存）两条指令。多数指令的操作在速度快的内部通用寄存器间进行
指令种类繁多，但各种指令的使用频率差别很大	可简化硬件设计，降低设计成本
不同的指令执行时间相差很大，一般都需要多个时钟周期完成	采用流水线技术，大多数指令在 1 个时钟周期内即可完成
控制器大多采用微程序控制器来实现	控制器用硬件实现，采用组合逻辑控制器
难以用优化编译的方法获得高效率的目的代码	有利于优化编译程序

2.2.4　刀片机

刀片机即刀片式服务器（Blade Server），是可在标准高度的机架式机箱内插装多个卡式的服务器单元，实现高可用和高密度，是一种 HAHD（High Availability High Density，高可用高密度）的低成本服务器平台。刀片机专门为特殊应用行业和高密度计算机环境设计，其主要结构为一个大型主体机箱，内部可插上许多"刀片"，其中每块"刀片"实际上就是一块系统主板。它们可以通过"板载"硬盘启动自己的操作系统，如 Windows NT/2000、Linux 等，类似于一个个独立的服务器，在这种模式下，每块母板运行自己的系统，服务于指定的不同用户群，相互之间没有关联。

图 2-4 是 Fujitsu PRIMERGY BX620 S4 刀片机，经 Fujitsu 统计，PRIMERGY 刀片服务器可以提高节能减排效率。

图 2-4　刀片机（Fujitsu PRIMERGY BX620 S4）

当然，刀片服务器省空间，可降低能耗，单位体积内能提供最高密度的运算性能，但刀片服务器对运行环境要求相对较高，刀箱故障经常导致刀箱内所有刀片服务器无法正常运行。

▶ 2.3　计算机硬件设备监控

与软件和业务监控不同，计算机硬件设备监控大多是由数据中心机房人工巡检完成的。通过人工查看计算机硬件设备的状态指示灯确定其运行情况。常见的如绿灯表示正常、黄（橙）灯表示异常等，较为先进的大型机构也引进了机器人替代人工巡检。但机房本身存在较大辐射，排放的气体等对人体都存在较大的伤害，机器人巡检也偏向于针对大型的、设备类型较为单一的数据中心机房，所以平常在做的计算机设备监控主要是通过设备的管理口向监控软件主动发送相关的设备告警信息。

2.3.1 大型机设备监控

大型机的设备监控主要是通过人工巡检完成的。大型机提供的设备监控接口也较为单一，一般事件通过邮件形式将大型机告警转发至邮件服务器。

我们以通过 IBM Netcool OMNIbus 的邮件探针（Email Probe）接入大型机告警到邮件服务器为例。Netcool 拥有数百种探针（Probe），在 Probe 接收到原始告警后，根据 Rules 解析原始数据并转化成标准事件格式，然后将标准事件发送到 OMNIbus（事件平台）的核心 ObjectServer 内存数据库中，如图 2-5 所示为 Netcool OMNIbus Rules 的工作流程。

在 Rules 文件中定义提取关键性的告警数据推送至 ObjectServer，事件平台再对大型机事件集中展示与告警通知，如下是 OMNIbus Email probe 的大型机 Rules 样例。

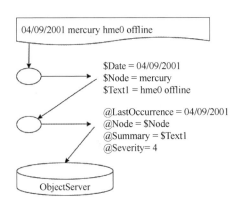

图 2-5　Netcool OMNIbus Rules 的工作流程

```
if( match( @Manager, "ProbeWatch" ) )
{
        switch(@Summary)
        {
        case "Running ...":
                @Severity = 1
                @AlertGroup = "probestat"
                @Type = 2
        case "Going Down ...":
                @Severity = 5
                @AlertGroup = "probestat"
                @Type = 1
        default:
                @Severity = 1
        }

        @AlertKey = @Agent
        @Summary = @Agent + " probe on " + @Node + ": " + @Summary
}
else
```

```
{
@Node = extract($Header_002,"\[(.*)\]")
$hostname = extract($Body_003,".*Source.*\'(.*)\'")
@NodeAlias = $hostname
@Manager = %Manager
@Class = 30500
$Summary = extract($Body_004,".*Text.*\'(.*)\'")
@Summary = $Summary
@Severity = 5
if(match($Summary,""))
{

$summary2 = extract($Body_005,"(.*)\'")
$summary1 = extract($Body_004,".*Text.*\'(.*)")
@Summary = $summary1 + $summary2
}


@Agent = "Mainframe"
@AgentType = "Mainframe"
@NodeGroup = "1.3.6.1.4.1.2.6.195.2627.6699"
@NodeName = @Summary
switch(@Severity)
{
case "5":
@SourceSeverity = "critical"
case "4":
@SourceSeverity = "unknown"
case "3":
@SourceSeverity = "warning"
case "1":
@SourceSeverity = "information"
default:
@SourceSeverity = @Severity
}
```

2.3.2　小型机设备监控

　　目前，市面上企事业单位仍在使用的小型机主要有 IBM Power 系列、Oracle 的 T 系列和 M 系列、HP 的 Superdome 系列，本节以 IBM Power 系列小型机为例，介绍小型机设备监控。

1. HMC 纳管 IBM Power 小型机

HMC（Hardware Management Console，硬件管理控制台）是 IBM 小型机的管理监控软件，可以使用硬件发现过程来俘获纳管 IBM 小型机上的硬件信息。

（1）我们可通过小机的液晶控制面板设置 HMC 的端口和 IP 地址。以 P5 设置 HMC 管理为例。（注：小型机的控制面板上使用↑、↓、→按钮调整选项并配置。）

1．服务器加电并启动完毕，控制面板上的显示不再变化。

2．使用控制面板的↑或按钮选择功能2。按→按钮进入功能2，按→按钮，选中N(Normal)，使用↑或↓按钮将 N 改成 M(Manual)按2次→按钮退出功能2。

3．使用↑或↓按钮选择功能30，按→按钮进入。控制面板显示 30**。

4．使用↑或↓按钮，使面板显示3000或3001，然后按→按钮，就能控制面板上读出所对应HMC端口的IP地址了。如：

```
SP_A: ETH0: _ _ _ T5
192.168.33.24_ _ _ _ _
HMC0端口的IP地址是192.168.33.24.
```

5．在检查完成后，使用控制面板上的↑或按钮选择功能2。按→按钮进入功能2，按→按钮，选中N，使用↑或↓按钮将M改成N。

然后按2次→按钮退出功能2。

6．选择功能1，进入正常的操作模式。

此时，我们就可以在 HMC 上找到被纳管的 IBM 小型机的信息了。

（2）HMC 告警转发配置。登陆 HMC，单击"服务管理"，单击"管理可维护事件通知"，如图 2-6 所示为 HMC 管理可维护事件通知。

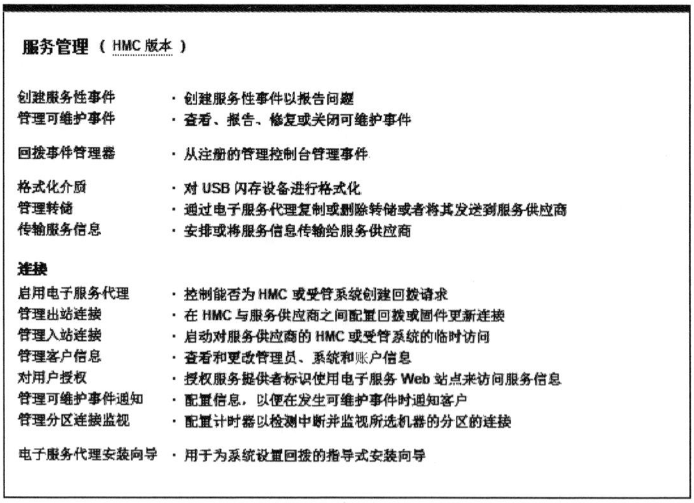

图 2-6　HMC 管理可维护事件通知

以将事件发送给 OMNIbus MTTrap Probe 为例，参照图 2-7 配置 OMNIbus MTTrap Probe 地址及端口，单击"SNMP 陷阱配置"，单击"添加 SNMP 陷阱"，TCP/IP 地址输入 Trap 信息的接收端地址，共用名输入"public"，端口输入"162"，单击"更新"。

图 2-7　配置 OMNIbus MTTrap Probe 地址及端口（一）

如图 2-8 所示，单击"确定"，Trap 设置完毕。

图 2-8　配置 OMNIbus MTTrap Probe 地址及端口（二）

如图 2-9 所示，可在"首页"选择任意服务器，在右侧下方单击"创建服务性事件"。

如图 2-10 所示，选择任意问题类型，并在问题描述中注释为测试告警，如"test"，单击"请求服务"，此时可在 OMNIbus 事件平台中查看对应的告警信息。

图 2-9　创建测试服务性事件（一）

图 2-10　创建测试服务性事件（二）

2. System Director 通过 HMC 监控小型机设备

IBM Systems Director 是一个基础管理平台，可简化跨异构环境管理物理和虚拟系统的方式。通过使用行业标准，IBM Systems Director 支持跨 IBM 和非 IBM x86 平台的多种操作系统和虚拟化技术。

通过单一用户界面，IBM Systems Director 提供一致的视图，用于查看受管系统，确定这些系统之间的相互关系并识别其状态，从而帮助使用者将技术资源与业务需求相关联。IBM Systems Director 附带的一组常见任务提供了基本管理所需的许多核心功能，这意味着开箱即用的业务价值，如图 2-11 所示，System Director 提供了纳管小型机的 HMC 设备监控信息。System Director 常见任务还包括：管理系统中发现的库存、配置、系统运行状况、监控、更新、事件通知和自动化。

图 2-11 System Director 纳管 HMC 小型机事件

3. Zabbix 通过 HMC 监控 IBM 小型机设备

Zabbix 开源监控方案也可替代 Systems Director 商业软件来纳管 HMC 监控 IBM 小型机，具体操作步骤如下。

如图 2-12 所示，SSH 登录 IBM HMC，执行命令查看当前 HMC 所纳管的 Power 小型机名称。

```
hscroot@shmci-004:~> lssyscfg -r sys -F name,ipaddr,state
Server-8408-E8D-SN841A1CW,192.168.33.244,Operating
Server-8284-22A-SN84112BW,192.168.33.220,Operating
```

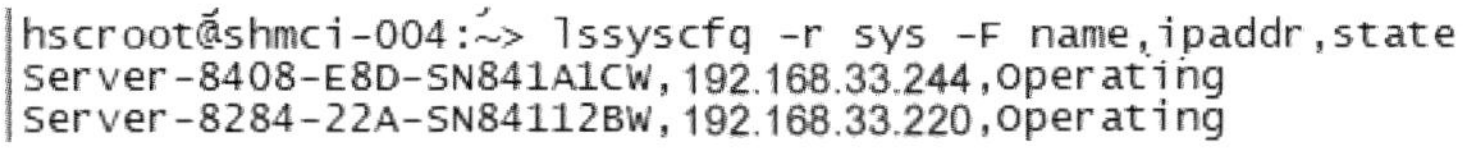

图 2-12 SSH 查看 HMC 小型机纳管的 Power 小型机名称

如图 2-13 所示，在 Zabbix 页面添加 IBM HMC 的主机配置信息。

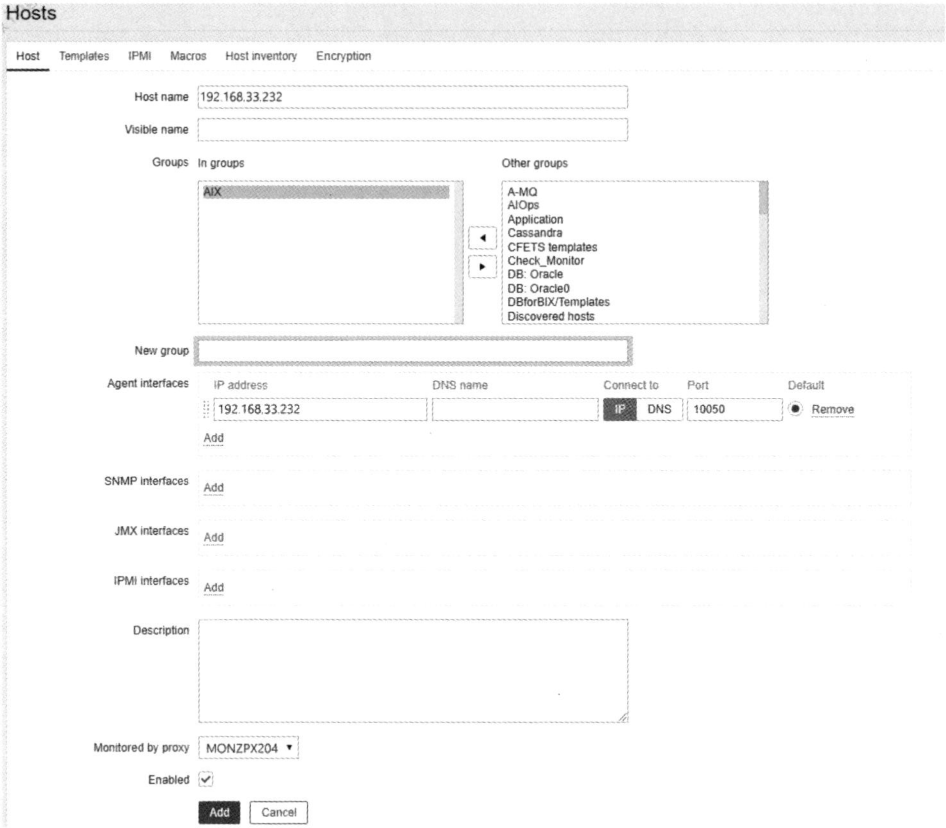

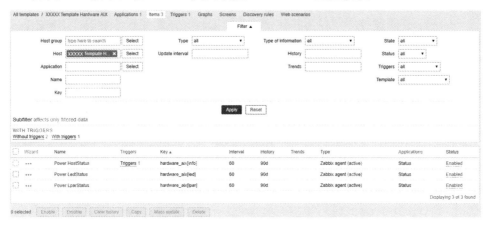

图 2-13　在 Zabbix 页面添加 IBM HMC 的主机配置信息

如图 2-14 所示，在 Zabbix 页面新建 IBM HMC 监控模板。

图 2-14　在 Zabbix 页面新建 IBM HMC 监控模板

如图 2-15，在 Zabbix 页面上添加 Power 小型机状态监控项。

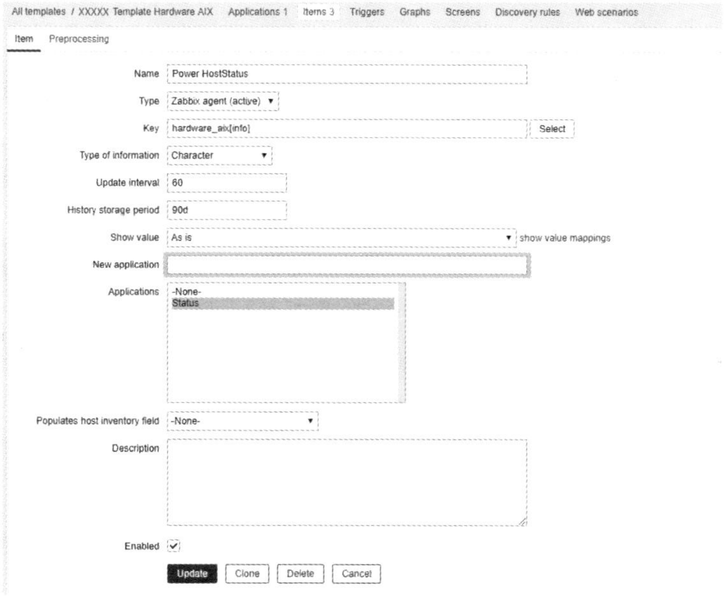

图 2-15　在 Zabbix 页面上添加 Power 小型机状态监控项

如图 2-16 所示，在 Zabbix 页面上新建 Power 小型机状态触发器。

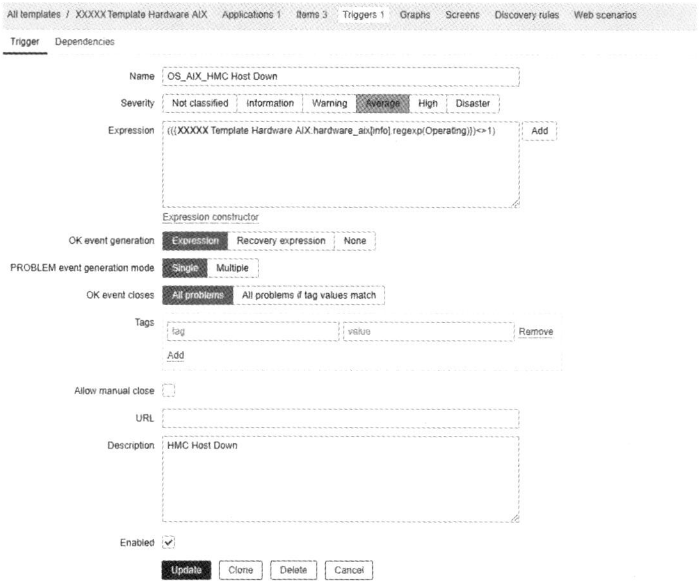

图 2-16　在 Zabbix 页面上新建 Power 小型机状态触发器

图 2-17 所示为 Power 小型机硬件监控在 Zabbix 上显示的采集值示例。

▼	**Status (3 Items)**		
	Power HostStatus	05/21/2021 11:42:15 AM	Server-SSRVI-012-SN06E...	History
	Power LedStatus	05/21/2021 11:42:16 AM	state=off	History
	Power LparStatus	05/21/2021 11:42:17 AM	SDWHETL01-200.31.132...	History

图 2-17　Power 小型机硬件监控在 Zabbix 上显示的采集值示例

图 2-18 所示为 Power 小型机在 Zabbix 上显示主机状态。

```
05/21/2021 11:43:16 AM  Server-SSRVI-012-SN06EC49R, 192.168.33.230 ,Operating

05/21/2021 11:42:15 AM  Server-SSRVI-012-SN06EC49R, 192.168.33.230 ,Operating

05/21/2021 11:41:13 AM  Server-SSRVI-012-SN06EC49R, 192.168.33.230 ,Operating

05/21/2021 11:40:10 AM  Server-SSRVI-012-SN06EC49R, 192.168.33.230 ,Operating

05/21/2021 11:39:54 AM  Server-SSRVI-012-SN06EC49R, 192.168.33.230 ,Operating

05/21/2021 11:39:22 AM  Server-SSRVI-012-SN06EC49R, 192.168.33.230 ,Operating
```

图 2-18　Power 小型机在 Zabbix 上显示主机状态

图 2-19 所示为 Power 小型机在 Zabbix 上显示 Led 状态。

```
05/21/2021 11:43:16 AM  state=off

05/21/2021 11:42:16 AM  state=off

05/21/2021 11:41:14 AM  state=off

05/21/2021 11:40:11 AM  state=off

05/21/2021 11:39:54 AM  state=off
```

图 2-19　Power 小型机在 Zabbix 上显示 Led 状态

图 2-20 所示为 Power 小型机在 Zabbix 上显示 LPAR 状态。

```
Timestamp               Value

05/21/2021 11:46:27 AM  SDWHETL01-192.168.33.65 ,aixlinux,Running
                        SDWHDBS01-192.168.33.65 ,aixlinux,Running
                        SACCDBS01-192.168.33.24 ,aixlinux,Running
                        lpmtest-192.168.33.35 ,aixlinux,Not Activated
                        hatest2,aixlinux,Not Activated
                        hatest1,aixlinux,Not Activated
                        SSHIWEB01-192.168.33.17 ,aixlinux,Running
                        SCLRSIM01-192.168.33.26 ,aixlinux,Running
                        SSHIDBS03-192.168.33.16 ,aixlinux,Running
                        lpmtest1,aixlinux,Not Activated
                        SBASAPP01-192.168.33.20 ,aixlinux,Running
                        SBASDBS01-192.168.33.20 ,aixlinux,Running
                        SFITAPP01-192.168.33.12 ,aixlinux,Running
                        SFITDBS01-192.168.33.12 ,aixlinux,Running
                        SINFVIO02,vioserver,Running
                        SINFVIO01,vioserver,Running
                        SFITVIO02,vioserver,Running
                        SFITVIO01,vioserver,Running
```

图 2-20　Power 小型机在 Zabbix 上显示 LPAR 状态

IBM 小型机常见的监控指标如表 2-2 所示。

表 2-2　IBM 小型机常见的监控指标

指标名称	采集方法	指标描述	返回值名称
CPU	SSH	CPU 状态信息	状态
内存	SSH	内存状态信息	状态
磁盘	SSH	磁盘状态信息	状态
适配器	SSH	适配器状态信息	状态
磁带机	SSH	磁带机状态信息	状态
物理卷信息	SSH	物理卷状态信息	状态
内存位置信息	SSH	内存位置信息	序列号、大小、物理位置
告警灯状态	SSH	告警灯状态信息	状态
系统硬件日志	SSH	系统硬件日志信息	记录 ID、记录数

2.3.3　PC Server 设备监控

PC Server 作为目前市面上最主流的计算机设备,相对大型机和小型机等相对小众的计算机设备监控手段要丰富得多。例如,我们可以使用 IBM Netcool OMNIbus 的 MTTrap Probe 通过 Trap 发送监控事件汇聚到 OMNIbus 事件平台;也可以通过 Trap 发送监控事件到 System Director。另外,目前的 PC Server 绝大多数都拥有 IPMI(Intelligent Platform Management Interface,智能平台管理接口),IPMI 能跨不同操作系统、固件、硬件平台,监视、控制和自动回报服务器的运行状况,以降低服务器系统运维成本。通过 IPMI 使用 Zabbix 纳管 PC Server 设备监控信息,操作步骤如下。

如图 2-21 所示,在 Zabbix 客户端远程执行命令查看远程 x86 服务器的硬件信息。

```
[root@SALGIMT01 agent]# ipmitool -I lanplus -H 192.168.33.109 -U administrator  sdr list
Password:
UID                  | 0x00          | ok
SysHealth_Stat       | 0x00          | ok
01-Inlet Ambient     | 18 degrees C  | ok
02-CPU 1             | 40 degrees C  | ok
03-CPU 2             | 40 degrees C  | ok
04-P1 DIMM 1-6       | disabled      | ns
06-P1 DIMM 7-12      | 37 degrees C  | ok
08-P2 DIMM 1-6       | 42 degrees C  | ok
10-P2 DIMM 7-12      | disabled      | ns
12-HD Max            | 35 degrees C  | ok
13-Exp Bay Drive     | disabled      | ns
14-Stor Batt 1       | 21 degrees C  | ok
15-Front Ambient     | 24 degrees C  | ok
16-VR P1             | 36 degrees C  | ok
17-VR P2             | 37 degrees C  | ok
18-VR P1 Mem 1       | 26 degrees C  | ok
19-VR P1 Mem 2       | 22 degrees C  | ok
20-VR P2 Mem 1       | 24 degrees C  | ok
21-VR P2 Mem 2       | 29 degrees C  | ok
22 Chipset           | 46 degrees C  | ok
```

图 2-21　在 Zabbix 客户端远程执行命令查看远程 x86 服务器的硬件信息

如图 2-22 所示，在 Zabbix 页面添加 x86 服务器的主机信息。

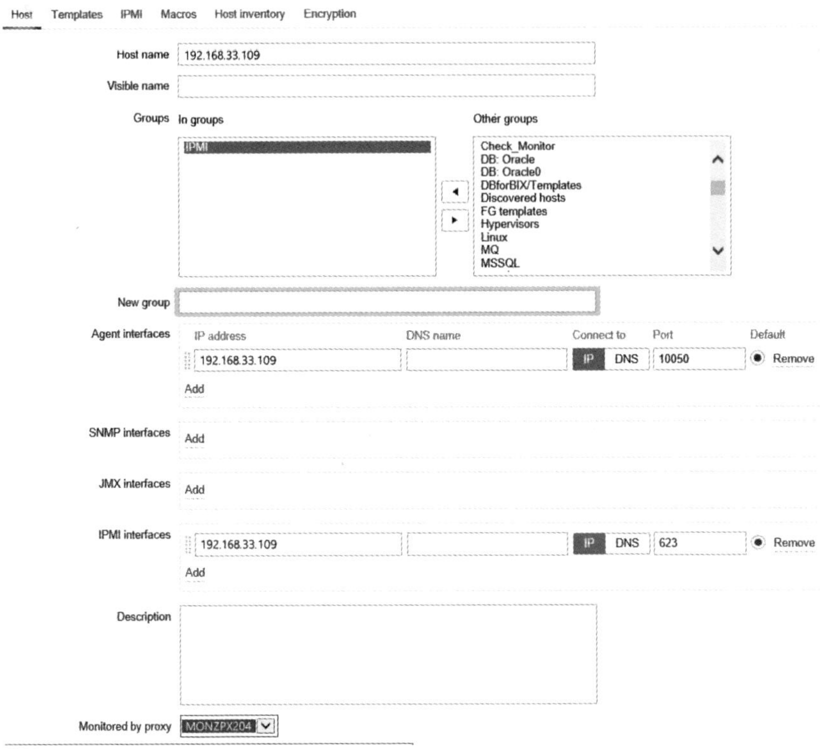

图 2-22　在 Zabbix 页面添加 x86 服务器的主机信息

如图 2-23 所示，在 Zabbix 页面配置 x86 服务器的 IPMI 监控模板。

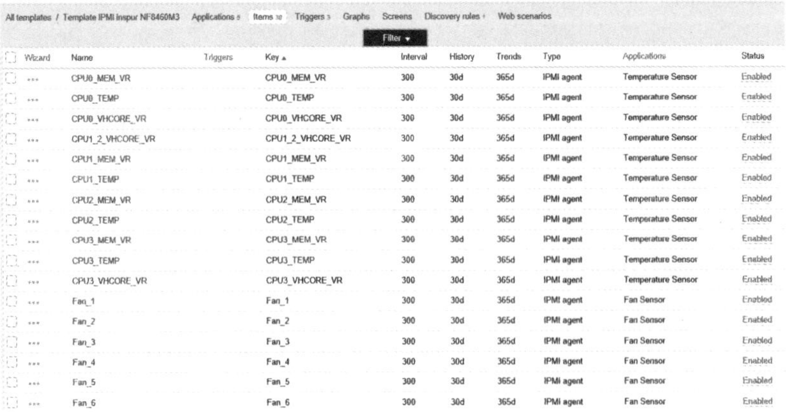

Wizard	Name	Triggers	Key	Interval	History	Trends	Type	Applications	Status
...	CPU0_MEM_VR		CPU0_MEM_VR	300	30d	365d	IPMI agent	Temperature Sensor	Enabled
...	CPU0_TEMP		CPU0_TEMP	300	30d	365d	IPMI agent	Temperature Sensor	Enabled
...	CPU0_VHCORE_VR		CPU0_VHCORE_VR	300	30d	365d	IPMI agent	Temperature Sensor	Enabled
...	CPU1_2_VHCORE_VR		CPU1_2_VHCORE_VR	300	30d	365d	IPMI agent	Temperature Sensor	Enabled
...	CPU1_MEM_VR		CPU1_MEM_VR	300	30d	365d	IPMI agent	Temperature Sensor	Enabled
...	CPU1_TEMP		CPU1_TEMP	300	30d	365d	IPMI agent	Temperature Sensor	Enabled
...	CPU2_MEM_VR		CPU2_MEM_VR	300	30d	365d	IPMI agent	Temperature Sensor	Enabled
...	CPU2_TEMP		CPU2_TEMP	300	30d	365d	IPMI agent	Temperature Sensor	Enabled
...	CPU3_MEM_VR		CPU3_MEM_VR	300	30d	365d	IPMI agent	Temperature Sensor	Enabled
...	CPU3_TEMP		CPU3_TEMP	300	30d	365d	IPMI agent	Temperature Sensor	Enabled
...	CPU3_VHCORE_VR		CPU3_VHCORE_VR	300	30d	365d	IPMI agent	Temperature Sensor	Enabled
...	Fan_1		Fan_1	300	30d	365d	IPMI agent	Fan Sensor	Enabled
...	Fan_2		Fan_2	300	30d	365d	IPMI agent	Fan Sensor	Enabled
...	Fan_3		Fan_3	300	30d	365d	IPMI agent	Fan Sensor	Enabled
...	Fan_4		Fan_4	300	30d	365d	IPMI agent	Fan Sensor	Enabled
...	Fan_5		Fan_5	300	30d	365d	IPMI agent	Fan Sensor	Enabled
...	Fan_6		Fan_6	300	30d	365d	IPMI agent	Fan Sensor	Enabled

图 2-23　在 Zabbix 页面配置 x86 服务器的 IPMI 监控模板

如图 2-24 所示，在 Zabbix 页面添加 x86 服务器的硬件状态监控项。

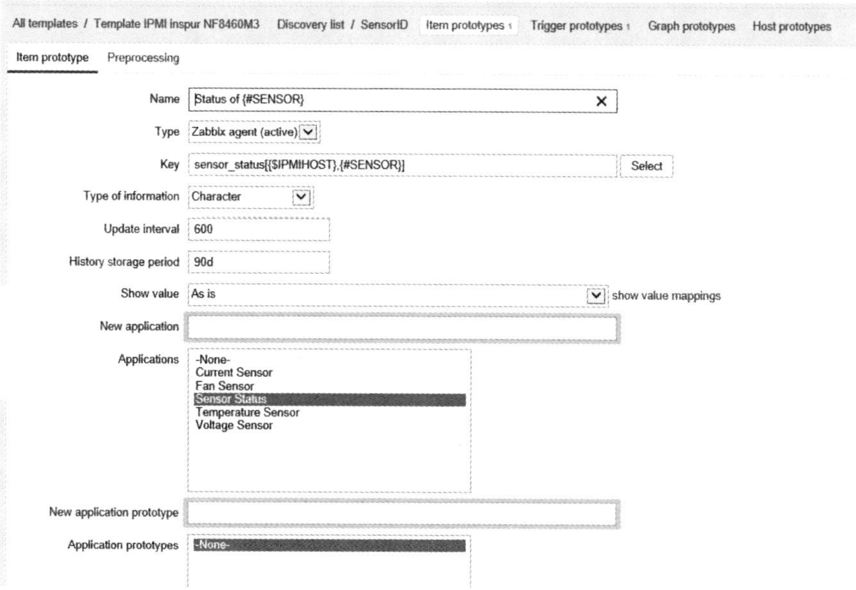

图 2-24　在 Zabbix 页面添加 x86 服务器的硬件状态监控项

如图 2-25 所示，在 Zabbix 页面配置 x86 服务器的硬件状态触发器。

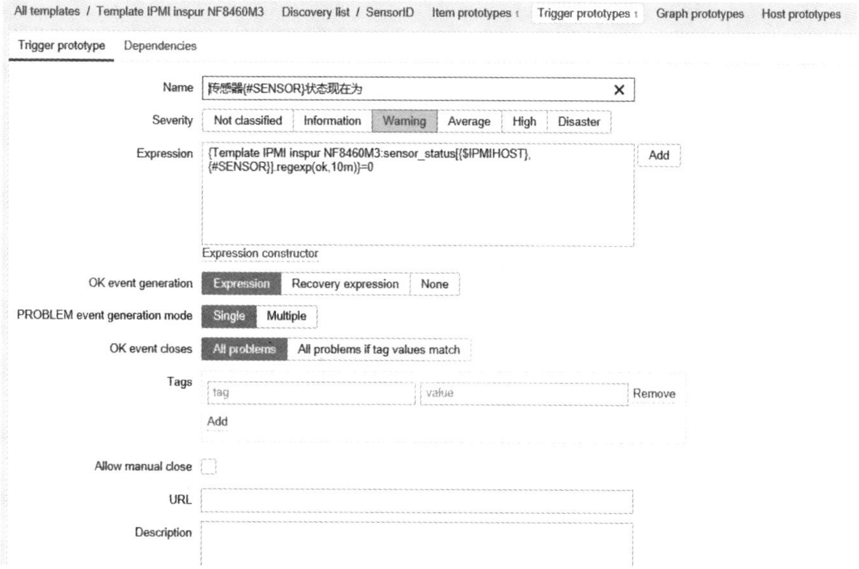

图 2-25　在 Zabbix 页面配置 x86 服务器的硬件状态触发器

图 2-26 所示为 x86 服务器硬件监控的采集值。

	Sensor Status (147 Items)			
	Status of 01-Inlet	05/26/2021 11:18:06 AM	ok	History
	Status of 02-CPU	05/26/2021 11:18:10 AM	ok	History
	Status of 03-CPU	05/26/2021 11:18:14 AM	ok	History
	Status of 04-P1	05/26/2021 11:18:18 AM	ns	History
	Status of 06-P1	05/26/2021 11:18:21 AM	ok	History
	Status of 08-P2	05/26/2021 11:18:25 AM	ok	History
	Status of 1	05/26/2021 11:19:06 AM	ok ns ok ok ok ok ok n...	History
	Status of 1-6	05/26/2021 11:18:29 AM	ns ok	History

图 2-26　x86 服务器硬件监控的采集值

图 2-27 所示为 x86 服务器主机状态。

	Status of SysHealth_Stat	05/26/2021 11:27:31 AM	ok

图 2-27　x86 服务器主机状态

图 2-28 所示为 x86 服务器 CPU 状态。

	Status of 02-CPU	05/26/2021 11:18:10 AM	ok
	Status of 03-CPU	05/26/2021 11:18:14 AM	ok

图 2-28　x86 服务器 CPU 状态

图 2-29 所示为 x86 服务器 Memory 状态。

	Status of Mem	05/26/2021 11:25:09 AM	ok
	Status of Memory	05/26/2021 11:25:05 AM	ok

图 2-29　x86 服务器 Memory 状态

图 2-30 所示为 x86 服务器 Fan 状态。

	Status of Fan	05/26/2021 11:24:24 AM	ok
	Status of Fans	05/26/2021 11:24:20 AM	ok

图 2-30　x86 服务器 Fan 状态

图 2-31 所示为 x86 服务器 Power 状态。

	Status of P1	05/26/2021 11:26:56 AM	ok
	Status of P2	05/26/2021 11:27:00 AM	ok
	Status of Power	05/26/2021 11:27:04 AM	ok

图 2-31　x86 服务器 Power 状态

Dell PC Server 常见的监控指标如表 2-3 所示。

表 2-3　Dell PC Server 常见的监控指标

指标名称	采集方法	指标描述	返回值名称
风扇	IPMI	风扇状态信息	状态、值、单位
电池	IPMI	电池状态信息	状态、值、单位
处理器	IPMI	处理器状态信息	状态、值、单位
机箱电源	IPMI	机箱电源状态信息	状态
硬件日志	IPMI	硬件日志状态信息	总计、新增日志数量、最近更新日志内容
电源	IPMI	电源指标状态信息	状态、值、单位
温度	IPMI	温度指标状态信息	状态、值、单位
磁盘	IPMI	磁盘指标状态信息	状态、值、单位
电压	IPMI	电压指标状态信息	状态、值、单位
电流	IPMI	电流指标状态信息	状态、值、单位
内存	IPMI	内存指标状态信息	状态、值、单位
磁盘控制器	SNMP	磁盘控制器状态信息	设备说明、固件版本、驱动程序版本、高速缓存存储器大小、SAS 地址、停止旋转时间间隔、安全状态、重建率、组件状态、回写模式、PCI 插槽、巡检读取状态
物理磁盘	SNMP	物理磁盘状态信息	总大小、使用大小、剩余大小、总线协议、块大小、介质类型、安全状态、操作状态、电源状态、联机状况、生产厂商、型号、SN、状态
虚拟磁盘	SNMP	虚拟磁盘状态信息	读缓存策略、写缓存策略、总线协议、介质类型、布局、块大小、总大小、磁条大小、磁盘高速缓存策略、组件状态、设备说明、状态
CPU	SNMP	CPU 状态信息	处理器品牌、处理器版本、当前速度、CPU 核数、状态
风扇指标	SNMP	风扇状态信息	当前速度、警告阈值最小值、严重阈值最小值、状态
内存指标	SNMP	内存状态信息	类型、总内存大小、速率、生产厂商、SN、PN、状态
插槽指标	SNMP	插槽状态信息	当前使用、类型、插槽类别、状态
电池指标	SNMP	电池状态信息	状态
温度指标	SNMP	温度状态信息	读数、严重阈值最大值、警告阈值最大值、警告阈值最小值、严重阈值最小值、类型、状态
电源指标	SNMP	电源状态信息	电源输入电压、电源最大输入功率、电源输出功率、类型、状态、生产厂商、SN、PN
电压指标	SNMP	电压状态信息	读数、状态
BIOS	SNMP	BIOS 信息	版本、生产厂商、状态
固件	SNMP	固件信息	版本、状态
侵入探测器	SNMP	侵入探测器状态信息	状态
网卡	SNMP	网卡状态信息	状态、连接状态、供应商名称、MAC 地址

（续表）

指标名称	采集方法	指标描述	返回值名称
LCD 指标	SNMP	LCD 状态信息	状态
IDRAC	SNMP	IDRAC 信息	名称、产品信息、固件版本、制造商、IP 地址
服务器	SNMP	服务器信息	制造商、系统型号、主机名称、操作系统、操作系统版本、服务标签、快速服务代码
机箱电源	SNMP	机箱电源状态信息	电源状态

2.3.4 刀片机设备监控

如图 2-32 所示，与小型机设备监控一样，我们同样可以使用 System Director，或 Zabbix 纳管刀片机监控信息，操作步骤与使用 Zabbix 纳管 PC 服务器类似，此处不再赘述。

图 2-32 System Director 纳管刀片机监控信息

华为刀片机常见的监控指标如表 2-4 所示。

表 2-4 华为刀片机常见的监控指标

指标名称	采集方法	指标描述	返回值名称
刀片	SSH	刀片读数信息	读数
刀片状态	SSH	刀片状态信息	状态
风扇指标	SSH	风扇指标信息	前风扇转速、前风扇偏差、 后风扇转速、后风扇偏差

（续表）

指标名称	采集方法	指标描述	返回值名称
风扇状态	SSH	风扇状态信息	状态
刀片指示灯	SSH	刀片指示灯信息	支持颜色、本地控制颜色、逾越状态颜色、状态
电源指标	SSH	电源指标信息	电源输入功率
电源	SSH	电源状态信息	状态
MM 指标	SSH	MM 指标信息	进风口温度、Flash 占有率
smm 状态	SSH	smm 状态信息	状态
mm 指示灯	SSH	mm 指示灯信息	支持颜色、本地控制颜色、逾越状态颜色、状态
磁盘状态	SSH	磁盘状态信息	状态
端口状态	SSH	端口状态信息	状态
HBA 卡	SSH	HBA 卡状态信息	状态
RAID 卡	SSH	RAID 卡状态信息	状态
ACPI 状态	SSH	ACPI 状态信息	状态
系统日志	SSH	系统日志信息	记录数、最近日志
刀片日志	SSH	刀片日志信息	记录数、最近日志

本 章 小 结

本章介绍了计算机的分类和数据中心常见的计算机种类，包括：大型机、小型机、PC 服务器、刀片机等。随后介绍了用来区分小型机和 PC 服务器的 RISC 和 CISC 架构；之后分别介绍了使用 IBM Netcool OMNIbus 的邮件探针（Email Probe）接入大型机设备告警、HMC 纳管 IBM Power 小型机、System Director 通过 HMC 监控小型机设备、Zabbix 通过 HMC 监控小型机设备、Zabbix 监控 PC Server 设备，以及 System Director 监控刀片机等方式及常用监控指标。

第3章 虚拟机监控

当前，计算机技术飞速发展，从电子管计算机到现在的纳米级芯片计算机，运算速率从每秒几千次到每秒上亿次，CPU 核心从单核到多核，服务器性能在不断提升。为了充分利用服务器的资源，我们通常会将多个业务部署在同一台服务器上，但这会造成资源管理混乱、系统之间互相影响、系统之间依赖底层服务器公共资源有耦合性等问题。为了应对这类问题，通常使用虚拟化技术，在硬件服务器上创建虚拟主机，各虚拟主机系统相互独立、互不影响，业务系统分别部署在独立的虚拟主机上，如此可在运维规范化和资源利用率上达到最优。

虚拟化技术是一种对资源的管理技术，一般是将计算机的 CPU、内存、磁盘、网络适配器等，予以抽象转换然后分割，再组合成一个或多个计算机硬件环境。同样地，对操作系统、应用程序、网络设备、桌面等的虚拟化，也都是利用软件来模拟多个独立运行、互不影响的操作系统、应用程序、网络设备、虚拟桌面等的技术。

3.1 虚拟化分类

通常虚拟化分为硬件虚拟化、操作系统虚拟化、桌面虚拟化、应用程序虚拟化，以及网络虚拟化等类别，如图 3-1 所示为维基百科上显示的虚拟化技术分类表。

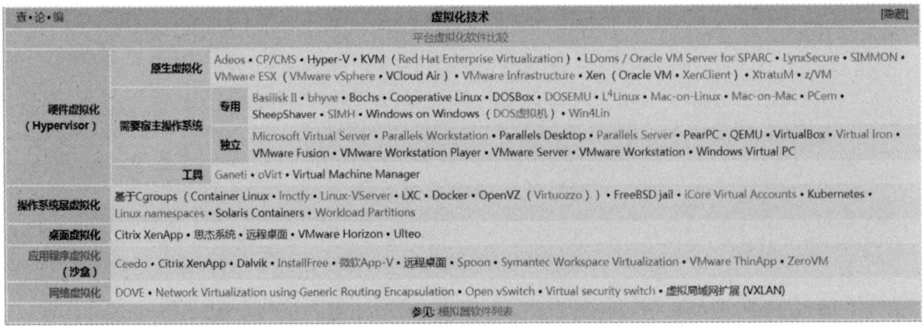
查•论•编 虚拟化技术 [隐藏]

平台虚拟化软件比较

硬件虚拟化（Hypervisor）	原生虚拟化		Adeos • CP/CMS • Hyper-V • KVM （Red Hat Enterprise Virtualization） • LDoms / Oracle VM Server for SPARC • LynxSecure • SIMMON • VMware ESX （VMware vSphere • VCloud Air） • VMware Infrastructure • Xen （Oracle VM • XenClient） • XtratuM • z/VM
	需要宿主操作系统	专用	Basilisk II • bhyve • Bochs • Cooperative Linux • DOSBox • DOSEMU • L4Linux • Mac-on-Linux • Mac-on-Mac • PCem • SheepShaver • SIMH • Windows on Windows （DOS虚拟机） • Win4Lin
		独立	Microsoft Virtual Server • Parallels Workstation • Parallels Desktop • Parallels Server • PearPC • QEMU • VirtualBox • Virtual Iron • VMware Fusion • VMware Workstation Player • VMware Server • VMware Workstation • Windows Virtual PC
	工具		Ganeti • oVirt • Virtual Machine Manager
操作系统层虚拟化	基于Cgroups （Container Linux • lmctfy • Linux-VServer • LXC • Docker • OpenVZ （Virtuozzo）） • FreeBSD jail • iCore Virtual Accounts • Kubernetes • Linux namespaces • Solaris Containers • Workload Partitions		
桌面虚拟化	Citrix XenApp • 思杰系统 • 远程桌面 • VMware Horizon • Ulteo		
应用程序虚拟化（沙盒）	Ceedo • Citrix XenApp • Dalvik • InstallFree • 微软App-V • 远程桌面 • Spoon • Symantec Workspace Virtualization • VMware ThinApp • ZeroVM		
网络虚拟化	DOVE • Network Virtualization using Generic Routing Encapsulation • Open vSwitch • Virtual security switch • 虚拟局域网扩展 (VXLAN)		

参见: 模拟器软件列表

图 3-1 虚拟化技术分类表

3.1.1　硬件虚拟化

硬件虚拟化是对计算机硬件的虚拟,虚拟化对用户隐藏了实际的计算机硬件,虚拟出另一个计算机硬件系统,根据硬件虚拟化的程度又分为以下几个大类。

(1)全虚拟化:敏感指令在操作系统和硬件之间被捕捉处理,客户操作系统无须修改,所有软件都能在虚拟机中运行,支持该虚拟化类型的软件有 IBM CP/CMS、VirtualBox、ESXi 及 QEMU 等。

(2)硬件辅助全虚拟化:利用硬件辅助处理敏感指令,以实现完全虚拟化的功能,客户操作系统无须修改,当前使用较广泛,支持该类虚拟化类型的软件有 ESXi、Oracle Xen、KVM、Hyper-V 等。

(3)部分虚拟化:针对部分应用程序进行虚拟,而不是整个操作系统的虚拟化。

(4)准虚拟化/超虚拟化:为操作系统提供与底层硬件相似但不相同的软件接口,客户操作系统需要进行相应修改。例如,Xen 的半虚拟化模式、Hyper-V、KVM 的 VirtIO,由于需要修改操作系统,会带来兼容性问题,当前使用该技术的产品已不多。

(5)操作系统虚拟化:操作系统虚拟化使操作系统内核支持多用户空间实体。例如,Docker、Parallels Virtuozzo Containers、OpenVZ、LXC,以及类 UNIX 系统上的 chroot、Solaris 上的 Zone、FreeBSD 上的 FreeBSD jail 等。

3.1.2　桌面虚拟化

桌面虚拟化是将所有桌面 PC 需要的操作系统软件、应用程序软件、用户数据全部存放到后台服务器中,通过专门的管理系统赋予特定用户,用户通过专用网络传输协议连接到后端服务器分配的桌面资源,使用体验基本与物理 PC 一样。

3.1.3　应用程序虚拟化

应用程序虚拟化运用虚拟软件包来放置应用程序和数据,不需要传统的安装流程。应用程序包可以被瞬间激活或失效,以及恢复默认设置,因为它们只运行在自己的计算空间内,从而降低了干扰其他应用程序的风险。最常见的就是沙盒,在沙盒中运行的程序与操作系统和操作系统上运行的其他程序相互隔离。

3.1.4　网络虚拟化

网络虚拟化有 VPN(Virtual Private Network)、VXLAN(Virtualextensible Local Area Network)、VirtualSwitch 等。VPN 是指用户可在外部远程访问组织的内部网

络，访问效果如同在组织内部访问局域网一样。VXLAN 即"虚拟扩展局域网"，可以基于三层网络结构来构建二层虚拟网络，通过 VXLAN 技术，可以将处于不同网段的网络设备整合在同一个逻辑链路层网络中，对于终端用户而言，这些网络设备及接入网络的服务器似乎部署在同一个链路层网络中。VirtualSwitch 顾名思义就是使用软件虚拟出的交换机，它能转发虚拟机之间通信的数据包。

下面介绍常用商业硬件虚拟化软件 ESXi 及开源硬件虚拟化软件 KVM 的监控方式及常用指标。

3.2 ESXi 虚拟化监控

3.2.1 ESXi 虚拟化概述

ESXi 是一款虚拟化软件，可将硬件资源虚拟化为多台虚拟设备资源，从而将硬件资源充分利用起来。ESXi 是由 VMware 公司开发维护的，原名是 ESX，自 2010 年 ESX 4.1 版本发布后，ESX 就更名为 ESXi。由于 ESX 服务器 3.0 的服务控制平台是基于 Red Hat Linux 7.2 开发的，所以在部署了该 ESX 系统后，许多系统管理员会在系统上部署来自第三方的软件，从而影响虚拟化环境的安全性。为解决这个问题，自 ESXi 版本之后，便将 Red Hat Linux 服务控制平台剔除了，整个软件大小由之前的 2GB 缩小到 150MB，且所有的 VMware 代理都直接在 VMkernel 上运行，其他只有获得授权的第三方模块才可在 VMkernel 中运行。该设计有效地阻止了任意代码在 ESXi 主机上运行，极大地提高了虚拟化系统的安全性。自 VMware vSphere 5.0 版本开始，VMware 将不再提供 ESX 服务器产品，ESXi 则成了 VMware 产品线中唯一一款服务器平台产品。

ESXi 虚拟化在实际使用过程中会涉及很多组件及资源对象，它们之间相互关联、相互依赖，图 3-2 展示了从 vCenter Server 到具体虚拟的虚拟机之间所涉及的如 Cluster、Host、Resource Pool 对象的关系结构。只有了解了其相关关系，才能更好地监控其所有组件及资源对象。

图 3-2 中相关的名词解释如下。

- **vCenter**：用于集中管理 ESXi 及其上的虚拟机，还可以通过配置 Cluster，实现 HA、DRS、DPM 等高可用性功能；通过扩展 vCenter 相关插件，可实现更多高级功能。
- **Folder**：是一个虚拟的文件夹，可以将多个如 Datacenter、Cluser、Resource Pool、VM 等的对象进行自定义存放，便于查看和管理。

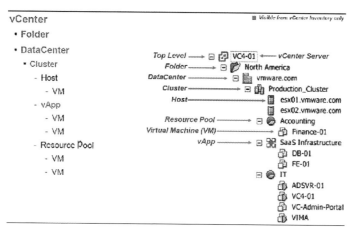

图 3-2　vCenter 管理的各组件关系结构

- **DataCenter**：可以按企业的规划，ESXi 的物理分布，将 ESXi 有机地组织在一起，形成一个或多个数据中心。一般企业在构建自己的"两地三中心"时，就可以使用 DataCenter 来区分组织各数据中心相应的资源。
- **Cluster**：是一个由若干个 ESXi 组织在一起形成的集群，集群内所有的虚拟机可在集群内所有的 ESXi 上自由移动，对集群内的虚拟机可以进行快速扩容，以及 HA 高可用的配置。
- **Host（ESXi）**：安装了 ESXi/ESX 服务的传统物理机 Host，在通用环境下分区和整合系统的虚拟主机软件。
- **DataStore**：ESXi 上挂载的存储资源池。
- **Resource Pool**：将独立主机或集群的 CPU 和内存资源划分为多个资源池，这样不同资源池中创建的 VM 虚拟机是互不影响的。
- **vApp**：将多个 VM 虚拟机组织在一起，便于批量启停管理。
- **VM**：ESXi 上创建的虚拟机。

vCenter 用于管理和创建多个 DataCenter，同时将多台装有 ESXi 的物理主机，按区域划分添加至不同的 DataCenter，再通过 vCenter 创建多个 Cluster 集群，这时就可以在 Cluster 上创建 VM 虚拟机了。如果此时为了更好地分配限制 CPU、内存资源等的使用，还可以将 Cluster 划分为若干个资源池，多个资源池之间是相互隔离的，不同的资源池中创建的 VM 虚拟机是互不影响的。DataStore 则是在各 ESXi 主机上进行挂载的存储，然后在该存储上创建 VM 虚拟机，如果同一个 Cluster 集群上挂载的是同一个存储资源，则当该 Cluster 中的某台宿主机 ESXi 异常宕机时，该宿主上所有运行的 VM 可以自动漂移到其所在的 Cluster 中其他的 ESXi 主机上运行。

至此，可以发现，ESXi 虚拟化中的六个重要资源对象的依赖关系是：vCenter Server→Cluster→ESXi→（DataStore、Resource Pool）→VM。所以当需要监控这些对象时，可从 vCenter 开始，依次自动发现其内部的各资源对象。在 3.2.3 节将会介绍使用 Zabbix 按照该关系来实施监控的方法。这六个重要资源对象的可监控项组合在一起，就覆盖了整个 VMware ESXi 虚拟化重要监控指标，如图 3-3 所示。

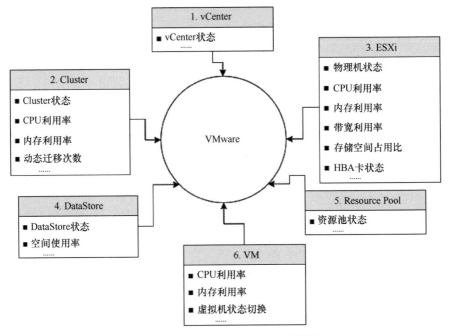

图 3-3　VMware ESXi 虚拟化重要监控指标

各监控指标用途说明如下。

（1）vCenter：vCenter 的状态、版本、事件。

（2）Cluster：Cluster 集群列表，各集群状态，CPU、内存利用率，动态迁移次数。

（3）ESXi：Cluster 集群中各 ESXi 物理机节点的状态及其 CPU、内存、带宽的利用率，存储空间占用比，HBA 卡状态，健康状态（灰色灯、红色灯、黄色灯），系统的启动时间，CPU 线程数，VM 数量等信息。

（4）DataStore：存储状态、空间使用率、存储读写延迟。

（5）Resource Pool：资源池的使用状态。

（6）VM：ESXi 集群上所虚拟出的虚拟机的状态，以及 CPU、内存、磁盘等资源的利用率。

3.2.2 ESXi 架构图及监控入口

由于 ESXi 所有的 ESX 或 Cluster 资源都可被 vCenter Server 统一管理，而 vCenter Server 又提供了开放的 API 接口，所以在使用 Zabbix 监控时，完全可以通过 HTTP 协议调用 vCenter Server 的 API 接口来获取对象的状态，而无须深入每台 ESX 物理主机及虚拟主机内部安装 Zabbix Agent 代理。图 3-4 所示为 ESXi 架构图，以 vCenter Server 为监控管理入口，由 vCenter Server 连接各数据中心内部的 Cluster 或 ESX，实现集中监控管理。

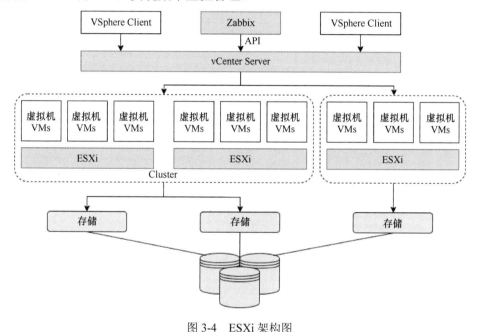

图 3-4 ESXi 架构图

3.2.3 使用 Zabbix 监控 ESXi

Zabbix 从 2.2.0 版本开始，便提供了对 ESXi 环境的监控支持。使用 Zabbix 监控 ESXi 非常便捷，可以使用它的 LLD（Low-Level Discovery，低级自动发现）功能从 ESXi vCenter 的 API 接口获取 ESXi 集群、集群 Node 节点、虚拟机，并根据预定义的监控模板，自动创建集群、集群 Node 节点、虚拟机监控对象，对各监控对象自动创建对应的监控项，自动加入被监控列表。

由于需要对 VM 的管理程序及对 VM 进行动态发现，自动生成对应监控项，在使用 Zabbix 来监控 ESXi 时会用到"Template VM VMware""Template VM

VMware Guest""Template VM VMware Hypervisor"三个模板。图 3-5 展示了在 Zabbix 上创建 VMware host、获取所有 ESXi 集群 Node 节点、让 VM 虚拟主机监控项生效的整个过程。

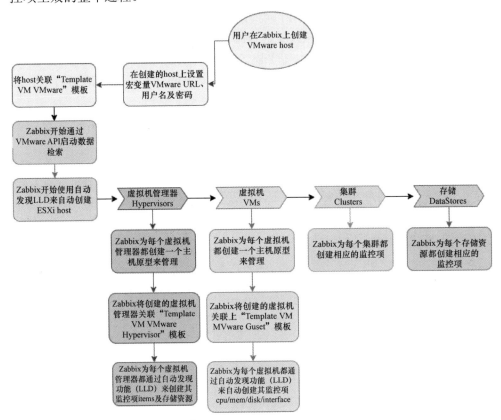

图 3-5　通过 Zabbix 获取所有 ESXi 的监控状态

使用 Zabbix 监控 ESXi 集群的具体步骤如下。

1. 开启 Zabbix 上的 ESXiCollector 监控模块

修改 zabbix_server.conf 配置，开启 StartESXiCollectors、ESXiCacheSize、ESXiFrequency、ESXiPerfFrequency、ESXiTimeout 选项，选项的含义可参考表 3-1，然后重启 Zabbix server 服务使其生效。

```
# 修改ESXi相关参数：
[root@host:~]# vi /etc/zabbix/zabbix_server.conf
### Option: StartESXiCollectors
#        Number of pre-forked ESXi collector instances.
```

```
#
# Mandatory: no
# Range: 0-250
# Default:
# StartESXiCollectors=0

# 此值取决于要监视的ESXi服务的数量。对于大多数情况，这应该是：
# servicenum <StartESXiCollectors < (servicenum * 2)  #servicenum是ESXi服务的数量。
StartESXiCollectors=10
### Option: ESXiFrequency
#       How often Zabbix will connect to ESXi service to obtain a
new data.
#
# Mandatory: no
# Range: 10-86400
# Default:
# ESXiFrequency=60
ESXiFrequency=60
### Option: ESXiPerfFrequency
#       How often Zabbix will connect to ESXi service to obtain performance data.
#
# Mandatory: no
# Range: 10-86400
# Default:
# ESXiPerfFrequency=60
ESXiPerfFrequency=60
### Option: ESXiCacheSize
#       Size of ESXi cache, in bytes.
#       Shared memory size for storing ESXi data.
#       Only used if ESXi collectors are started.
#
# Mandatory: no
# Range: 256K-2G
# Default:
# ESXiCacheSize=8M
ESXiCacheSize=256M
```

表 3-1　Zabbix 监控 ESX 选项的含义

参　　数	含　　义
StartESXiCollectors	预先启动 ESXi Collector 收集器实例的数量。此值取决于要监控的 ESXi 服务的数量。在大多数情况下，这应该是 servicenum < StartESXiCollectors < (servicenum * 2)，其中，servicenum 是 ESXi 服务的数量
ESXiCacheSize	用于存储 ESXi 数据的缓存容量，默认为 8MB，取值范围为 256KB～2GB
ESXiFrequency	连接到 ESXi 服务收集一个新数据的频率，默认为 60 秒，取值范围为 10～86400 秒
ESXiPerfFrequency	连接到 ESXi 服务收集性能数据的频率，默认为 60 秒，取值范围为 10～86400 秒
ESXiTimeout	ESXi collector 等待 ESXi 服务响应的时间，默认为 10 秒，取值范围为 1～300 秒

2. 检查 Zabbix server 与 ESXi vCenter 通信是否正常

```
# 使用curl命令检查与ESXi vCenter接口是否能正常通信：
[root@host:~]# curl -i -k --data "" https://< ESXi vCenter IP >/sdk
```

3. 在 Zabbix 上创建 vCenter Agent 主机

在 Zabbix 上创建 vCenter Agent 主机，地址为 Zabbix server 的地址，也可以填 127.0.0.1，目的是使用本机来访问 vCenter URL 地址，如图 3-6 所示。

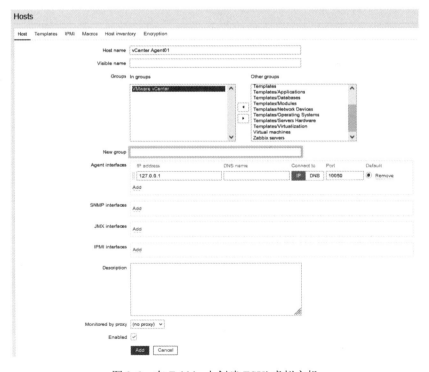

图 3-6　在 Zabbix 上创建 ESXi 虚拟主机

4. 关联 ESXi 监控模板

监控 ESXi 只需关联 "Template VM ESXi"。"Template VM ESXi" 模板应用于 ESXi vCenter 和 ESX hypervisor 监控。另两个模板 "Template VM ESXi Guest" 和 "Template VM ESXi Hypervisor" 无须手动关联，当 "Template VM ESXi" 自动发现对象时，会自动关联使用。ESXi 主机关联 Template VM VMware 模板如图 3-7 所示。

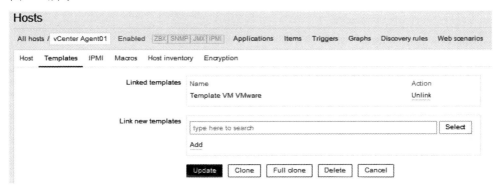

图 3-7 ESXi 主机关联 Template VM VMware 模板

5. 设置宏变量

设置访问 vCenter 的地址、账号及密码的宏变量名称及其含义如表 3-2 所示。

表 3-2 Zabbix 配置 ESXi 监控宏变量名称及其含义

宏变量名称	含 义
{$URL}	访问 vCenter SDK 的地址，一般为 "https://< ESXi vCenter IP >/sdk"
{$USERNAME}	访问 vCenter 服务的用户名
{$PASSWORD}	访问 vCenter 服务的用户密码

在实际生产中，需要让 ESXi 管理员创建一个只拥有只读权限的 vCenter 账号，用来监控。在 ESXi 主机上增加 vCenter 的访问 URL、登录账号、密码如图 3-8 所示。

6. 完成对 vCenter 上所有被管理的 ESXi 集群的监控

如下列出的是监控相关的数据信息。

自动发现的 ESXi 集群状态信息如图 3-9 所示，可看出自动发现了四台 ESXi 集群，其当前状态灯为绿色，表示正常，当状态灯为非绿色时则为异常。

如图 3-10 所示，可通过 Zabbix 主机组查询某 ESXi 集群节点列表。

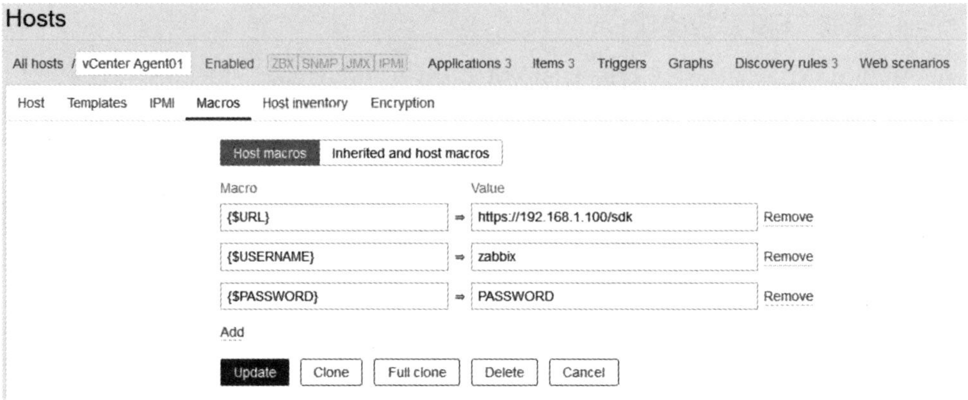

图 3-8　在 ESXi 主机上增加 vCenter 的访问 URL、登录账号、密码

图 3-9　自动发现的 ESXi 集群状态信息

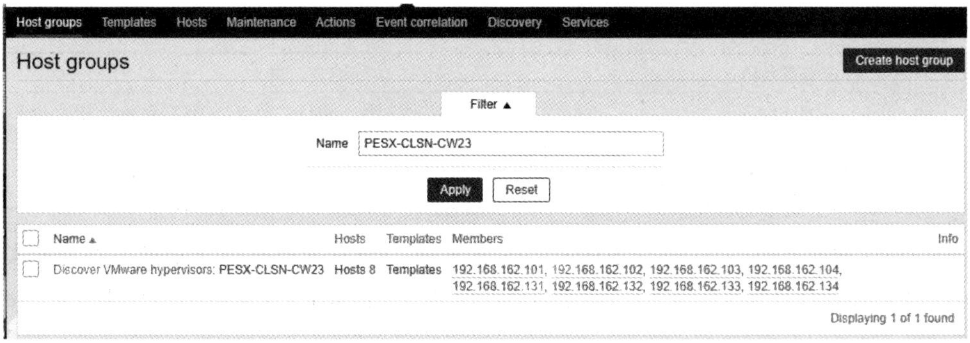

图 3-10　通过 Zabbix 主机组查询某 ESXi 集群节点列表

　　同样地，再抽取图 3-10 中的 ESXi 集群的某个 Node 节点，通过查看其历史值，状态信息展示如图 3-11 所示，可以看出 ESXi 集群中 Node 节点的 CPU、内存、网络带宽、状态、共享存储、ESXi 版本、虚拟机数等监控项，都被自动识别加入监控列表中，内容较多，共享存储状态信息展示如图 3-12 所示，可以看出，共享存储的总容量、使用百分比都已被监控。

Datastore (84 Items)				
General (8 Items)				
Cluster name	2021-07-18 14:16:38	PESX-CLSN-CW23		History
Datacenter name	2021-07-18 14:16:40	ZJDC-2		History
Full name	2021-07-18 14:16:46	VMware ESXi 6.0.0 build...		History
Health state rollup	2021-07-18 15:12:01	green (1)		Graph
Number of guest VMs	2021-07-18 14:17:05	13		Graph
Overall status	2021-07-18 15:14:02	green (1)		Graph
Uptime	2021-07-18 14:17:03	715 days, 02:15:22	+00:59:00	Graph
Version	2021-07-18 14:17:04	6.0.0		History
Hardware (10 Items)				
Bios UUID	2021-07-18 14:16:55	b1c8054e-2c97-b1e7-e9...		History
CPU cores	2021-07-18 14:16:19	28		Graph
CPU frequency	2021-07-18 14:16:47	2.6 GHz		Graph
CPU model	2021-07-18 14:16:48	Intel(R) Xeon(R) Gold 61...		History
CPU threads	2021-07-18 14:16:50	56		Graph
CPU usage percent	2021-07-18 15:13:52	12.3 %	-0.17 %	Graph
Model	2021-07-18 14:16:54	2288H V5		History
Total memory	2021-07-18 14:16:53	511.59 GB		Graph
Used memory percent	2021-07-18 15:13:53	60.85 %		Graph
Vendor	2021-07-18 14:16:56	Huawei		History
Memory (4 Items)				
Ballooned memory	2021-07-18 14:16:57	0 B		Graph
Total memory	2021-07-18 14:16:53	511.59 GB		Graph
Used memory	2021-07-18 15:11:58	311.29 GB	-3 MB	Graph
Used memory percent	2021-07-18 15:13:53	60.85 %		Graph
Network (2 Items)				
Number of bytes received	2021-07-18 14:16:59	6.03 MBps	+2.29 MBps	Graph
Number of bytes transmitted	2021-07-18 14:17:00	4.07 MBps	+681 KBps	Graph

图 3-11　ESXi 集群节点状态信息展示

Free space on datastore FC-HDS-PDARH003-CW_1 (percentage)	2021-07-18 15:12:58	42.13 %	Graph
Free space on datastore FC-HDS-PDARH003-CW_2 (percentage)	2021-07-18 15:12:59	33.39 %	Graph
Free space on datastore FC-HDS-PDARH003-CW_3 (percentage)	2021-07-18 15:13:01	42.12 %	Graph
Free space on datastore FC-IBM-PDARI004-CW_0 (percentage)	2021-07-18 15:13:02	14.56 %	Graph
Free space on datastore PCWNESX05_datastore (percentage)	2021-07-18 15:13:03	28.23 %	Graph
Total size of datastore FC-HDS-PDARH001-CW_1	2021-07-18 14:33:07	999.75 GB	Graph
Total size of datastore FC-HDS-PDARH001-CW_2	2021-07-18 14:33:11	999.75 GB	Graph
Total size of datastore FC-HDS-PDARH001-CW_3	2021-07-18 14:33:16	2 TB	Graph
Total size of datastore FC-HDS-PDARH001-CW_4	2021-07-18 15:03:07	2 TB	Graph
Total size of datastore FC-HDS-PDARH001-CW_5	2021-07-18 14:35:33	2 TB	Graph
Total size of datastore FC-HDS-PDARH001-CW_6	2021-07-18 14:35:34	2 TB	Graph
Total size of datastore FC-HDS-PDARH001-CW_7	2021-07-18 14:16:19	2 TB	Graph
Total size of datastore FC-HDS-PDARH001-CW_8	2021-07-18 15:11:01	2 TB	Graph
Total size of datastore FC-HDS-PDARH001-CW_9	2021-07-18 15:11:58	2 TB	Graph
Total size of datastore FC-HDS-PDARH002-CW_1	2021-07-18 14:33:08	999.75 GB	Graph
Total size of datastore FC-HDS-PDARH002-CW_2	2021-07-18 14:33:15	2 TB	Graph
Total size of datastore FC-HDS-PDARH002-CW_3	2021-07-18 14:33:17	999.75 GB	Graph
Total size of datastore FC-HDS-PDARH002-CW_4	2021-07-18 14:36:41	2 TB	Graph
Total size of datastore FC-HDS-PDARH002-CW_5	2021-07-18 14:36:42	2 TB	Graph
Total size of datastore FC-HDS-PDARH002-CW_6	2021-07-18 14:16:18	2 TB	Graph
Total size of datastore FC-HDS-PDARH002-CW_7	2021-07-18 15:11:00	2 TB	Graph
Total size of datastore FC-HDS-PDARH003-CW_1	2021-07-18 14:33:09	999.75 GB	Graph
Total size of datastore FC-HDS-PDARH003-CW_2	2021-07-18 14:33:10	1023.75 GB	Graph
Total size of datastore FC-HDS-PDARH003-CW_3	2021-07-18 14:33:12	999.75 GB	Graph
Total size of datastore FC-IBM-PDARI004-CW_0	2021-07-18 14:33:13	2 TB	Graph
Total size of datastore PCWNESX05_datastore	2021-07-18 14:33:14	1.08 TB	Graph
General (8 Items)			
Cluster name	2021-07-18 14:16:38	PESX-CLSN-CW23	History
Datacenter name	2021-07-18 14:16:40	ZJDC-2	History

图 3-12　ESXi 集群节点上共享存储状态信息展示

对 ESXi 集群中所创建的虚拟主机有两种监控方式，一种是通过 vCenter 接口来监控各虚拟主机，另一种是直接在各虚拟主机上安装监控代理来监控。通过 vCenter 接口监控获取的监控项比较有限，无法定制一些脚本来做具体的监控，而直接在虚拟主机上安装监控代理，则可随意定制监控项。如果通过 vCenter，则可获取的主要监控项如图 3-13 所示。

	Wizard	Name	Triggers	Key ▲	Interval	History	Trends	Type	Applications	Status
☐	•••	Cluster name		vmware.vm.cluster.name[{$URL},{HOST.HOST}]	1h	90d		Simple check	General	Enabled
☐	•••	Number of virtual CPUs		vmware.vm.cpu.num[{$URL},{HOST.HOST}]	1h	90d	365d	Simple check	CPU	Enabled
☐	•••	CPU ready		vmware.vm.cpu.ready[{$URL},{HOST.HOST}]	5m	90d	365d	Simple check	CPU	Enabled
☐	•••	CPU usage		vmware.vm.cpu.usage[{$URL},{HOST.HOST}]	5m	90d	365d	Simple check	CPU	Enabled
☐	•••	Datacenter name		vmware.vm.datacenter.name[{$URL},{HOST.HOST}]	1h	90d		Simple check	General	Enabled
☐	•••	Hypervisor name		vmware.vm.hv.name[{$URL},{HOST.HOST}]	1h	90d		Simple check	General	Enabled
☐	•••	Ballooned memory		vmware.vm.memory.size.ballooned[{$URL},{HOST.HOST}]	5m	90d	365d	Simple check	Memory	Enabled
☐	•••	Compressed memory		vmware.vm.memory.size.compressed[{$URL},{HOST.HOST}]	5m	90d	365d	Simple check	Memory	Enabled
☐	•••	Private memory		vmware.vm.memory.size.private[{$URL},{HOST.HOST}]	5m	90d	365d	Simple check	Memory	Enabled
☐	•••	Shared memory		vmware.vm.memory.size.shared[{$URL},{HOST.HOST}]	5m	90d	365d	Simple check	Memory	Enabled
☐	•••	Swapped memory		vmware.vm.memory.size.swapped[{$URL},{HOST.HOST}]	5m	90d	365d	Simple check	Memory	Enabled
☐	•••	Guest memory usage		vmware.vm.memory.size.usage.guest[{$URL},{HOST.HOST}]	5m	90d	365d	Simple check	Memory	Enabled
☐	•••	Host memory usage		vmware.vm.memory.size.usage.host[{$URL},{HOST.HOST}]	5m	90d	365d	Simple check	Memory	Enabled
☐	•••	Memory size		vmware.vm.memory.size[{$URL},{HOST.HOST}]	1h	90d	365d	Simple check	Memory	Enabled
☐	•••	Power state		vmware.vm.powerstate[{$URL},{HOST.HOST}]	5m	90d	365d	Simple check	General	Enabled
☐	•••	Committed storage space		vmware.vm.storage.committed[{$URL},{HOST.HOST}]	5m	90d	365d	Simple check	Storage	Enabled
☐	•••	Uncommitted storage space		vmware.vm.storage.uncommitted[{$URL},{HOST.HOST}]	5m	90d	365d	Simple check	Storage	Enabled
☐	•••	Unshared storage space		vmware.vm.storage.unshared[{$URL},{HOST.HOST}]	5m	90d	365d	Simple check	Storage	Enabled
☐	•••	Uptime		vmware.vm.uptime[{$URL},{HOST.HOST}]	5m	90d	365d	Simple check	General	Enabled

图 3-13　通过 vCenter 获取的主要监控项

3.3　KVM 虚拟化监控

3.3.1　KVM 虚拟化概述

KVM 的全称是 Kernel-based Virtual Machine，最初是由 Avi Kivity 于 2006 年在 Qumranet 公司开始开发的，而后在 2008 年被红帽收购。它是一款运行在 Linux 内核中的虚拟化模块，在 2007 年 2 月 5 日发布的 2.6.20 内核中合并了 KVM 虚拟化模块，使得在该内核版本之后发布的 Linux 操作系统天生支持 KVM 虚拟化功能。

virsh 是由红帽开发并维护的用于管理硬件虚拟化的开源的管理工具。KVM 的日常管理监控常用的是 libvirt，它不仅能管理 KVM，还能兼容 Xen、VMware、VirtualBox，这样在构建云平台或自动化运维平台时，可以使用该工具来统一管理不同类型的虚拟化底层工具。libvirt 是有客户端和服务端的，服务端的 libvirtd daemon 进程可被 virsh 命令进行本地或远程调用，相当于命令行客户端。在 virsh 中可调用 libvirtd 服务端程序，通过 qemu-kvm 来操作虚拟机，实现虚拟机的管理与监控。

```
# 查看libvirtd进程。
    [root@host:~]# ps -ef|grep libvirtd
root        557        1  0 May12 ?        00:00:02 /usr/bin/libvirtd
--timeout 120


# 使用virsh查看本地所有的VM虚拟机及其状态。
    [root@host:~]# virsh list --all
    Id  Name            State
    --------------------------------

    1   www.test.com    running
    -   test2-linux     shut off
```

3.3.2　使用 Zabbix 监控 KVM

Zabbix 安装好后默认没有 KVM 的监控模板，但其官网发布了现成的监控解决方案。在该监控解决方案中提供了在 github 上持续维护的监控脚本及其监控模板，该监控脚本是基于 virsh 命令来获取监控指标信息的，安装方法如下。

1. 在 KVM 宿主机上部署监控脚本

```
# 从github上获取KVM监控代码并安装。
    [root@host:~]# git clone https://github.com/sergiotocalini/vi
rbix.git
    [root@host:~]# sudo ./virbix/deploy_zabbix.sh -u "qemu:///system"
    [root@host:~]# sudo systemctl restart zabbix-agent
```

2. 验证安装是否成功，以及是否能正常获取 KVM 的监控信息

```
# 验证安装是否成功，如果安装完成，会在以下目录中创建多个脚本及配置文件。
    [root@host:~]# cd /etc/zabbix/zabbix-agent/bin/scripts/virbix
    [root@host:~]# find .
.
./virbix.sh
./scripts
./scripts/report_pools.sh
./scripts/pool_check.sh
./scripts/report_node.sh
./scripts/net_list.sh
./scripts/functions.sh
```

```
./scripts/pool_list.sh
./scripts/report_domains.sh
./scripts/report.sh
./scripts/net_check.sh
./scripts/report_nets.sh
./scripts/domain_check.sh
./scripts/domain_list.sh
./virbix.conf
    [root@host:~ ]# /etc/zabbix/scripts/agentd/virbix/virbix.sh -
s domain_list -j DOMID:DOMNAME:DOMUUID:DOMTYPE:DOMSTATE
{
    "data":[
      { "{#DOMID}":"1", "{#DOMNAME}":"www.com", "{#DOMUUID}":"484
57f9b-6c28-4ee5-af98-d9d6d65e97b6", "{#DOMTYPE}":"hvm", "{#DOMSTATE}
":"running" },
      { "{#DOMID}":"-", "{#DOMNAME}":"kali-linux", "{#DOMUUID}":
"f56c9e61-037d-4ccd-8a9d-88990dc929da", "{#DOMTYPE}":"hvm",
"{#DOMSTATE}":"shut off" }
    ]
}
```

3. 导入 xml 模板至 Zabbix

在 Zabbix 主页上依次单击 Configuration→Templates→Import，选择 github 上下载的"zbx3.4_template_hv_kvm.xml"。

在 Configuration 中的 Templates 一栏中单击"Import"，导入"Template HV KVM"模板，如图 3-14 所示。

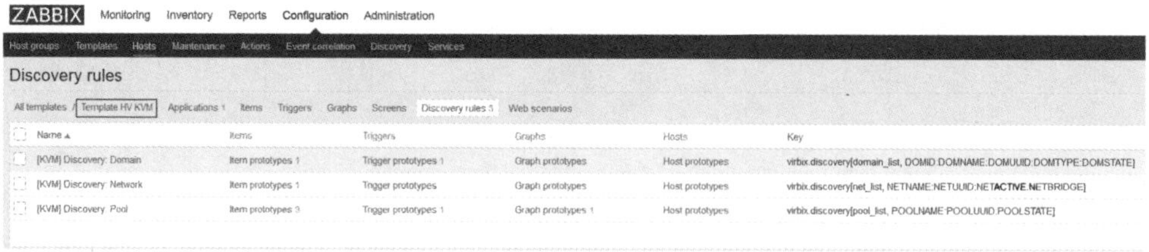

图 3-14　导入"Template HV KVM"模板

4. 关联监控模板

将 KVM 宿主机关联"Template HV KVM"模板，以实现对 KVM 虚拟化的监控，如图 3-15 所示。

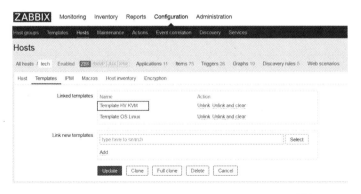

图 3-15　KVM 宿主机关联“Template HV KVM”模板

5. 查看 KVM 监控数据

依次单击 Monitoring→Latest data，输入 KVM 宿主机后，再单击“Apply”，然后在列出的监控类中找到 KVM，如图 3-16 中 KVM 的 12 项列表就是通过该监控获取的所有 KVM 宿主机及虚拟机的状态监控。

KVM (12 Items)			
[KVM] Domain kali-linux: State	2021-07-18 17:16:48	shut off	History
[KVM] Domain www.test.com: State	2021-07-18 17:16:47	running	History
[KVM] Network default: Active	2021-07-18 17:16:49	no	History
[KVM] Pool default: Free space	2021-07-18 17:16:51	0 B	Graph
[KVM] Pool default: State	2021-07-18 17:16:56	running	History
[KVM] Pool default: Used space	2021-07-18 17:16:53	0 B	Graph
[KVM] Pool images: Free space	2021-07-18 17:16:52	0 B	Graph
[KVM] Pool images: State	2021-07-18 17:16:47	running	History
[KVM] Pool images: Used space	2021-07-18 17:16:54	0 B	Graph
[KVM] Pool ISO: Free space	2021-07-18 17:16:52	0 B	Graph
[KVM] Pool ISO: State	2021-07-18 17:16:48	running	History
[KVM] Pool ISO: Used space	2021-07-18 17:16:55	0 B	Graph

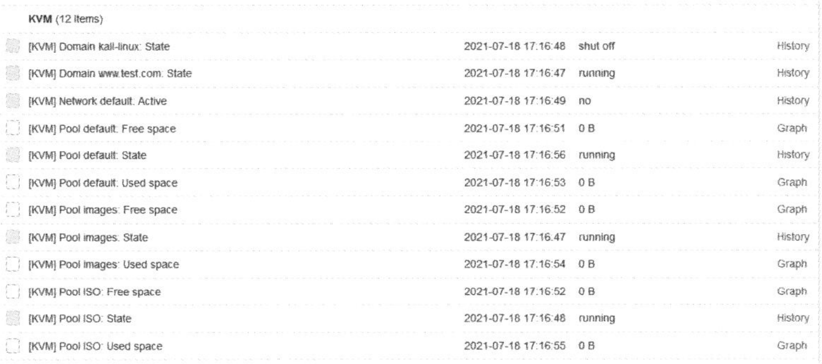

图 3-16　KVM 宿主机的监控项展示

本 章 小 结

本章先讲解了虚拟化技术的概念，让读者了解当今虚拟化技术所涉及的领域，再详细针对最常用的商业虚拟化软件和开源虚拟化软件的监控指标及监控方式做了详细介绍。关于 ESXi 监控讲解了 vCenter、Cluster、ESXi、VM 之间的关系，然后讲解了如何通过 Zabbix 的高级功能 LLD 去监控 Cluster、ESXi、VM 的状态，以及资源的使用情况。有很方便的 libvirt 工具 virsh 命令来管理和查看 KVM 的状态，同样本章也介绍了怎么使用 Zabbix 来监控 KVM。

第4章

操作系统监控

操作系统（Operating System，OS）是计算机系统的核心系统软件，是管理计算机硬件与软件资源的计算机程序。其他软件是建立在操作系统的基础上的，并在操作系统的统一管理和支持下运行。

操作系统需要处理管理与配置内存、决定系统资源供需优先次序、控制输入与输出设备、操作网络与管理文件系统等基本事务，并提供用户与系统交互的操作界面。操作系统与计算机系统软/硬件的关系如图 4-1 所示。

图 4-1　操作系统与计算机系统软/硬件的关系

▶ 4.1　操作系统的种类

操作系统按照功能不同，常划分为：单用户操作系统和批量处理操作系统、分时操作系统和实时操作系统、网络操作系统和分布式操作系统，以及嵌入式操作系统等。本节介绍常见数据中心服务器操作系统，不涉及移动终端、网络设备、嵌入式设备等，按照系统内核可划分为：类 UNIX 系统和 Windows 系统。

4.1.1　类 UNIX 系统

1969 年，美国贝尔实验室发布了一种多用户、多任务的分时操作系统——UNICS。

UNICS 被认为是 UNIX 系统的始祖，随着操作系统的商业化，各厂商集成各自的硬件产品，出现了众多具有代表性的操作系统，如 IBM 公司的 AIX、SUN 公司的 Solaris（后被 Oracle 公司收购）、HP 公司的 HP-UX 等，现已广泛运行于小型机环境。

1991 年，芬兰赫尔辛基大学的学生 Linus Torvalds 在新闻组（comp.os.minix）发布了基于 386 编写的约一万行代码的 Linux v0.01 版本，开启了 UNIX 走向开源的新篇章。1997 年，好莱坞史上"首部大制作"的影片《泰坦尼克号》在特效制作中使用了 160 台 Alpha 图形工作站，其中的 105 台采用了 Linux 操作系统。后期产生了 Red Hat Linux（包括 RHEL、CentOS、Fedora）、SUSE、Debian、Mandrake 等。中国的红旗 Linux、麒麟 Linux 和深度（Deepin）Linux 也是类 UNIX 操作系统分支简树中的一员。

iOS 是由苹果公司开发的移动操作系统，iOS 与苹果的 Mac OS X 操作系统一样，都属于类 UNIX 商业操作系统。原本这个系统名为 iPhone OS，因为 iPad、iPhone、iPod touch 都使用 iPhone OS，所以在 2010 WWDC 大会上苹果公司宣布将其改名为 iOS。

图 4-2 所示为类 UNIX 操作系统分支简树。

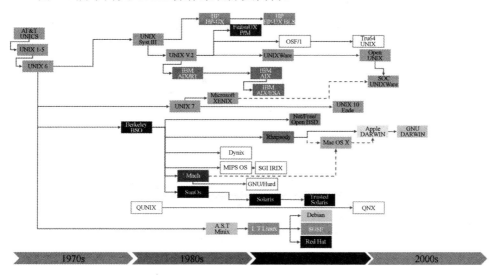

图 4-2　类 UNIX 操作系统分支简树

4.1.2　Windows 系统

微软（Microsoft Corporation）在 1983 年 11 月宣布开发 Windows 系统，并于 1985 年发行。1990 年，运行在 DOS 下的 Windows 3.0 奠定了其在家用和办公市场的地位，陆续发布的各 Windows 版本均有较大提升，Windows 2000 由 NT 发展而来，在其基础上的 Windows XP 几乎统治了 21 世纪最初十年绝大多数个人计算机。2015 年 7 月 29 日，微软发布了 Windows 10，并为早期发布的 Windows 7、Windows 8.1 用户提供升级到 Windows 10 的服务。Windows 系统仍然占桌面操作系统使用量的首位，据 Net Market Share 提供的统计数据，2017 年 Windows 操作系统用户占 88.87%，仍然是桌面用户的首选，Windows 科技简树如图 4-3 所示。

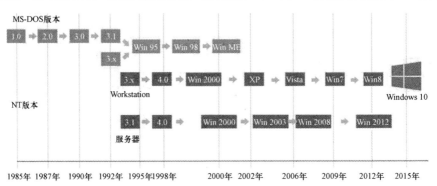

图 4-3　Windows 科技简树

Windows 的第一个服务器版本是 Windows NT 3.1 Advanced Server，继而是 3.5、3.5.1、4.0。之后的 Windows 2000 Server 曾经一度被认为是当时最稳定的操作系统，它包含了 Active Directory、DNS Server、DHCP Server 等新增服务。Windows Server 是微软 2003 年发布的一组服务器操作系统的品牌名称，后续又陆续发布了以下服务器版本。

- Windows Server 2003（2003 年 4 月）。
- Windows Server 2003 R2（2005 年 12 月）。
- Windows Server 2008（2008 年 2 月）。
- Windows Server 2008 R2（2009 年 10 月）。
- Windows Server 2012（2012 年 9 月）。
- Windows Server 2012 R2（2013 年 10 月）。
- Windows Server 2016（2016 年 9 月）。
- Windows Server 2019（2018 年 10 月）。
- Windows Server 2022（预览版）。

4.2　操作系统功能模块

如图 4-4 所示，操作系统须具备五大基础管理功能：进程与资源管理、文件管理、存储管理、设备管理和作业管理。任何基础管理功能的异常都会对操作系统造成影响，进而影响操作系统上运行的业务系统。

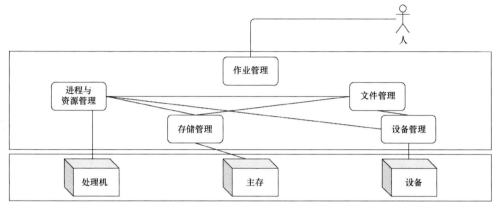

图 4-4　操作系统的五大基础管理功能

1. 进程与资源管理

进程管理是指对处理机执行"时间"管理，将 CPU 真正合理地分配给每个任务。进程管理的主要对象是 CPU，可有效控制系统中所有进程从创建到消亡的全过程。在日常监控中，进程的状态是特别要重点关注的。

如图 4-5 所示，进程的状态模型主要有三态模型和五态模型两种。就绪、运行和阻塞是模型的三种基本状态。一个实际系统的进程的状态转换更为复杂，引入新建态和终止态后构成了进程的五态模型。

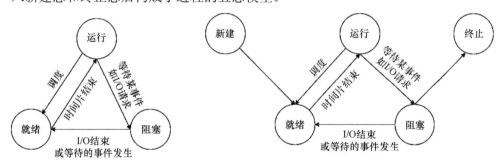

图 4-5　进程的三态模型与五态模型

2. 存储管理

存储管理是指对操作系统存储"空间"的管理，存储管理的主要对象是主存，即内存。存储管理就是在存储技术和 CPU 寻址技术许可的范围内组织合理的存储结构，使得各层次的存储器处于均衡的繁忙状态，其依据是访问速度匹配、容量要求和价格等。

3. 文件管理

文件管理又称信息管理，是操作系统中对文件进行统一管理的一组软件和相关数据（被管理的文件）的集合。文件（File）是指具有符号名，在逻辑上具有完整意义的一组相关信息的集合，不同操作系统对文件名的长短定义不同。

文件系统的功能是：按名存取、统一用户接口、并发访问和控制、安全性控制、优化性能及差错恢复。

4. 设备管理

对硬件设备的管理，包括对输入/输出设备的分配、启动、完成和回收。

计算机可分为软件系统和硬件系统，硬件系统包括主机和外部设备，简称外设。主机包括 CPU 和存储器，其中，CPU 主要包括运算器和控制器，存储器包括内存储器和外存储器。除计算机主机外的硬件设备都称为外设，外设按照功能特性常被分为输入/输出设备、显示设备、打印设备、外存储器和网络设备五大类。

设备管理的任务是保证在多道程序环境下，当多个进程竞争使用设备时，按照一定策略分配和管理设备、控制设备的操作、完成输入/输出设备与主存之间的数据交换。

5. 作业管理

从用户角度看，作业管理是操作系统完成一个用户的计算任务或一次事务处理所做的工作总和。从操作系统角度看，作业管理由程序、数据和作业说明书组成。操作系统通过作业说明书控制文件形式的程序和数据。如图 4-6 所示，作业的状态有：提交、后备、执行、完成。

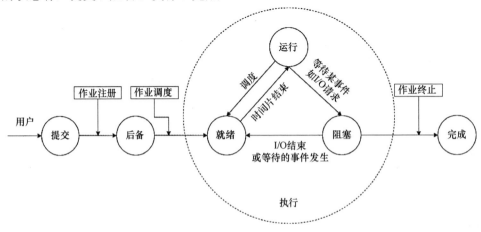

图 4-6　作业的状态及其转换

4.3　CPU 监控

4.3.1　CPU 相关概念

CPU（Central Processing Unit，中央处理器），是计算机最核心的组件。一般由逻辑运算单元、控制单元、存储单元组成。无论是 RISC（Reduced Instruction Set Computers，简单指令集计算集，如 Intel、AMD 的 x86 架构 CPU）还是 CISC（Complex Instruction Set Computers，复杂指令集计算集，如 ARM、IBM Power），在操作系统监控层面都需要明确如下几个概念。

1. 物理 CPU

物理 CPU 就是计算机上实际配置的 CPU 物理个数。个人 PC 通常为单物理 CPU；常见的 2U PC Server 大多有 2 颗物理 CPU，如 HP ProLiant DL380；4U PC Server 高配计算机可拥有 4 颗物理 CPU，如 Dell PowerEdge R940。以 Intel(R) Xeon(R) CPU 为例，在 Linux 操作系统中可以通过/proc/cpuinfo 查看，命令如下。

```
# cat /proc/cpuinfo | grep 'model name' |sort -u
model name     : Intel(R) Xeon(R) CPU       X5650  @ 2.67GHz #CP
U型号
# cat /proc/cpuinfo | grep 'physical id' | sort -u | wc -l
2 #该服务器的物理CPU数量为2颗
```

2. CPU 核数

核数是指 CPU 上集中的处理数据的 CPU 核心个数。我们知道，一个 CPU 核理论上只能同时干一件事，DOS 是单线程操作系统，在 DOS 下，无论 CPU 核心数有多少，都需要处理完一个任务后才能继续下一个任务。当下的绝大多数操作系统都是多线程操作系统，可同时处理多个任务队列，为了提高 CPU 处理能力，CPU 厂商在提高 CPU 单核频率的同时也不断提高 CPU 的核数。

如 Intel Xeon E5-2690 v3 核心数量为 12 核，IBM Power7 核心数量为 8 核等。在 Linux 查看单个物理 CPU 核数命令如下。

```
# cat /proc/cpuinfo | grep 'cpu cores'| uniq
cpu cores      : 6 #该服务器的单颗物理CPU核数为6
```

3. 逻辑 CPU

操作系统可以使用 CPU 核模拟多个真实 CPU 的效果。当计算机没有开启超线程时，逻辑 CPU 的个数就是计算机的核数。当开启超线程时，逻辑 CPU 的个数通常是核数的 2 倍。

如图 4-7 所示，Intel 酷睿 i7 4790 核心数量为 4 核，打开超线程后可看到有 8 颗处理器（逻辑 CPU，即线程）。

图 4-7　查看逻辑 CPU 个数

在 Linux 中查看 CPU 逻辑 CPU 核数的命令如下。

```
# cat /proc/cpuinfo | grep 'processor' | wc -l
24 #该服务器的逻辑CPU核数为24
```

4.3.2　CPU 状态

在类 UNIX 操作系统中，top 是最常用的查看操作系统性能容量的分析工具，能够实时显示系统多数常关注资源的占用情况，类似于 Windows 下的任务管理器。在 AIX 操作系统中，topas 类似于 top 命令。top 命令数据取自/proc/loadavg，如图 4-8 所示，统计信息可分为 5 个区域。

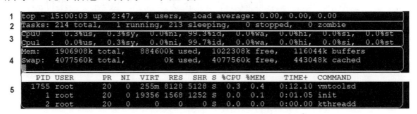

图 4-8　用 top 命令查看 CPU 状态

1. 区域 1

该区域的信息与 uptime 命令执行结果相同，分别为：当前时间、系统运行时间、当前登录用户数、系统负载（任务队列的平均长度。三个数值分别为 1 分钟、5 分钟、15 分钟前到现在的平均值）。

2. 区域 2

该区域显示了操作系统上实时进程状态信息。表 4-1 所示为 top 命令区域 2 参数释义。

表 4-1　top 命令区域 2 参数释义

参　　数	释　　义
total	实时进程总数
running	实时正在运行的进程数
sleeping	实时睡眠的进程数
stopped	实时停止的进程数
zombie	实时僵尸进程数

在日常监控中，常常需要关注 total（实时进程总数）和 zombie（实时僵尸进程数）。业务一旦部署完毕，服务器上的 total 一般会处于一个稳定值，一旦超过上限可能会遇到问题，进而触发各类业务问题，所以配置监控策略时常会配置一个实时进程总数的上限。如果子进程异常比父进程先结束，而父进程又无法回收子进程占用的资源，那么子进程就成了僵尸进程。僵尸进程直接导致资源占用，大量僵尸进程产生会导致无法新建新进程。因此，有必要建立僵尸进程的数量监控策略。

3. 区域 3

该区域显示操作系统上实时 CPU 信息，具体如表 4-2 top 命令区域 3 参数释义所示。

表 4-2　top 命令区域 3 参数释义

参　　数	释　　义
us	用户空间占用 CPU 百分比
sy	内核空间占用 CPU 百分比
ni	用户进程空间内改变过优先级的进程占用 CPU 百分比
id	空闲 CPU 百分比
wa	等待输入/输出的 CPU 时间百分比
hi	硬件 CPU 中断占用百分比
si	软中断占用百分比
st	虚拟机占用百分比

执行 top 命令，按数字键 1 可以查看服务器每颗逻辑 CPU 的资源使用情况，当前服务器拥有两颗逻辑 CPU。

4. 区域 4

该区域为内存信息，类似于 free 命令输出，详见 4.4.2 节内存状态。

5. 区域 5

该区域为各个进程的详细信息，类似于 ps 命令输出，详见 4.5 节进程监控部分。

另外，类 UNIX 操作系统还有类似的 CPU 性能查看命令，如 sar（system activity report）、mpstat（multiprocessor statistics）、vmstat（report virtual memory statistics）、pidstat（report statistics for Linux tasks）、cpustat 等。

4.4 内存监控

4.4.1 内存相关概念

日常系统内存监控中，需要明确如下几个概念。

1. 内存

内存（Memory）又称为主存，是计算机最重要的基础部件之一。一般存储器的结构有："寄存器（register）—缓存（cache）—主存（primary storage）—外存（secondary storage）"和"寄存器—主存—外存"两种。越接近寄存器，存储速度越快，价格越昂贵；越接近外存，存储速度越慢、价格越便宜。内存在 CPU 高速却昂贵的 cache 和低速而廉价的外存之间起到一个缓冲的作用。

2. buffer

buffer（缓冲区），用于在存储速度不同步的设备或优先级不同的设备之间传输数据；通过 buffer 可以减少进程间通信需要等待的时间，当存储速度快的设备与存储速度慢的设备进行通信时，存储慢的数据先把数据存放到 buffer，达到一定程度后，存储快的设备再读取 buffer 的数据，在此期间存储快的设备 CPU 可以做其他的事情。

3. cache

cache 是高速缓冲寄存器，处于 CPU 和主存之间，容量较小，但是运行速度较快。它的存在就是为了解决 CPU 运算速度和主存的读取速度不匹配的问题。当

CPU 从内存中读取数据时，要等待一定的时间周期，如果将一部分 CPU 最近使用较频繁的数据保存起来，将它们放到处理速度较快的 cache 里，那么就会减少 CPU 读取数据的时间，从而提升系统效率。cache 并不是缓存文件的，而是缓存块的（块是 I/O 读写最小的单元）；cache 一般会用在 I/O 请求上，如果多个进程要访问某个文件，可以把此文件读入 cache 中，这样下一个进程获取 CPU 控制权并访问此文件时可直接从 cache 读取，提高系统性能。

4. 虚拟内存

简单地说，虚拟内存是通过使用硬盘等外部存储设备来扩充物理内存、保存数据的技术，但基于硬盘的虚拟内存在各方面都无法与物理内存相提并论。Windows 系统可以设置在 Windows 任意盘符下，和系统文件放在同一分区里。类 UNIX 系统需要使用独立分区，称之为 swap，即交换区。需要注意的是，Windows 系统即使物理内存没有使用完也会使用虚拟内存，而类 UNIX 系统只有当物理内存用完的时候才会动用 swap 分区（虚拟内存）。所以，类 UNIX 系统虚拟内存长期被大量使用会加剧硬盘的损耗，缩短硬盘使用寿命。

让我们把问题简化，以具体的操作系统为例来介绍。

Linux 2.4 版本内存管理中有这样一段表述：

> A buffer is something that has yet to be "written" to disk.
> A cache is something that has been "read" from the disk and stored for later use.

意思就是，buffer 用来缓存未"写入"磁盘的数据，cache 用来缓存从磁盘"读取"出来的数据，可简单表述 buffer 和 cache 的关系如图 4-9 所示。

总结如下：

（1）进程从 cache 中读取数据。

（2）如果第 1 步未命中，则从磁盘中读取数据。

（3）将第 2 步读取的数据缓存到 cache 中。

（4）进程将数据写入 buffer。

（5）后台线程将 buffer 中的数据回写到磁盘中。

当然，在此必须要说明，不同的操作系统、不同的版本在 buffer 和 cache 的定义上是有区别的，本节仅以 Linux 2.4 版本

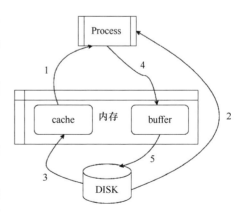

图 4-9　buffer 和 cache 的关系

为例帮助读者理解相关概念。

4.4.2 内存状态

在类 UNIX 操作系统中，查看 RAM 使用情况最简单的方法是通过/proc/meminfo。free、ps、top 等命令内存使用数据均来自该文件。

free 是最常用的查看内存使用情况的命令，如图 4-10 所示。

```
[root@localhost tmp]# free -m
                 total       used       free     shared    buffers     cached
1  Mem:           1862        863        999          0        113        432
   -/+ buffers/cache:         317       1545
2  Swap:          3981          0       3981
```

图 4-10   free 查看内存状态

free 命令输出分为物理内存（Mem）和虚拟内存（Swap）两部分。其中，数据满足如下公式。

```
Mem(total)=Mem(used) + Mem(free)
buffers/cache(used) = Mem(used) - Mem(buffers) - mem(cached)
buffers/cache (free)= Mem(free) + Mem(buffers) + Mem(cached)
Net-Memory%(净内存使用率)=[ Mem(used) - Mem(buffers) - mem(cached)
]/ Mem(total)
```

在类 UNIX 操作系统的内存使用机制中，buffers 和 cache 的使用极大地提高了操作系统的运行效率。如图 4-10 所示，该服务器此时未运行任何业务进程，内存使用率为 used（863）/total(1862)=46.29%。但是，used 中包含 buffers（113）和 cached（432），该服务器此时的净内存使用率为[used（863）-buffers（113）-cached（432）]/total(1862)=17.07%。在日常类 UNIX 监控中，常以净内存健康状态作为监控的指标。如果净内存使用率长期维持在较高状态，就需要进一步排查具体是哪个进程在什么样的情况下占用了过多资源，如果是资源正常消耗，则需要考虑服务器扩容；如果是进程异常，如内存泄漏，则需要解决进程存在的问题。

4.5   进程监控

4.5.1   进程相关概念

在进一步讨论进程管理前，我们需要明确几个概念：进程、线程、死锁。

它们的概念比较抽象，不容易掌握，借用阮一峰的《进程与线程的一个简单解释》这篇文章来理顺各个概念及它们之间的关系，如图 4-11 所示。

房间（内存块）

钥匙（信号量）

工人（线程）

锁（死锁）

工厂（CPU）

车间（进程）

图 4-11　CPU、进程、内存块、死锁、信号量、线程的关系

计算机的核心是 CPU，它承担了所有的计算任务。它就像一座工厂，时刻在运行。

（1）假定工厂的电力有限，一次只能供一个车间使用。也就是说，当一个车间开工的时候，其他车间都必须停工。其背后的含义就是，单个 CPU 一次只能运行一个任务。

（2）进程就好比工厂的车间，它代表 CPU 所能处理的单个任务。任何一个时刻，CPU 总是在运行一个进程，其他进程处于非运行状态。

（3）在一个车间里，可以有很多工人，他们协同完成一个任务。

（4）线程就好比车间里的工人，一个进程可以包括多个线程。

（5）车间的空间是工人们共享的，如许多房间是每个工人都可以进出的。这代表一个进程的内存空间是共享的，每个线程都可以使用这些共享内存。

（6）可是，每间房间的大小不同，有些房间最多只能容纳一个人，如厕所，当里面有人的时候，其他人就不能进去了。这代表当一个线程使用某些共享内存时，其他线程必须等它结束，才能使用这块内存。

（7）一个防止他人进入的简单方法就是在门口加一把锁。先到的人锁上门，后到的人看到上锁，就在门口排队，等锁打开再进去。这就叫"互斥锁"（mutual exclusion，通常简写为 mutex），防止多个线程同时读写某块内存区域。

（8）还有些房间可以同时容纳 n 个人，如厨房。也就是说，如果人数大于 n，多出来的人只能在外面等着。这就好比某些内存区域，只能供给固定数目的线程使用。

（9）这时的解决方法，就是在门口挂 n 把钥匙，进去的人各取一把钥匙，出来时再把钥匙挂回原处。后到的人发现钥匙架空了，就知道必须在门口排队等着了。这种做法叫作"信号量"（semaphore），用来保证多个线程不会互相冲突。

不难看出，mutex 是 semaphore 的一种特殊情况（当 $n=1$ 时）。也就是说，完全可以用后者替代前者。但是，因为 mutex 较为简单且效率高，所以在必须保证资源独占的情况下，还是采用这种设计。

（10）操作系统的设计，可以归结为三点。

① 以多进程形式，允许多个任务同时运行。

② 以多线程形式，允许单个任务分成不同的部分运行。

③ 提供协调机制，一方面防止进程之间和线程之间产生冲突，另一方面允许进程之间和线程之间共享资源。

4.5.2　进程状态监控

我们通常使用 ps 命令查看进程的状态信息，ps 命令可以搭配许多参数从各方面对进程进行监控。监控系统通常会调用 ps 命令来获取进程的各类装填状态，常用命令说明如下。

ps aux：查看目前所有的正在内存当中的进程，如下所示。

```
# ps aux
USER       PID %CPU %MEM   VSZ   RSS TTY      STAT START
TIME COMMAND
root         1  0.0  0.0 19348  1408 ?        Ss   Mar09
0:01 /sbin/init
root         2  0.0  0.0     0     0 ?        S    Mar09
0:00 [kthreadd]
```

ps aux 相关参数的释义如表 4-3 所示。

表 4-3　ps aux 相关参数的释义

参　　数	释　　义
USER	该 process 属于使用者的账号
PID	该 process 的号码
%CPU	该 process 用掉的 CPU 资源百分比
%MEM	该 process 所占用的物理内存百分比
VSZ	该 process 用掉的虚拟内存量（kbytes）
RSS	该 process 占用的固定的内存量（kbytes）
TTY	该 process 是在哪个终端机上运行的，若与终端机无关，则显示 "?"。另外，tty1-tty6 是本机上面的登入者程序，若为 pts/0 等，则表示为由网络连接进主机的程序

（续表）

参　　数	释　　义
STAT	该程序目前的状态，主要的状态有 5 种。 运行（R，runnable）：正在运行或在运行队列中等待。 中断（S，sleeping）：休眠中，受阻，在等待某个条件的形成或接收到信号。 不可中断（D，uninterruptible sleep）：收到信号不唤醒和不可运行，进程必须等待直到有中断发生。 　僵死（Z，a defunct zombie process）：进程已终止，但进程描述符存在，直到父进程调用 wait4()系统调用后释放。 　停止（T，traced or stopped）：进程收到 SIGSTOP、SIGSTP、SIGTIN、SIGTOU 信号后停止运行
START	该 process 被触发启动的时间
TIME	该 process 实际使用 CPU 运行的时间
COMMAND	该程序的实际指令

通过 ps -o 查看进程指定的字段，通常在定制监控需要打印进程的具体某几项参数时用到，如下所示。

```
# ps -u root -o pid,tty,stat,pmem,pcpu,cmd
  PID TT     STAT %MEM %CPU CMD
    1 ?      Ss    0.0  0.0 /sbin/init
    2 ?      S     0.0  0.0 [kthreadd]
```

pstree 以树状图的方式展现进程之间的派生关系。加上参数-a 显示每个程序的完整指令，包含路径、参数或常驻服务的标示，如下所示。

```
# pstree -a
init
  ├──ManagementAgent
  │    ├──{ManagementAgen}
  │    └──{ManagementAgen}
  ├──NetworkManager --pid-file=/var/run/NetworkManager/NetworkMa
nager.pid
  │    ├──dhclient -d -4 -sf /usr/libexec/nm-dhcp-client.action -
pf /var/run/dhclient-eth0.pid -lf...
  │    └──{NetworkManager}
  ├──VGAuthService -s
  ├──abrt-dump-oops -d /var/spool/abrt -rwx /var/log/messages
  ......
```

4.6 文件属性监控

文件属性可以从多个方面划分，从文件性质上可划分为：系统文件、用户文件；从文件组织形式上可划分为：普通文件、目录文件、设备文件等。

4.6.1 Windows 中的文件属性

在 Windows 系统中，可以通过 DOS 命令 attrib 查看和修改文件属性，Windows 系统文件属性释义如表 4-4 所示。

表 4-4　Windows 系统文件属性释义

参　　数	释　　义
只读（R）	表示文件不能被修改
隐藏（H）	表示文件在系统中是隐藏的，在默认情况下不能被看见，需要打开选项/c 查看隐藏文件和文件夹属性
系统（S）	表示该文件是操作系统的一部分
存档（A）	表示该文件在上次备份前已修改过，一些备份软件在备份系统后会把这些文件默认设为存档属性

4.6.2 类 UNIX 中的文件属性

在类 UNIX 系统中，可以通过 ls 及相关的参数查看文件属性。ls-ila 查看的文件属性如图 4-12 所示。

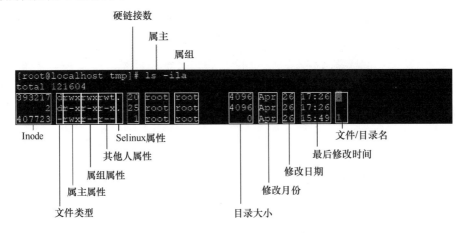

图 4-12　ls-ila 查看的文件属性

1. Inode

Inode 是日常文件属性中常被忽略的属性，但在很多时候却是致命的。硬盘的最小存储单位叫作"扇区"（sector）。每个"扇区"的大小为 512 字节（byte），为保证读取速度，操作系统在读取硬盘时一次读取一个块（block，一个 block 由连续的 8 个 sector 组成）。每个 block 拥有一个索引，引导系统快速查找 block 中的数据。这些索引节点称为 Inode。Inode 包含除文件/目录名外的所有信息，即文件类型、属主属性、属组属性、其他人属性、Selinux 属性、硬链接数、属主、属组、文件大小、修改时间等，如图 4-13 所示。

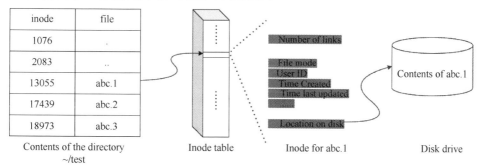

图 4-13　Inode 包含的信息

2. 文件类型

文件类型包括：- 普通文件、d 目录、l 软链接、b 块设备和其他外围设备。

普通文件又可分为：纯文本文件（ascII）、二进制文件（binary）、数据格式文件（data），需要注意的是，类 UNIX 系统与 Windows 系统不同，不是通过文件的后缀名来识别文件类型的。

3. 文件权限

在类 UNIX 系统中，常规的文件权限包括 r（read，可读，数字代号为 4）、w（write，可写，数字代号为 2）、x（execute，可执行，数字代号为 1）。

注：read 的数字代号为 4、write 的数字代号为 2、execute 的数字代号为 1 是由类 UNIX 系统决定的，每组权限 rwx 在计算机中实际占用了 3 个二进制位，而每个二进制位为 1（有此权限）或 0（无此权限）。假设某文件权限为 rwx，那么该二进制表示为 111，那么 r 位：2^2=4；w 位：2^1=2；x 位：2^0=1。

文件的权限由三组 rwx 的组合构成，分别为属主（u）：文件所有者的权限；属组（g）：文件所有组的权限；其他人（o）：其他非本用户组的权限。可以通过

chmod 命令设置文件/目录权限。常见的设置方法有符号设置和数字设置两种，如下所示。

符号设置：使用 chmod 命令为 u、g、o 增加（+）或减少（-）r、w、x 权限，如为 user 增加执行权限（x），命令如下。

```
# ls -l 1
-rw-r--r-- 1 root root 0 Apr 26 15:44 1
# chmod u+x 1
# ls -l 1
-rwxr--r-- 1 root root 0 Apr 26 15:44 1
```

数字设置：使用 chmod 命令需要计算 u、g、o 属性组的数字代号累加值。如 user=rwx=4+2+1=7、group= r--=4+0+0=4、others=r--=4+0+0=4，则命令如下。

```
# ls -l 1
-rw-r--r-- 1 root root 0 Apr 26 15:47 1
# chmod 744 1
# ls -l 1
-rwxr--r-- 1 root root 0 Apr 26 15:47 1
```

特殊权限如下。

（1）SUID：set uid（数字代号为 4），作用在属主（u）的 s 权限，任何用户在执行此程序时，都是使用属主的身份来执行的。需注意的是，当属主（u）本身有 x 权限时，加上 s 权限后，x 权限位上显示的是 s（小写）；当属主（u）本身无 x 权限时，x 权限位显示的是 S（大写）。使用该方法最典型的例子就是 passwd 命令。

```
# ls -l /usr/bin/passwd
-rwsr-xr-x. 1 root root 30768 Feb 17  2012 /usr/bin/passwd
```

（2）GUID：set gid（数字代号为 2），作用在属组（g）的 s 权限，任何用户在执行此程序时，都是使用文件的属组身份来执行的。给目录设置 set gid 权限，任何用户在该目录下创建的文件，文件的属组都和目录的属组一致。当属组（g）本身有 x 权限时，加上 s 权限后，x 权限位上显示的是 s（小写）；当属组（g）本身无 x 权限时，x 权限位显示的是 S（大写）。

（3）t 权限：sticky（数字代号为 1），中文称之为粘滞位。最常见的用法是在目录上设置粘滞位，如此一来，只有目录内文件的所有者或 root 才可以删除或移动该文件。如果不为目录设置粘滞位，任何具有该目录写和执行权限的用户都可以删除和移动其中的文件。在实际应用中，粘滞位一般用于/tmp 目录，以防普通用户删除或移动其他用户的文件。

（4）umask：在介绍完常规文件权限和特殊文件权限后，有必要再介绍下

umask。umask 命令的作用是设置创建文件的缺省权限。

创建的是目录，则默认所有权限都开放，为 777，即 drwxrwxrwx。

创建的是文件，则默认没有 x 权限，那么就只有 r、w 两项权限，最大值为 666，即-rw-rw-rw-，umask 与创建目录和文件的缺省权限公式如下。

> 目录：缺省权限=777-umask
>
> 文件：缺省权限=666-umask

示例如下。

```
# umask 022
# touch 1
# mkdir 2
# ls -ld 1 2
-rwxr--r-- 1 root root    0 Apr 26 15:49 1
drwxr-xr-x 2 root root 4096 Apr 26 15:49 2
```

当 umask 为 022 时，按照如上公式：

目录缺省权限=777-022=755（rwxr-xr-x）；

文件缺省权限=666-022=644（rw-r-- r--）。

（5）acl：文件还可以通过设置 acl 来控制访问权限，命令为 getfacl（查看文件访问权限列表）、setfacl（设置文件访问权限列表）。

4. Selinux 属性

Selinux 是强制访问控制的一种策略，在传统类 UNIX 系统中，文件基于用户、组和权限来控制访问。在 Selinux 中，一切皆对象，由存放在扩展属性域的安全元素控制访问，所有文件、端口、进程都具备安全上下文，安全上下文主要分为五个安全元素，Selinux 属性释义如表 4-5 所示。

表 4-5　Selinux 属性释义

参　　数	释　　义
User	登录系统的用户类型
Role	定义文件、进程和用户的用途
Type	数据类型，在规则中，何种进程类型访问何种文件都是基于 Type 来实现的
Sensitivity	限制访问的需要，由组织定义的分层
Category	对于规定组织划分不分层的分类

5. 硬链接数

建立硬链接/软链接的好处在于可以解决 Linux 的文件共享问题，还可以设置隐藏文件路径，达到增加权限安全性及节省存储空间等效果。两者的本质区别在于链接对应的 Inode 值，对应源文件，Inode 值不变的称作硬链接，会发生变化的称为软链接（也称符号链接）。

硬链接文件有相同的 Inode 值及 data block，只能对已存在的文件进行创建，不能对交叉文件系统进行硬链接的创建，不能对目录进行创建，删除一个硬链接文件，并不会影响其他拥有相同 Inode 值的文件。

硬链接创建命令如下：

```
ln <source> <target>
```

软链接有自己的文件属性及权限等，可对不存在的文件或目录创建软链接。软链接可以交叉文件系统，软链接可以对文件或目录进行创建。在创建软链接的时候，链接计数 i_nlink 不会增加，删除软链接并不影响被指向文件，但若被指向的原文件被删除，则相关链接被称为"死链接"（dangling link）。此时，若被指向文件被重新创建，死链接便恢复为软链接。

软链接创建命令如下：

```
ln -s <source> <target>
```

6. 属主/属组

属主/属组即文件属于的系统用户或文件属于的系统用户组，可以通过 chown、chgrp 命令修改文件的用户和组。

7. 文件/目录大小

该项以字节为单位，表示文件的大小；如果是目录，则表示的是文件夹的大小，所以是 4096 字节。

8. 修改月份、日期、时间

需要注意的是，在 Linux 中，文件有三个时间：修改时间、访问时间、状态时间。

修改时间（mtime）：文件的内容被最后一次修改的时间，我们经常用的 ls-l 命令显示的文件时间就是这个时间，当用 vim 对文件进行编辑之后保存，mtime 就会改变。

访问时间（atime）：对文件进行一次读操作，它的访问时间就会改变，如 cat、more 等操作，但是像之前的 state 还有 ls 命令对 atime 是不会有影响的。

状态时间（ctime）：当文件的状态被改变时，状态时间就会随之改变，如当使用 chmod、chown 等改变文件属性的操作时，是会改变文件的 ctime 的。

9. 文件/目录名

文件/目录的名称。

4.7　文件系统监控

4.7.1　文件系统概念

在操作系统中，文件系统（File System）是命名文件及放置文件的逻辑存储和恢复的系统。DOS、Windows、OS/2、Macintosh 和 UNIX-based 操作系统都有文件系统，在此系统中，文件被放置在分等级的（树状）结构中的某处。

在 Windows 系统中，文件系统类型主要有 FAT16、FAT32、NTFS 三种。Windows 系统的磁盘管理相对简单，被系统找到的硬盘可按照需求划分为一个或多个分区。

在类 UNIX 系统中，各大操作系统厂商均拥有各自的文件系统类型，如 AIX 文件系统类型有 JFS（Journaled File System）、JFS2（Enhanced Journaled File System）；Solaris 文件系统类型有 UFS（UNIX File System）、ZFS（Zettabyte File System）；Linux 文件系统类型有 EXT（Extended File System）1/2/3/4、XFS 等。不同的文件系统在其他的系统上也可能被识别，如 Linux 下载 NTFS-3G 插件可识别 NTFS 文件系统，Linux 可识别 ZFS 等。

AIX 和 Linux 文件系统均有逻辑卷（LV）、物理卷（PV）、卷组（VG）的概念，如图 4-14 所示，将若干个磁盘分区连接为一个整块的卷组（Volume Group），形成一个存储池。管理员可以在卷组上随意创建逻辑卷组（Logical Volumes），并进一步在逻辑卷组上创建文件系统。管理员通过 LVM（Logical Volume Manager）

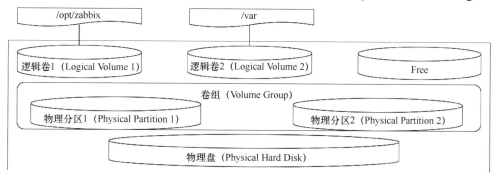

图 4-14　一个整块的卷组

可以方便地调整存储卷组的大小，并且可以对磁盘存储按照组的方式进行命名、管理和分配。最终使用 LV 创建文件系统并挂载到系统目录树节点上。

4.7.2　文件系统状态

在类 UNIX 系统中，可以通过 df 及相关的参数查看文件系统使用率。如下为 df -kT 打印的文件系统相关信息。其中，k 为 kilobytes-blocks，表示以 k 为单位显示文件系统相关数据；T 为显示文件系统的形式，即显示如下命令输出的 Type 字段。

```
# df -kT
Filesystem      Type    1K-blocks    Used Available Use% Mounted on
/dev/sda2       ext4    30963708  4295936  25094908  15% /
tmpfs           tmpfs     953452      276    953176   1% /dev/shm
/dev/sda1       ext4      198337    32657    155440  18% /boot
```

上述命令输出字段释义如表 4-6 所示。

表 4-6　df -kT 输出释义

参　　数	释　　义
Filesystem	文件系统名
Type	文件系统的类型，如 ext4/ZFS/NTFS 等
Size(1K-blocks)	文件系统的容量，参数 k（单位 kilobytes）、m（单位 megabytes）、h（human-readable，单位系统自适应使用 GB、MB 等单位，但不是所有类 UNIX 系统都有该参数）
Used	文件系统已使用的大小
Available	文件系统剩余的大小
Use%	文件系统使用的百分比
Mounted on	文件系统挂载目录

我们还可以使用参数 -i 查看目前档案系统 Inode 的使用情形。当没有足够的 Inode 存放文件信息时，即使文件系统仍有空间，也不能新建文件。

```
# df -i
Filesystem      Inodes    IUsed    IFree IUse% Mounted on
/dev/sda2     1966080   165790  1800290    9% /
tmpfs          238363        6   238357    1% /dev/shm
/dev/sda1       51200       39    51161    1% /boot
```

上述命令输出字段释义如表 4-7 所示。

表 4-7　df -i 输出释义

参　　数	释　　义
Inodes	文件系统 Inode 容量
IUsed	文件系统已使用的 Inode
IFree	文件系统剩余的 Inode
IUse%	文件系统使用 Inode 的百分比

4.8　网络模块监控

在日常工作中，我们需要查看网卡的实时流量。在 Linux 系统中，/proc/net/dev 保存了网络适配器及统计信息。通常监控系统可以使用 sar 命令获取网络流量使用信息，sar 命令和网络流量有关命令说明如表 4-8 所示。

表 4-8　sar 命令和网络流量有关命令说明

参　　数	释　　义
DEV	显示网络接口信息
EDEV	显示关于网络错误的统计信息
NFS	统计活动的 NFS 客户端的信息
NFSD	统计 NFS 服务器的信息
SOCK	显示套接字信息
ALL	显示所有 5 个参数信息

运行举例说明如下。

```
# sar -n DEV 1 2 #1和2分别代表每秒对实时信息采样1次，总共采样2次。
Linux 2.6.32-279.el6.x86_64 (localhost.localdomain)  04/26/2021
_x86_64_(2 CPU)

03:50:32 PM     IFACE   rxpck/s   txpck/s   rxkB/s    txkB/s
rxcmp/s  txcmp/s  rxmcst/s
03:50:33 PM       lo     0.00      0.00      0.00      0.00
0.00     0.00     0.00
03:50:33 PM       eth0    0.00      0.00      0.00      0.00
0.00     0.00     0.00
03:50:33 PM       pan0    0.00      0.00      0.00      0.00
0.00     0.00     0.00
```

```
03:50:33 PM      IFACE   rxpck/s   txpck/s   rxkB/s    txkB/s
rxcmp/s   txcmp/s  rxmcst/s
03:50:34 PM        lo     0.00      0.00      0.00      0.00
0.00      0.00      0.00
03:50:34 PM       eth0    1.01      1.01      0.06      0.47
0.00      0.00      0.00
03:50:34 PM       pan0    0.00      0.00      0.00      0.00
0.00      0.00      0.00

Average:         IFACE   rxpck/s   txpck/s   rxkB/s    txkB/s
rxcmp/s   txcmp/s  rxmcst/s
Average:           lo     0.00      0.00      0.00      0.00
0.00      0.00      0.00
Average:          eth0    0.50      0.50      0.03      0.23
0.00      0.00      0.00
Average:          pan0    0.00      0.00      0.00      0.00
0.00      0.00      0.00
```

打印数据参数释义如表 4-9 所示。

表 4-9　sar -n DEV 1 2 命令的参数释义

参　　数	释　　义
IFACE	LAN 接口
rxpck/s	每秒接收的数据包
txpck/s	每秒发送的数据包
rxbyt/s	每秒接收的字节数
txbyt/s	每秒发送的字节数
rxcmp/s	每秒接收的压缩数据包
txcmp/s	每秒发送的压缩数据包
rxmcst/s	每秒接收的多播数据包
rxerr/s	每秒接收的坏数据包
txerr/s	每秒发送的坏数据包
coll/s	每秒冲突数
rxdrop/s	因为缓冲充满，每秒丢弃的已接收数据包数
txdrop/s	因为缓冲充满，每秒丢弃的已发送数据包数
txcarr/s	在发送数据包时，每秒载波错误数

（续表）

参　　数	释　　义
rxfram/s	每秒接收数据包的帧对齐错误数
rxfifo/s	接收的数据包每秒 FIFO 过速的错误数
txfifo/s	发送的数据包每秒 FIFO 过速的错误数

4.9　监控系统如何监控操作系统

4.9.1　Windows

1. Windows 通过 WMI 监控

监控系统在不使用监控代理时，常通过 Windows WMI 接口获取 Windows 状态参数。

1）获取 WMI 类

通常，每个硬件都有自己的 WMI 代理类。打开 PowerShell，通过 Get-WmiObject 查看 Windows 系统 WMI 类，如图 4-15 所示。

```
PS：C:\> Get-WmiObject -Class Win32_OperatingSystem
```

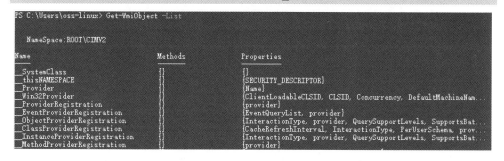

图 4-15　查看 Windows 系统 WMI 类

Get-WmiObject 也支持局域网访问远程计算机获取 Windows 系统信息，远程计算机列举的内容随机器环境的不同而不同，必须拥有远程计算机的管理员账号，远程机器可以不安装 PowerShell 组件，但必须有 WMI，并且已运行。远程列举 WMI 对象的详细信息命令如下：

```
PS：C:\> Get-WmiObject -Class Win32_OperatingSystem -Namespace <user>/<passwd> -ComputerName <IP>
```

2）显示 WMI 类信息

以 Win32_OperatingSystem 类为例，显示 WMI 类信息如图 4-16 所示。

```
PS: C:\> Get-WmiObject -Class Win32_OperatingSystem -Namespace <u
ser>/<passwd> -ComputerName <IP>
```

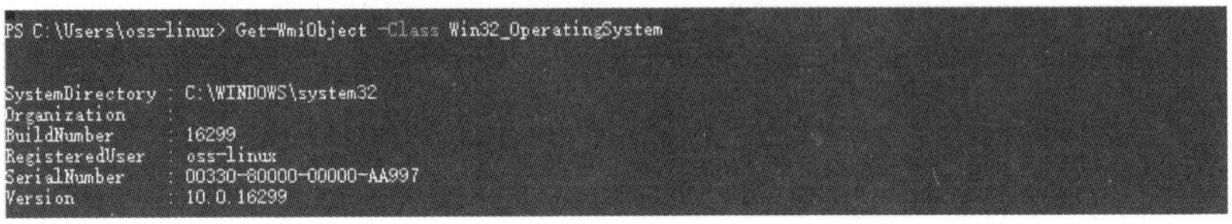

图 4-16　显示 WMI 类信息

这里输出的只是概要，如果需要查看 Win32_OperatingSystem 支持的详细属性，则需要使用管道定向到 Get-Member 命令，如图 4-17 所示。

```
~ PS: C:\> Get-WmiObject Win32_OperatingSystem | Get-Member -Memb
erType Property
```

图 4-17　查看 Win32_OperatingSystem 支持的详细属性

命令列出了类所支持的所有属性，假如我们需要获取 BootDevice、BuildNumber、BuildType、Caption 四组属性，可以通过 Format-Table（表格形式）或 Format-List（列表形式）来协助格式化输出。

表格形式显示 Win32_OperatingSystem 四组属性，如图 4-18 所示。

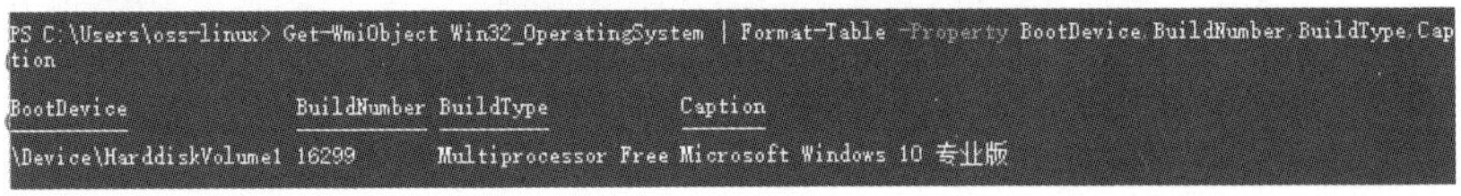

图 4-18　表格形式显示 Win32_OperatingSystem 四组属性

列表形式显示 Win32_OperatingSystem 四组属性，如图 4-19 所示。

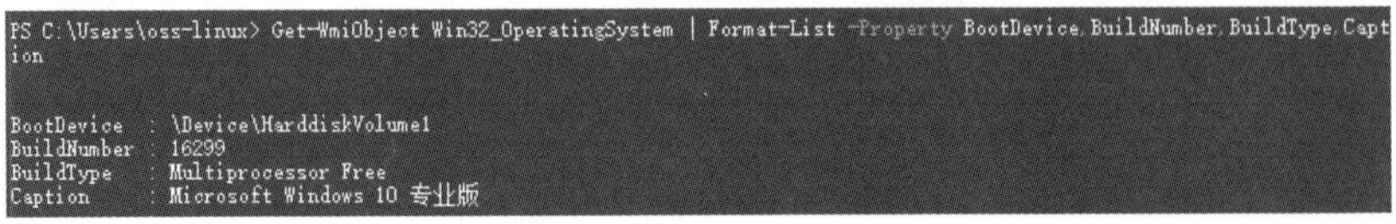

图 4-19　列表形式显示 Win32_OperatingSystem 四组属性

2. Windows 通过 SNMP 监控

被纳管的 Windows 操作系统，需要通过安装启用 SNMP Service 服务。在 Windows 10 上的部署方法为：打开控制面板/程序和功能/启用或关闭 Windows 功能，勾选 WMI SNMP 提供程序，如图 4-20 所示。

图 4-20　启用 WMI SNMP 提供程序服务

单击确定重启操作系统后，可在服务中看到 SNMP Service 服务状态，如图 4-21 所示。

图 4-21　SNMP Service 服务状态

在远程管理服务器上即可执行 snmpwalk 命令获取部分信息。我们也可以安装 Hili Soft SNMP MIB Browser 软件，来加载和解析 SNMP MIB 文件。用户可以轻松地通过 SNMP v1/v2/v3 协议浏览和修改 SNMP 代理上的变量。软件内建有 Trap Receiver，可靠手机 SNMP 代理发送 trap，HiliSoft MIB Browser 界面如图 4-22 所示。

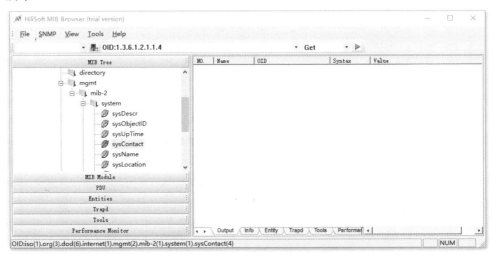

图 4-22 HiliSoft MIB Browser 界面

4.9.2 Linux

1. Linux 通过 SSH 监控

远程监控/管理系统常采用 SSH 的形式远程登录纳管服务器，执行命令和获取信息。目前，市面上最流行的 Ansible 就同时支持 SSH 的用户/口令登录和基于密钥登录两种模式。笔者在日常运维中常需要编写小型的监控工具，如为了监控监控系统的工具（监控自监控工具），就使用 SSH 远程登录监控系统各服务器，执行命令获取并集中展示各模块运行状态。

脚本采用 shell 的颜色标识服务器工作模块的健康状况，红色为异常、绿色为正常，如下：

```
echo -e "\033[31m 红色字 \033[0m"
echo -e "\033[34m 黄色字 \033[0m"
echo -e "\033[41;33m 红底黄字 \033[0m"
echo -e "\033[41;37m 红底白字 \033[0m"
```

图 4-23 所示为集中监控平台服务器的架构图界面。"ITM AGENT"框内为当前 Agent 的状态，"AGENT OFFLINE"为监控代理掉线的数量。

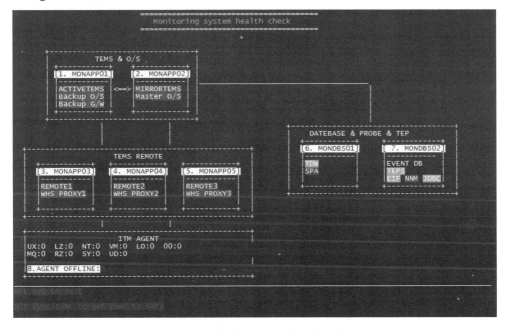

图 4-23　集中监控平台服务器的架构图界面

在输入 sync/SYNC 后，脚本将向后台发送请求，获取各模块当前状态。

输入标签 1-8，可以查看下级目录，即模块运行的详细信息，如进程号、工作状态、报错信息等。

2. Linux 通过 SNMP 监控

在一般情况下，Linux 监控都依赖 SSH，早期也有依赖 Telnet 协议的。由于各企业的安全要求，常会封禁 SSH。此时，也有通过 SNMP 方式监控的，通过指定 IP 来发送数据报，监控项和端口也可以灵活配置。

Linux 需要安装和配置 SNMP 服务，包括 net-snmp、net-snmp-utils 安装包，并启用 snmpd 服务，且保证 Linux 的防火墙 udp161 端口的访问权限。后续可通过监控工具（Zabbix）或 snmpwalk 获取 SNMP 的监控数据，如图 4-24 所示。

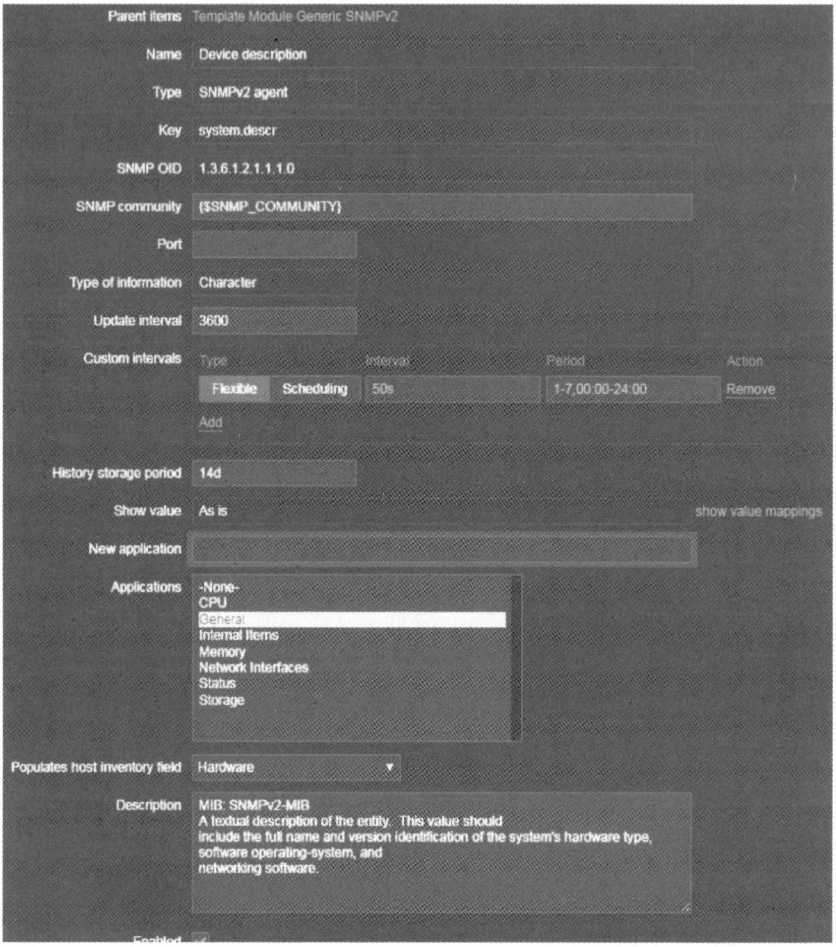

图 4-24　通过监控工具（Zabbix）或 snmpwalk 获取 SNMP 的监控数据

本 章 小 结

　　本章首先介绍了操作系统的定义；其次介绍了数据中心使用的类 UNIX 和 Windows 两大类操作系统及操作系统的五大功能模块；再次介绍了 CPU、内存、进程、文件属性、文件系统、网络模块的监控常见的概念、命令、指标等；最后介绍了通过 WMI 和 SNMP 监控 Window 的方法及通过 SSH 和 SNMP 监控 Linux 的方法。

第 5 章

数据库监控

数据库是数据管理的产物，是按照数据结构来组织、储存和管理数据的建立在计算机存储设备上的仓库。在当代一些金融或互联网企业中，数据库是其整个业务系统中最重要的一个部分，一旦数据库损坏、信息泄露或丢失，小则业务受损，大则背负巨额经济损失，甚至带来倒闭的风险，所以日常的数据库备份维护极其重要。要想在数据库备份失败、发生错误、或遭受攻击时提前预知或第一时间发现，则离不开监控。

本章主要介绍各类常见数据库（Mysql、Oracle、Redis、MongoDB 等）的几种常用的指标及获取指标的方法，如性能监控、状态监控等指标。首先会介绍"当前连接数使用百分比""每秒处理的请求数""每秒处理的事务数""运行比较慢的SQL 语句监控（慢查询）""缓存的使用率""表空间的使用率""磁盘读写状况"等性能监控指标，这些监控指标的异常，往往表示数据库存在性能不足或空间不足等问题，很可能会对应用系统产生重大影响。同时，为了保障业务的连续性，生产环境的数据库很少只会部署在一个节点上，无论数据库架构是采取多个节点处理服务请求的分布式架构，还是单个节点处理所有服务请求的单节点架构，往往在生产环境中都会为每个主服务节点配置备份节点，当数据库某个主节点异常时，备份节点可以承担起主节点的责任，继续保障应用系统对外提供正常服务，有些备份节点甚至是跨数据中心的，所以对数据库各个主节点和备份节点之间数据同步状况、备份节点的健康状况进行监控也显得尤为重要，本章也会对此部分内容进行介绍。本章涉及的软件及对应版本主要包括：Mysql 5.5.73、Oracle 11G、Redis 4.0.14、MongoDB 4.0.5，sysstat 10.1.5 等。

5.1 数据库分类

数据库按关系模型可分为关系型数据库和非关系型数据库。

5.1.1　关系型数据库

关系型数据库是建立在关系模型基础上的数据库，借助集合、代数等数学概念和方法来处理数据库中的数据。通常关系型数据库的数据都存储在数据表的行列中，对于一些需要非常复杂的数据查询及高事务性的数据操作，建议使用关系型数据库。当前主流的关系型数据库有：Oracle、Mysql、Microsoft SQL Server、PostgreSQL、IBM DB2、InfluxDB、SQLite 等。

5.1.2　非关系型数据库

非关系型数据库是一种相对松散且可以不按照严格的结构规范进行存储的数据库。它没有关系型数据库那样严格的数据结构约束，在存储的形式上和使用都有别于关系型数据库，存储的数据集中，一般大块地组合在一起，类似文档、key/value、图结构。它的特点是支持横向扩展，常用于处理大数据、高性能但非常简单的 key/value 数据的存取。当前主流的非关系型数据库有：MongoDB、Redis、Elasticsearch、HBase 等。

5.2　数据库状态指标分类

将数据库的状态指标按通用性可分为三大类。

第一类： 基础通用的监控指标，任意数据库一般都会涉及。例如，连接数、QPS/TPS、慢查询、CPU 使用率、内存使用率、磁盘空间、磁盘 I/O。

第二类： 针对具体的数据库类型，对应自身的监控指标。例如，Mysql 的主从同步状态、延迟，MHA 集群的状态；Oracle 的 DG、OGG、RAC、MAA 模式中各节点的状态，实例状态，表空间使用率等。

第三类： 针对具体的业务指标项进行自定义监控。例如，要监控某业务每分钟的成交量，需要使用自定义的 SQL 语句对数据库每分钟做一次查询，当结果超过某阈值时则告警。同样地，如果需要监控某站点的 PV/UV 量，被查询的数据库可以是任意关系型数据库，也可以是非关系型的如 Redis 中某 key 的值。

以上三大类覆盖了数据库的常见的监控，本节主要分享第一类最通用的监控指标，以及第二类针对性的指标。第三类需要根据实际业务需求定制监控，其主要是使用包括自带的、第三方的各种工具或自行开发的工具脚本，对数据库中相关的一些业务性指标进行查询和获取，并将结果接入监控系统，与预设的阈值进行比对告警，做趋势分析、业务分析等。

▶ 5.3　当前连接数与最大允许连接数

5.3.1　连接数的相关概念

当前连接数：表示当前时间所有客户端与数据库成功建立的连接数量。

最大允许连接数：表示允许所有客户端可以最大并发多少个连接数据库服务，大部分数据库系统是可以设置最大允许的连接数的，当数据库服务超出最大并发连接数时，超出的部分连接将无法正常使用数据库服务。

监控在当前连接数指标超过预先设定的阈值时，如最大允许连接数的 85%时，会产生告警。在接到告警后，需要根据实际情况进行分析，是因为业务真实增长了，还是被攻击，或是程序 BUG 导致了告警。如果是业务增长了，则要考虑对数据库进行扩容；如果是被攻击了，则需要对应用安全进行加固，有时还会因程序员编码时忘了写断开数据库连接，大量数据库连接积累无法释放。

最大允许连接数的值设置，可参照当前连接数的历史监控数据，再结合实际业务增长情况，以及服务器性能设置。有些人为了方便将其设置得非常大，这样的做法是错误的，最大连接数是不能无限增大的，因为连接数越多，数据库会为每个连接提供连接缓冲区，就会有更多的内存开销。当用户连接超过一定的数量时，可能会触发内存溢出，引起操作系统 OOM。要设置一个适当的最大允许连接数，在必要时保证部分用户能正常使用，达到限流的作用。在必要时要考虑进行资源横向/纵向扩容或调整架构来缓解数据库连接数过多引发的问题。

5.3.2　连接数指标实例

表 5-1 是几种常见数据库的连接数指标。连接数一般都是通过编写脚本程序连接至数据库的，执行相应的 SQL 语句来获取当前的指标值，然后进行计算、判断。下文将逐一介绍各数据库对应的指标获取方法。

表 5-1　几种常见数据库的连接数指标

数据库	最大允许连接数	当前连接数	监控指标
Oracle	Parameter processes 与 Parameter sessions	Processes 与 sessions	processes/Parameter processes>=85% 与 session/Parameter session>=85%
Mysql	max_connections	Threads_connected（max_used_connections）	max_used_connections/ max_connections>=85%
Redis	maxclients	connected_clients	connected_clients/maxclients>=85%
MongoDB	current+available	current	current/(current+available)>=85%

1. Oracle 中的连接数指标获取

在 Oracle 中有两个连接数指标：process 连接数与 session 连接数。process 表示数据库用于客户端与数据库端建立连接的进程数。session 表示在进程连接建立成功后建立的会话。在专用服务器连接模式中，一个 session 对应一个 process，在共享服务器连接模式中，一个 process 可以承载 0 至多个 session。在 Oracle 中，process 与 session 都可设置最大允许会话数，使用 sqlplus 连接数据库操作如下：

```
# 登录Oracle
[oracle@test ~]$ sqlplus / as sysdba

SQL*Plus: Release 11.2.0.4.0 Production on Mon May 6 14:40:08 2019
Copyright (c) 1982, 2013, Oracle.  All rights reserved.
Connected to:
Oracle Database 11g Enterprise Edition Release 11.2.0.4.0 - 64bit
Production
 With the Partitioning, Real Application Clusters, Automatic Storage
Management, OLAP,
 Data Mining and Real Application Testing options
SQL>

# 查看Oracle中最大允许进程数
SQL> select value from v$parameter where name ='processes';

VALUE
--------------------------------------------------------------
1000

# 查看Oracle中最大允许的会话数
SQL> select value from v$parameter where name ='sessions';

VALUE
--------------------------------------------------------------
1560

# 查看Oracle中当前运行的进程数
SQL> select count(*) from v$process;

  COUNT(*)
```

```
----------
      51

# 查看Oracle中当前建立的会话数
SQL> select count(*) from v$session ;


  COUNT(*)
----------
      51
```

2. Mysql 中的连接数指标获取

Mysql 中除当前连接数 Threads_connected 外，max_used_connections 是记录历史中某个时间点连接至数据库的客户端并发最高时的数量，该指标可以更好地发现高并发的情况，因为监控是有频率的。当监控的两个时间点之间出现高并发时，仅使用 Threads_connected 是发现不了的，可设置 max_used_connections 进行监控。

如下是使用 Mysql 客户端连接至 Mysql 服务获取监控值的过程。同样地，如果使用 mysqladmin 也可获取监控值。

```
# 登录Mysql
[root@test ~]# mysql -u root  -p<password>
Welcome to the MariaDB monitor.  Commands end with ; or \g.
Your MariaDB connection id is 92073
Server version: 5.5.56-MariaDB MariaDB Server

Copyright (c) 2000, 2017, Oracle, MariaDB Corporation Ab and others.

Type 'help;' or '\h' for help. Type '\c' to clear the current input
statement.

# Mysql中获取最大允许连接数
mysql > show variables like 'max_connections';
+-----------------+-------+
| Variable_name   | Value |
+-----------------+-------+
| max_connections | 256   |
+-----------------+-------+
```

```
# Mysql中获取当前连接数
MariaDB [(none)]> show status like 'Threads_connected';
+-------------------+-------+
| Variable_name     | Value |
+-------------------+-------+
| Threads_connected | 5     |
+-------------------+-------+
1 row in set (0.00 sec)

# Mysql中获取历史中并发最高时的连接数
mysql > show status like 'max_used_connections';
+----------------------+-------+
| Variable_name        | Value |
+----------------------+-------+
| Max_used_connections | 131   |
+----------------------+-------+
```

3. Redis 中的连接数指标获取

Redis 中最大连接数指标为 maxclients，默认值为 10000。使用 Redis 本地命令行客户端获取 maxclients 与当前连接数 connectd_clients 操作如下：

```
# 已连接客户端的数量（不包括通过从属服务器连接的客户端）
[root@test ~]# redis-cli -h 127.0.0.1 -n 1 -a <password> -p 6379
info |grep connected_clients
connected_clients:1

# 获取最大允许连接数
[root@test ~]# redis-cli -h 127.0.0.1 -n 1  -p 6379 config get
maxclients
1) "maxclients"
2) "10000"
```

4. MongoDB 中的连接数指标获取

在 MongoDB 中执行 db.serverStatus().connections 命令可获取 current 与 available 的值，即当前连接数与可用连接数，两者累加则为总的允许大小，具体命令执行如下：

```
# 登录MongoDB
[root@Linux bin]# mongo admin -u root -p <password>
```

```
MongoDB shell version v4.0.5
    connecting to: mongodb://127.0.0.1:27017/?gssapiServiceName=
mongodb
    Implicit session: session { "id" : UUID("8744a06e-0149-49f7-a622-
ae910acd0af9") }
    MongoDB server version: 4.0.5

    # 获取当前连接数、可用连接数、已创建的连接数总和、当前活动的连接数
    > db.serverStatus().connections
{ "current" : 1, "available" : 799998, "totalCreated" : 1, "active" : 1 }
```

5. 监控参考指标

"当前连接数 / 最大允许连接数 >= 85%"。

5.4　QPS/TPS

5.4.1　QPS/TPS 的相关概念

QPS：Queries Per Second，表示数据库每秒处理完成的请求次数。

TPS：Transactions Per Second，表示数据库每秒处理完成的事务数。

QPS 与单个请求对 CPU、内存、磁盘 I/O、外部接口等的消耗息息相关。如果每秒请求不断递增，QPS 的数值会呈现一个抛物线的状态，也就是说，当请求达到一定数量级时，系统的整体性能会降低。TPS 是反映整个业务系统的性能指标，一个 TPS 请求可能会产生多个 QPS，所以 QPS 是最"原子"的性能指标，最能反映单个系统的性能。

在正常情况下，一个业务系统在新上线前，都会进行相关的数据库压力测试。查询语句的复杂度及查询结果数量的多少决定了查询需要的时间。语句不同，QPS 的值相差也是非常大的。所以日常中都是模拟真实用户请求所触发的一系列动作去进行压力测试的，这样将会得到该系统对于当前业务的 QPS/TPS 的上限，然后根据该上限综合判断是否需要对程序、数据库、架构、业务逻辑做优化，以提高系统的 QPS/TPS，支持更大的用户量。

5.4.2　QPS/TPS 指标实例

TPS 的值可以通过对应的业务语句进行查询。例如，查询每分钟有多少订单完成成交，语句需要根据具体业务去定制。

QPS 的值在具体的数据库系统中，获取的方式一般是固定的。表 5-2 中是几种常见数据库的 QPS 指标，在日常监控中，可通过执行相应的 SQL 脚本获取其值，然后进行相关计算，判定是否触发阈值。

表 5-2　几种常见数据库的 QPS 指标

数据库	QPS 的关键字	监控指标
Oracle	I/O Requests per Second	"QPS >= QPS 压测峰值 * 80%"
mysql	Questions	
Redis	total_commands_processe	
MongoDB	command	

1. Oracle 中 QPS 的获取

在 Oracle 中可以从 V$SYSMETRIC 表中获取 QPS，查询的结果为统计最后 1 分钟平均的 QPS。

```
# 查询Oracle最后一分钟的平均QPS
SQL> select * from V$SYSMETRIC where metric_name = 'I/O Requests
per Second';
BEGIN_TIM END_TIME  INTSIZE_CSEC  GROUP_ID  METRIC_ID
--------- --------- ------------- ---------- ----------
METRIC_NAME                                                 VALUE
----------------------------------------------------- ----------
METRIC_UNIT
-----------------------------------------------------------------
21-MAY-19 21-MAY-19       6005        2        2146
I/O Requests per Second                                 3.09741882
Requests per Second
```

2. Mysql 中 QPS 的获取

在 Mysql 中获取 QPS 与在 Oracle 中有点不一样，因为 Mysql 中只能用的命令方法如下，其中第一次获取的值为初始值，第二次及之后每次获取的值都会与前一次做差值，从而得到每秒内的所有请求数。

```
# 在Mysql中每隔1秒获取一次QPS值
[root@test ~]# mysqladmin -hlocalhost -uroot -p  extended-status
--relative  --sleep=1|grep -w Questions
Enter password:
| Questions                          | 5315976    |
| Questions                          | 88         |
```

```
| Questions                                    | 49         |
| Questions                                    | 59         |
```

3. Redis 中 QPS 的获取

在 Redis 中，使用 redis-cli 执行 info 命令得到 total_commands_ processed 的值，然后通过多次获取的值做差值，再除以两次获取的时间间隔（精确到秒），此值就为 Redis 当前的 QPS 值。通常我们每 60 秒执行一次，然后将前后两次的差值除以 60，得到 QPS。

```
# 在Redis中首次获取总执行命令数
[root@test ~]# redis-cli info|grep total_commands_processe
total_commands_processed:57

# 1分钟后再次获取
[root@test ~]# redis-cli info|grep total_commands_processe
total_commands_processed:258

# 计算QPS
QPS值为：(258-57)/60 = 3.35
```

4. MongoDB 中 QPS 的获取

MongoDB 中的 QPS 对应的就是 mongostat 命令返回的 command 值，其值表示每秒执行命令数，涵盖了"增删改查"等操作。因为 MongoDB 一般是以集群存在的，所以在执行 mongostat 命令时可加上--discover 参数，用于获取集群中所有节点的压力分布。

```
# 获取MongoDB每秒执行的命令数command值
[root@test bin]# ./mongostat
insert query update delete getmore command dirty used flushes vsi
ze  res qrw arw net_in net_out conn             time
     *0   *0   *0   *0      0    2|0 0.0% 0.0%       0 1.08G 47.
0M 0|0 1|0   158b   62.4k   1 May  7 10:54:53.132
     *0   *0   *0   *0      0    1|0 0.0% 0.0%       0 1.08G 47.
0M 0|0 1|0   157b   62.1k   1 May  7 10:54:54.136
     *0   *0   *0   *0      0    1|0 0.0% 0.0%       0 1.08G 47.
0M 0|0 1|0   154b   60.8k   1 May  7 10:54:55.162
     *0   *0   *0   *0      0    2|0 0.0% 0.0%       0 1.08G 47.
0M 0|0 1|0   160b   63.5k   1 May  7 10:54:56.144
     *0   *0   *0   *0      0    1|0 0.0% 0.0%       0 1.08G 47.
```

```
0M 0|0 1|0    155b    61.5k    1 May  7 10:54:57.158
     *0      *0      *0      *0       0    2|0  0.0% 0.0%     0 1.08G 47.
0M 0|0
```

5. 监控参考指标

"TPS >= TPS 压力峰值 * 80%"。

"QPS >= QPS 压测峰值 * 80%"。

5.5 慢查询

5.5.1 慢查询的相关概念

数据库查询语句执行超过指定的时间还没有返回结果的时候，就认为是慢查询。

系统中的慢查询过多会影响系统的性能，进而影响其他正常 SQL 的执行效率，最终整个业务都会受到影响。慢查询出现的原因有很多种，一种是在程序开发时写出了复杂的或影响效率的 SQL 语句，如对索引字段进行计算或类型转换、做了全表查询、数据库表结构设计不合理、未建立索引等。在定位出慢查询语句后，需要参照业务架构对其进行优化。

5.5.2 慢查询指标实例

表 5-3 中是几种常见数据库的慢查询指标，其值的获取同样是通过脚本程序执行相应的 SQL 语句，然后进行相关计算，判定是否触发阈值的。下文将逐一介绍各数据库对应的指标查询方法。

表 5-3 几种常见数据库的慢查询指标

数据库	慢查询相关表或命令	监控指标（满足条件则告警）
Oracle	v$sqlarea	查询命令的执行时间大于指定时间时则告警
Mysql	information_schema.PROCESSLIST	
Redis	total_commands_processe	
MongoDB	command	

1. Oracle 中慢查询的获取

在 Oracle 中可以从 V$sqlarea 表中获取 SQL 平均执行时间，首先获取 ELAPSED_TIME 字段每个 SQL 总的运行时间，再除以该 SQL 执行的次数

EXECUTIONS，得到平均执行时间，然后做排序，得到运行时间最长的 SQL。

```
# 在Oracle中查找执行时间最长的语句，并显示其执行总时间、总次数，平均时间
SQL> select * from (
  2  select sa.SQL_TEXT,
  3  sa.SQL_FULLTEXT,
  4  sa.EXECUTIONS "exec_count",
  5  round(sa.ELAPSED_TIME / 1000000, 2) "total_exec_time",
  6  round(sa.ELAPSED_TIME / 1000000 / sa.EXECUTIONS, 2) "average
_exec_time",
  7  sa.COMMAND_TYPE
  8  from v$sqlarea sa
  9  where sa.EXECUTIONS > 0
 10  order by (sa.ELAPSED_TIME / sa.EXECUTIONS) desc )
 11  where rownum <= 1 ;


SQL_TEXT
--------------------------------------------------------------------
SQL_FULLTEXT
--------------------------------------------------------------------
exec_count total_exec_time average_exec_time COMMAND_TYPE
---------- --------------- ----------------- ------------
with interesting_opr as      (select id, target, start_time, opera
tion        from wri$_optstat_opr o        where dbms_stats_advisor.skip
_operation(:rule_id, :task_id, 'EXECUTE',              o.operation, o.
target, o.notes, :username, :privilege) = 'F') select distinct o1.id
id1, o2.id id2, 'A' seq from interesting_opr o1, interesting_opr o2,
   wri$_optstat_opr_tasks t1, wri$_optstat_opr_tasks t2 where o1.id
= t1.op_id(+) and o2.id = t2.op_id(+)   and ((o1.target = o2.target an
d o1.start_time < o2.start_time and        o2.start_time - o1.start_t
ime


SQL_TEXT
--------------------------------------------------------------------
SQL_FULLTEXT
--------------------------------------------------------------------
exec_count total_exec_time average_exec_time COMMAND_TYPE
---------- --------------- ----------------- ------------
< numtodsinterval(5, 'MINUTE')) or          (o1.target = t2.target a
```

```
nd o1.start_time < t2.start_time and          t2.start_time - o1.start
_time < numtodsinterval(5, 'MINUTE')) or      (t1.target = o2.target
 and t1.start_time < o2.start_time and        o2.start_time - t1.star
t_time < numtodsinterval(5, 'MINUTE')) or     (t1.target = t2.target a
nd t1.start_time < t2.start_time and          t2.start_time - t1.start_
time < numtodsintervawith interesting_opr as  (select id, target,
start_time, operation        fr


SQL_TEXT
--------------------------------------------------------------------------

SQL_FULLTEXT
--------------------------------------------------------------------------

exec_count total_exec_time average_exec_time COMMAND_TYPE
---------- --------------- ----------------- -------------
        1           47.33             47.33            3
```

2. Mysql 中慢查询的获取

在 Mysql 中可以从 information_schema.PROCESSLIST 表中找到慢查询的 SQL 语句。该表中记录了所有 Mysql 正在处理的命令列表，其中，time 字段表示该语句执行持续的时间，单位为秒，可以用该字段来筛选执行时间较长的 SQL，命令如下：

```
# 在Mysql中查询执行时间大于或等于3秒的SQL
mysql [(none)]> SELECT * FROM information_schema.PROCESSLIST WHER
E TIME>=3;
    +--------+------+-----------+------+---------+------+------------
----------+----------------------------------------------------------
---+----------+-------+-----------+----------+
    | ID   | USER | HOST      | DB   | COMMAND | TIME | STATE
    | INFO                                   | TIME_MS | STAGE |
MAX_STAGE | PROGRESS |
    +--------+------+-----------+------+---------+------+------------
----------+----------------------------------------------------------
---+----------+-------+-----------+----------+
    | 95085 | root | localhost | NULL | Query   |    0 | Filling schema
table | SELECT * FROM test.table1 | 3.565 |      0 |     0 |    0.000 |
    +--------+------+-----------+------+---------+------+------------
----------+----------------------------------------------------------
---+----------+-------+-----------+----------+
```

```
---+---------+-------+----------+----------+
1 row in set (0.00 sec)
```

3. Redis 中慢查询的获取

在 Redis 中与慢查询的识别与记录相关的设置参数有两个，可使用"slowlog get"命令来显示被捕捉到的慢查询。

（1）slowlog-log-slower-than，当命令执行的时间超过 slowlog-log-slower-than 设置的值时，就会被当成慢查询并记录。[单位：微秒（μs），默认为 10 毫秒（ms）]

（2）slowlog-max-len，该参数指定服务最多保存多少条慢查询日志。（默认为 128 条）

```
# 获取slowlog-log-slower-than当前的值
127.0.0.1:6379[1]> config get slowlog-log-slower-than
1) "slowlog-log-slower-than"
2) "10000"


# 获取 slowlog-max-len当前的值
127.0.0.1:6379[1]> config get slowlog-max-len
1) "slowlog-max-len"
2) "128"


# 重新设置 slowlog-log-slower-than 的值为0，表示会记录所有执行的命令，这
里是为了做测试，实际运用中一般可设置为1ms
127.0.0.1:6379[1]> config set slowlog-log-slower-than 0
OK


# 获取所有被记录的慢查询命令
127.0.0.1:6379[1]> slowlog get
1) 1) (integer) 8                         # 日志的唯一标识符id号
   2) (integer) 1557412657                # 命令执行时的UNIX时间戳
   3) (integer) 6                         # 命令执行的时长，以微秒计算
   4) 1) "config"                         # 被记录的命令
      2) "set"                            # 被记录命令的参数
      3) "slowlog-log-slower-than"        # 被记录命令的参数
      4) "0"                              # 被记录命令的参数
2) 1) (integer) 7
   2) (integer) 1557412066
   3) (integer) 42
```

```
    4) 1) "SLOWLOG"
       2) "get"


# 清空slowlog记录
127.0.0.1:6379[1]> slowlog reset
OK
127.0.0.1:6379[1]> SLOWLOG get
1) 1) (integer) 16
   2) (integer) 1557413711
   3) (integer) 4
   4) 1) "slowlog"
      2) "reset"
```

4. MongoDB 中慢查询的获取

在 MongoDB 中可以使用 Profiling 来捕捉慢查询，在 mongo shell 中执行 db.getProfilingStatus()来获取当前 profiling 开启的状态，用 db.setProfilingLevel 来设置级别及阈值时间，再用 db.system.profile.find()来查看捕捉的慢查询记录。

```
# 查看当前Profiling状态
> db.getProfilingStatus()
{ "was" : 0, "slowms" : 200, "sampleRate" : 1 }
# 返回参数说明
was:级别设置
0：关闭，不收集任何慢查询命令数据
1：收集慢查询命令，默认为100毫秒
2：收集所有的查询命令数据
Slowms:判断时间，单位为毫秒，默认为100毫秒，超过该时间时将被记录
sampleRate:抽样率，默认为1，表示全部被记录，也可以为0~1之间的小数

# 设置捕捉级别为2，表示收集所有查询命令
> db.setProfilingLevel(2)
{ "was" : 0, "slowms" : 200, "sampleRate" : 1, "ok" : 1 } #这里返回
的是上一次设置状态

# 设置捕捉级别为1，并设置slowms为200毫秒
> db.setProfilingLevel(1,100)
{ "was" : 2, "slowms" : 200, "sampleRate" : 1, "ok" : 1 }#这里返回的
是上一次设置状态
```

```
# 设置捕捉级别为0，关闭捕捉
> db.setProfilingLevel(0)
{ "was" : 1, "slowms" : 100, "sampleRate" : 1, "ok" : 1 }#这里返回的
```
是上一次设置状态

```
# 删除system.profile集合
> db.system.profile.drop()
True
```

```
# 创建一个新的system.profile集合，并设置大小为10M
> db.createCollection( "system.profile", { capped: true, size:
10000000 } )
{ "ok" : 1 }
```

```
# 重新开启Profiling
> db.setProfilingLevel(1,100)
{ "was" : 0, "slowms" : 100, "sampleRate" : 1, "ok" : 1 }
```

```
# 查找最近的10条慢查询记录
db.system.profile.find().limit(10).sort({ts:-1}).pretty()
```

```
# 查找执行大于5毫秒的慢操作
db.system.profile.find({millis:{$gt:5}}).pretty()
```

```
# 按特定时间，限制用户，按照消耗时间排序
db.system.profile.find(
    {
      ts : {
          $gt : newISODate("2019-02-12T09:00:00Z") ,
          $lt : newISODate("2019-05-12T09:59:00Z")
          }
    },
    { user : 0 }
).sort( { millis : -1 } )
```

5. 监控参考指标

执行时间大于指定时间的命令数量>0（具体参考指标需要根据实际情况定制）。

5.6 磁盘 I/O 监控

5.6.1 磁盘 I/O 相关概念

数据库系统在运行过程中，是会占用操作系统的资源的，当操作系统中对应的资源被消耗完时，会影响数据库系统的正常运行，如当 CPU 使用率过高时，就会影响主机上所有的服务，以及其他 SQL 的执行速度；当内存使用率过高时，可能引发操作系统内核的 OOM，导致机器上的一些进程或数据库进程被强制 kill；在磁盘空间已满后，数据库中的新数据将不能正常写入库中，导致数据库无法正常工作。当磁盘 I/O 使用率过高，达到瓶颈时，数据库在读取或写入磁盘时会非常慢，从而触发很多慢 SQL，影响系统的运行。

操作系统的 CPU、内存、磁盘空间的监控方法可参考操作系统篇，这里主要讲解磁盘 I/O 监控。

5.6.2 磁盘 I/O 的获取

1. 在命令行中获取监控磁盘 I/O

在命令行中获取监控磁盘 I/O 可以使用 "iostat -x -m -t 1"。

iostat 命令参数如下：

-x 用于获取更多的统计信息。

-m 以兆字节每秒显示统计信息。

-t 指定间隔多少时间获取一次 I/O 状态（单位：秒）

```
# 获取磁盘I/O
[root@Linux:/opt] # iostat  -x -m -t 1
05/10/2019 03:44:15 PM

avg-cpu:  %user    %nice  %system %iowait  %steal    %idle
           1.00     0.00    4.00    8.00    0.00    87.00


Device:           rrqm/s   wrqm/s    r/s     w/s    rMB/s    wMB/s
avgrq-sz avgqu-sz   await  r_await w_await  svctm   %util
  vda               0.00     0.00    6.00    0.00    0.06     0.00
20.00     0.07   11.83    11.83    0.00    4.50    2.70
  vdb               0.00     1.00   18.00    9.00    7.24     4.00
852.44    2.35   15.52     8.28   30.00    3.07    8.30
```

```
05/10/2019 03:44:16 PM
avg-cpu:  %user   %nice %system %iowait  %steal   %idle
           1.01    0.00    2.02   29.29    0.00   67.68


 Device:          rrqm/s   wrqm/s      r/s      w/s     rMB/s    wMB/s
avgrq-sz avgqu-sz    await r_await w_await    svctm   %util
    vda             0.00     6.06    75.76     2.02     2.56     0.03
68.16    1.63   20.94   21.48    0.50    0.97    7.58
    vdb             0.00     0.00    12.12    71.72     4.70    32.32
904.39   13.22  181.05  103.33  194.18    3.89   32.63
```

2. 输出的各字段的含义

表 5-4 所示为输出的各字段含义。

表 5-4　输出的各字段含义

字段名	字段含义
rrqm/s	每秒有多少相关的读请求被合并了。（当系统调用需要读取数据时，VFS 会将请求先发到各个 FS，当 FS 发现不同的读取请求读取的是相同 Block 的数据时，FS 会将这些请求合并）
wrqm/s	每秒有多少相关的写请求被合并了
r/s	每秒完成的读 I/O 设备次数（合并后）
w/s	每秒完成的写 I/O 设备次数（合并后）
rMB/s	每秒读取的 MB 数
wMB/s	每秒写入的 MB 数
avgrq-sz	平均请求扇区的大小
avgqu-sz	平均请求队列的长度，该值越小越好
await	每个 I/O 请求的处理平均时间［包含读和写，单位为毫秒（ms）］。这个时间包括队列等待时间和 svctm 服务时间，该值一般低于 5ms，当大于 10ms 时，则说明读写量非常大了
r_await	意义同 await，只是 r_await 表示只对读操作的统计
w_await	意义同 await，只是 w_await 表示只对写操作的统计
svctm	表示平均每次设备 I/O 操作的服务时间，不包括等待时间［单位为毫秒（ms）］。如果 svctm 的值与 await 很接近，表示几乎没有 I/O 等待时间，磁盘性能很好，如果 await 的值远高于 svctm 的值，则表示 I/O 队列等待时间较长，系统上运行的程序就会变慢。（注意：由于该值是计算出来的，计算方法存在错误，所以该值不可信。iostat 在 Version 12.1.2 版本之后就将该参数移除了。）
%util	在单位时间内处理 I/O 的工作时间占总时间的百分比。该参数能显示出设备的繁忙程度。（注意：该值在一些情况下不准确，在 5.6.2 节中会详细说明）

3. I/O 瓶颈判断方法

在执行了 iostat 命令获取了很多当前磁盘的性能参数后，可以获取该记录到监控系统中，其中最重要的一项用来判断硬盘是否达到瓶颈的指标就是 avgqu-sz，该值越大，就表明磁盘中的请求队列越长，磁盘已达到瓶颈了。

使用%util 来判断磁盘是否达到瓶颈是不准确的，因为当磁盘为固态硬盘 SSD 或 RAID 时，即使%util 是 100%，但 SSD 和 RAID 磁盘是具有并发能力的，只有当所有的并发全部达到 100%时，才是真正的 100%。在最新的 sysstat 官网文档中也已经注明 "But for devices serving requests in parallel, such as RAID arrays and modern SSDs, this number does not reflect their performance limits"。

4. 监控参考指标

"avgqu-sz > 10"（持续 5 分钟该值大于 10，表示磁盘持续 5 分钟都是满负荷运行的，需要关注）。

▶ 5.7　其他针对性指标

不同类型的数据库设计原理也不太一样，所以对于特定的数据库都有其独有的一些监控指标项。下文将介绍 Mysql 的 Binlog cache 和 Oracle 的表空间使用率监控以作参考。

5.7.1　Mysql Binlog cache 的相关概念

Mysql 的 Binlog cache 是指用于存储事物生成 Binlog event 的一段内存空间，一般可关注与它相关的三个指标，它们之间相互关联影响，以下是三个指标的解释。

Binlog_cache_size：为每个 session 分配的内存，在事务过程中用来存储二进制日志的缓存。

Max_Binlog_cache_size：表示 Binlog 能够使用的最大 cache 内存大小。

Binlog_cache_disk_use：表示因为 Binlog_cache_size 设计的内存不足导致缓存二进制日志用到了临时文件的次数，一但该值大于 0，则表示内存曾经出现过不足的情况，需要增加 Max_Binlog_cache_size 值的大小。

当连接至数据库的所有 session 使用的内存累加超过 Max_Binlog_cache_size 的值时，就会报错 "Multi-statement transaction required more than 'Max_Binlog_cache_size' bytes ofstorage"，SQL 语句执行失败。

当 Binlog_cache_disk_use 增加时，说明 Binlog_cache_size 设置得不够大，已经在使用磁盘来存储 Binlog event 了，因为磁盘的读写性能要远远低于内存，所以可根据实际情况将 Binlog_cache_size 适当调大一些，避免用到磁盘。

5.7.2　Mysql Binlog cache 指标实例

如下是使用 SQL 语句来查询 Binlog cache 相关的几个指标的过程，可以看出 Binlog_cache_disk_use 的值为 0，表示还未使用磁盘来存储 Binlog cache，如果该值大于 0，则可以适当调整 Binlog_cache_size 的大小。对于 Max_Binlog_cache_size，一般是根据实际情况来设定的，太小会导致 SQL 执行失败，太大会占用过多的系统内存而浪费。

```
# 查询 Binlog_cache_disk_use值的次数
Mysql > show status like '%binlog_cache_disk_use%';
+-----------------------+-------+
| Variable_name         | Value |
+-----------------------+-------+
| Binlog_cache_disk_use | 0     |
+-----------------------+-------+
1 rows in set (0.00 sec)

# 查询 Binlog_cache_size 和 Max_Binlog_cache_size大小（单位：Byte）
Mysql > show variables like '%binlog_cache%';
+----------------------+----------------------+
| Variable_name        | Value                |
+----------------------+----------------------+
| Binlog_cache_size    | 32768                |
| Max_Binlog_cache_size | 18446744073709547520 |
+----------------------+----------------------+
2 rows in set (0.00 sec)
```

监控参考指标：

"Max_Binlog_cache_size＜4G"（根据实际业务以及主机性能设置阈值）。

"Binlog_cache_disk_use＞0"。

5.7.3　Oracle 表空间的概念

在 Oracle 数据库中，用于存储具体数据的是数据文件，如图 5-1 所示，一个表空间可以由多个数据文件组成，一个数据文件只能属于一个表空间，一个 Oracle

数据库可以由一个或多个表空间组成。不同文件系统支持的最大单个数据文件值有所不同。Oracle 是一套跨平台的数据库系统，为了保证其在各平台间平滑迁移，设计了表空间，用来统一应对数据文件在各操作系统不一致的问题。表空间若不设置自动扩展，一旦创建好其容量也就固定了，表空间使用率（Table Space Use Percent）的监控类似于操作系统中文件系统的监控，其可作为 Oracle 运维的重要指标项。当使用率达到一定的百分比时，就可提前开始预警，告知运维人员及时对表空间进行扩容。

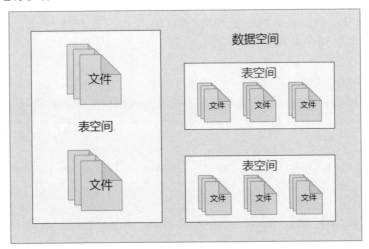

图 5-1　一个 Oracle 数据空间、表空间、数据文件

5.7.4　Oracle 表空间指标实例

表空间使用率计算方法为：表使用空间/表最大允许空间×100%。表空间可用率阈值应控制在 10%以上，低于 10%时则急需扩充 datafile 或 resizedatafile，设置表空间自动扩展可有效避免因表空间不足造成的业务异常。

```
# 表空间使用率查询方法
select b.b1 表空间名称,
c.c2 类型,
c.c3 区管理,
b.b2 / 1024 / 1024 表空间大小MB,
(b.b2 - nvl(a.a2,0)) / 1024 / 1024 已使用MB,
nvl(a.a2,0) / 1024 / 1024 空闲MB,
Round((b.b2 - nvl(a.a2,0)) / b.b2 * 100, 2) 利用率
from (select tablespace_name a1, sum(nvl(bytes, 0)) a2
```

```
from dba_free_space
group by tablespace_name) a,
(select tablespace_name b1, sum(bytes) b2
from dba_data_files
group by tablespace_name) b,
(select tablespace_name c1, contents c2, extent_management c3
from dba_tablespaces) c
where a.a1(+) = b.b1
and c.c1(+) = b.b1
order by 7 ;
```

监控参考指标：

"Table space use Percent >=85"。

5.7.5　Mysql MHA 高可用集群的概念

在 Mysql 数据库中，为了提高数据库的高可用性，最常见的架构就是主从复制，又名主从同步架构，常见的有一主一从、一主多从，以及互为主从，其中，互为主从又被称为主主模式。

在主从复制模式下，主库写数据，从库同步主库中写入的数据。当主库主机宕机时，从库接管变为主库，保证数据库的高可用性。当有大量实时性要求不高的读操作时，还可将这些读请求分流至各从库完成，从而实现数据库的读负载均衡功能。在主从复制模式下，当主库发生故障时，首先需要检查 Binlog 的同步状态，再将集群中的一台从库提升为主库，并将其他从库设置向升级的新主库上同步数据，这些动作需要在主库故障后短时间内完成。MHA（Master High Availability）自动切换软件的诞生就是为了应对这种场景。MHA 能做到在 10～30 秒内自动完成数据库的故障切换操作，可在最大程度上保证数据的一致性，它的软件由 MHA Manager（管理节点）与 MHA Node（数据节点）两部分组成。

MHA Manager 可部署在任意机器上，而 MHA Node 需要在每台 Mysql 服务器上部署。

图 5-2 所示为基于 MHA 的高可用集群架构图。

图 5-3 所示为 Mysql 主从复制原理。Mysql 主从复制主要是将主服务器上的 Binlog 日志复制到从服务器上执行一遍，从而达到主从数据库中的数据一致的状态，其过程如下：

（1）从库启动一个 I/O 线程，向主库请求指定位置（或从最开始位置）的 Binlog 日志。

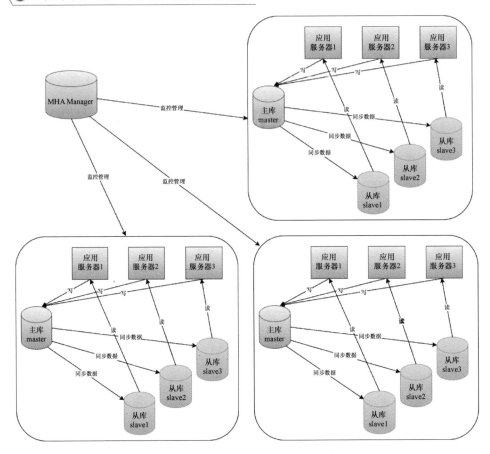

图 5-2　基于 MHA 的高可用集群架构图

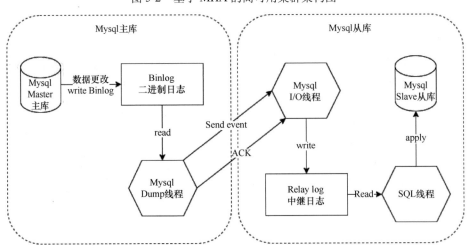

图 5-3　Mysql 主从复制原理

（2）主库启动一个 Binlog dump 线程，根据从库的请求将日志发送给从节点。

（3）从库 I/O 线程将接收到的数据保存到中继日志（Relay log）中。

（4）从库再启动一个 SQL 线程，把 Relay log 中的操作在自身数据库上执行一遍。

5.7.6　Mysql MHA 高可用集群指标

在 5.7.5 节中，我们了解到 MHA 是由 MHA Manager 与 MHA Node 两个组件组成的，以及 Mysql 在主从复制过程中，从节点 Slave 会启用 I/O 线程及 SQL 线程来同步主库中的数据，因此我们可以对这些关键性的组件及线程状态进行监控，从而实现对整个 MHA 集群状态的监控。表 5-5 所示为 Mysql MHA 监控指标。

表 5-5　Mysql MHA 监控指标

监控对象	监控对象属性	监控方法	监控指标
MHA Manager	在管理节点上检查 MHA 的运行状态	masterha_check_status --conf=/etc/mha/master.cnf	返回非 0 状态码则告警，返回内容中一般含有字符串："(0:PING_OK)"
	在管理节点上检查主从库的复制情况	masterha_check_repl --conf=/etc/mha/master.cnf	无 "MySQL Replication Health is OK." 字样则告警
从库 Slave	在从库上检查 I/O 线程状态	Slave_IO_Running	非 "Yes" 状态则告警
	在从库上检查 SQL 线程状态	Slave_SQL_Running	非 "Yes" 状态则告警
	在从库上查看主从库同步延迟秒数	Seconds_Behind_Master	超过指定阈值或为 NULL 则告警

1. 检查 MHA 的运行状态

可使用 MHA 工具包中的 "masterha_master_monitor" 脚本来查看集群状态，如下可看出返回的内容为 "app1 (pid:8265) is running(0:PING_OK), master:host1"，由此可判断集群状态为正常。

```
# 查看当前MHA的运行状态
$ masterha_check_status --conf=/etc/mha/master.cnf
app1 (pid:8265) is running(0:PING_OK), master:host1
$ echo $?
0
```

2. 检查主从库的复制情况

可使用 MHA 工具包中的 "masterha_check_repl" 脚本来查看主从复制的当前状态，包含如从库中的 I/O 线程和 SQL 线程的状态是否正常，以及主从同步延迟的秒数（默认为 30 秒），如果状态异常，则能显示其具体异常信息，如果状态都正常，则只会在末尾显示 "MySQL Replication Health is OK."，如需查询明细信息请参照 5.7.6 节的内容。

```
# 检查主从库的复制情况
[root@manager ~]# masterha_check_repl -conf=/etc/mha/master.cnf
Thu Jul 01 19:07:08 2021 - [warning] Global configuration file /
etc/masterha_default.cnf not found. Skipping.
Thu Jul 01 19:07:08 2021 - [info] Reading application default
configuration from /etc/mha/master.cnf..
Thu Jul 01 19:07:08 2021 - [info] Reading server configuration
from /etc/mha/master.cnf..
......
MySQL Replication Health is OK.
```

3. 检查从库 I/O、SQL 线程状态、主从同步延迟

当需要查看各从库具体的 I/O、SQL 线程状态，以及主从同步延迟时，可在从库上使用 "show slave status \G;" 命令。如下可看出，Slave_IO_Running 与 Slave_SQL_Running 都是 Yes 状态，表示从库 I/O、SQL 同步正常，当为 NO 状态时，则为异常。在异常时，还可通过 Last_IO_Error 与 Last_SQL_Error 字段看出具体的报错信息，以便快速定位故障。

主从同步延迟可查看 Seconds_Behind_Master 字段，其单位为秒。

```
# 检查主从库的复制情况
mysql> show slave status \G;
*************************** 1. row ***************************
               Slave_IO_State: Waiting for master to send event
                  Master_Host: 192.168.33.52
                  Master_User: repl
                  Master_Port: 3306
                Connect_Retry: 60
              Master_Log_File: mysql-bin.003563
          Read_Master_Log_Pos: 622630459
               Relay_Log_File: mysql-relay.000753
```

```
                    Relay_Log_Pos: 20717
          Relay_Master_Log_File: mysql-bin.003563
               Slave_IO_Running: Yes
              Slave_SQL_Running: Yes
                     Last_Error:
           Seconds_Behind_Master: 0
                  Last_IO_Errno: 0
                  Last_IO_Error:
                 Last_SQL_Errno: 0
                 Last_SQL_Error:
......
```

5.7.7　Oracle 集群的概念

Oracle 集群最常见、最实用的大致有三种：RAC（Real Application Clusters）、DG（Data Guard）和 MAA（Maximum Availability Architecture，被认为是 RAC 与 DG 的组合）。

RAC 是本地高可用集群，它采用了 Cache Fusion（高缓存合并）技术将各集群节点的缓存合并在一起，同时共用一套数据存储，各节点可同时对外提供服务，没有主备之分，在某个节点宕机后，其他节点仍能正常提供服务。

DG 是一种远程复制技术，可以将主库上的数据复制到另一台或多台备库上，从而达到数据的冗余，还可以实现异地备份和容灾。其原理是将主库上的 RedoLog 传输至备库，然后在备库上应用 RedoLog 文件，从而使主备库的数据保持同步，这种同步可以是实时的，也可以是异步的。其备库可分为物理 Standby 和逻辑 Standb 两类：物理 Standby 基于 block-for-block，直接应用 RedoLog 完全复制了主库上的数据；逻辑 Standby 将接收的 RedoLog 转换成 SQL 语句在备库上执行，来实现数据的同步。逻辑 Standby 方式对于一些数据类型及一些 DDL/DML 语句会有操作上的限制，不能保证主备库数据的完全一致，所以较常用的还是物理 Standby。

MAA 则是 RAC 与 DG 的组合架构，因 RAC 的整个集群及其共享存储是有可能会出现故障的，所以可通过搭建 RAC 配合 DG 来做数据的冗余备份，当主库 RAC 宕机时，可自动将备库切为主库，从而实现最大化高可用架构 MAA。

图 5-4 是包含了 RAC 及 DG 技术的 Oracle MAA 架构图。

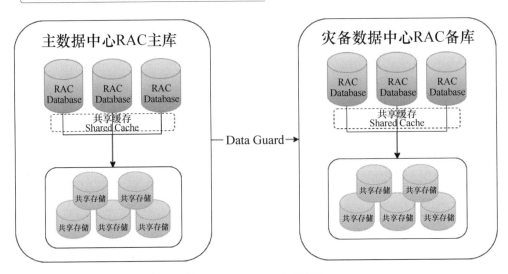

图 5-4　Oracle MAA 架构图

5.7.8　Oracle 集群指标实例

在 5.7.7 节中，我们了解到，常见的 Oracle 集群有 RAC、DG、MAA。其中，MAA 比独立使用 RAC 和 DG 的架构更具高可用性，而 MAA 是由 RAC 与 DG 组合构成的方案，所对于 MAA 的监控实际上可以拆分为对 RAC 及 DG 的状态进行监控。如下将对 RAC 及 DG 的监控指标进行详细的描述。

RAC 集群的监控常见的有集群状态、实例状态、节点应用程序 VIP/Network/ONS 状态、ASM 状态、TNS 状态、SCAN 状态六大项，对 ASM 的磁盘组，还可对其空闲空间进行监控，具体的监控方法及指标如表 5-6 所示。

表 5-6　RAC 的监控方法及指标

监控对象	监控方法	监控指标
检查 RAC 集群状态	crsctl check cluster	非 online 则告警
检查 RAC 所有实例和服务的状态	srvctl status database -d <DB Name>	非 runnig 则告警
检查 RAC 节点应用程序 VIP、Network、ONS 的状态	srvctl status nodeapps	非 enabled、非 running 则告警
检查 ASM 状态	srvctl status asm	非 running 则告警
检查 TNS 监听器状态	srvctl status listener	非 enabled、非 running 则告警
检查 SCAN 状态	srvctl status scan	非 enabled、非 running 则告警
检查 ASM 磁盘组可用空间	select name, total_mb, free_mb from v$asm_diskgroup	可用空间小于 20% 则告警

（续表）

监控对象	监控方法	监控指标
简要查询 RAC 集群状态	crsctl status resource -t	简要地显示 ASM、TNS、SCAN、VIP 等的服务状态

1. 检查 RAC 集群状态

可使用"crsctl check cluster"命令来查看 RAC 集群的状态，如下可看出 Cluster Ready Services、Cluster Synchronization Services，以及 Event Manager 服务都是正常的 online 状态。

```
# 检查RAC集群的状态
[grid@RACHOST01 ~]$ crsctl check cluster
CRS-4537: Cluster Ready Services is online
CRS-4529: Cluster Synchronization Services is online
CRS-4533: Event Manager is online
```

2. 检查 RAC 所有实例和服务的状态

可使用"srvctl status database -d <DB Name>"命令来查看 RAC 集群所有的实例和服务状态，如下可看出各实例运行在集群的哪个节点上，以及它的状态是否为 running。

```
# 检查RAC集群所有实例和服务的状态
[oracle@RACHOST01 admin]$ srvctl status database -d <DB Name>
Instance RACCDB1 is running on node RACHOST01
Instance RACCDB2 is running on node RACHOST02
Instance RACCDB3 is running on node RACHOST03
```

3. 检查 RAC 节点应用程序 VIP、Network、ONS 的状态

可使用"srvctl status nodeapps"命令来查看 RAC 集群的节点应用程序的状态，如下可看出，各节点的 VIP、NetWork、ONS 服务都是 enabled，并且为 running 状态。

```
# 检查RAC集群的节点应用程序的状态
[oracle@RACHOST01 ~]$ srvctl status nodeapps
VIP 192.168.33.24 is enabled
VIP 192.168.33.24 is running on node: RACHOST01
VIP 192.168.33.25 is enabled
VIP 192.168.33.25 is running on node: RACHOST02
VIP 192.168.33.26 is enabled
VIP 192.168.33.26 is running on node: RACHOST03
```

```
Network is enabled
Network is running on node: RACHOST01
Network is running on node: RACHOST02
Network is running on node: RACHOST03
ONS is enabled
ONS daemon is running on node: RACHOST01
ONS daemon is running on node: RACHOST02
ONS daemon is running on node: RACHOST03
```

4. 检查 ASM 状态

可使用 "srvctl status asm" 命令来查看 RAC 集群的 ASM 服务状态，如下可看出，各节点上都运行了 ASM 服务且状态都为 running。

```
# 检查ASM服务状态
[oracle@RACHOST01 ~]$ srvctl status asm
ASM is running on RACHOST01,RACHOST02,RACHOST03
```

5. 检查 TNS 监听器状态

可使用 "srvctl status listener" 命令来查看 RAC 集群 TNS 监听器的状态，如下可看出，TNS 服务为 enabled，并且在各节点上都为 running 状态。

```
# 检查TNS监听器的状态
[oracle@RACHOST01 admin]$ srvctl status listener
Listener LISTENER is enabled
Listener LISTENER is running on node(s): RACHOST01,RACHOST02,
RACHOST03
```

6. 检查 SCAN 状态

可使用 "srvctl status scan" 命令来查看 RAC 集群的 SCAN 服务状态，如下可看出，当前 SCAN VIP scan1 服务已开启，并运行在节点 RACHOST03 主机上为 running 状态。

```
# 检查SCAN服务状态
[oracle@RACHOST01 admin]$ srvctl status scan
SCAN VIP scan1 is enabled
SCAN VIP scan1 is running on node RACHOST03
```

7. 检查 ASM 磁盘组可用空间

由于在操作系统层面不能直接识别 RAC 集群 ASM 磁盘组的空间使用量，可使用 SQL 语句来查询其空间使用量及空闲量，具体的 SQL 语句为 "select name, total_mb, free_mb from v$asm_diskgroup;",监控程序可将取出的 FREE_MB 空间除以 TOTAL_MB,计算出可用的百分比,当可用的百分比小于 20%时,即可触发告警。

```
# 检查ASM磁盘组的可用空间
SQL> select name, total_mb, free_mb from v$asm_diskgroup;

NAME                            TOTAL_MB    FREE_MB
------------------------------ ---------- ----------
DATADG                          1228776     270184
FLASHDG                          614376     599352
OCRDG                             15348      14348
REDO1DG                           51196      16964
REDO2DG                           51196      16964
```

8. 简要查询 RAC 集群状态

对于集群状态、实例状态、节点应用程序 VIP/Network/ONS 状态、ASM 状态、TNS 状态、SCAN 等服务状态明细情况可参照上文介绍的命令来监控查询,这里还可使用"crsctl status resource -t"命令来简要地查询上述的所有服务状态,样例如下:

```
# 简要查询RAC集群状态
[grid@RACHOST01 ~]$ crsctl status resource -t
--------------------------------------------------------------
Name          Target  State     Server          State details
--------------------------------------------------------------
Local Resources
--------------------------------------------------------------
ora.ASMNET1LSNR_ASM.lsnr
              ONLINE  ONLINE    RACHOST01       STABLE
              ONLINE  ONLINE    RACHOST02       STABLE
              ONLINE  ONLINE    RACHOST03       STABLE
......
Cluster Resources
--------------------------------------------------------------
ora.LISTENER_SCAN1.lsnr
    1         ONLINE  ONLINE    RACHOST03       STABLE
ora.MGMTLSNR
    1         ONLINE  ONLINE    RACHOST03       169.254.169.120 10.1
```

```
                                                 0.48.63,STABLE
ora.asm
     1        ONLINE  ONLINE    RACHOST01    Started,STABLE
     2        ONLINE  ONLINE    RACHOST02    Started,STABLE
     3        ONLINE  ONLINE    RACHOST03    Started,STABLE
ora.cvu
     1        OFFLINE OFFLINE                STABLE
ora.mgmtdb
     1        ONLINE  ONLINE    RACHOST03    Open,STABLE
ora.qosmserver
     1        ONLINE  ONLINE    RACHOST03    STABLE
ora.rmbcdb.db
     1        ONLINE  ONLINE    RACHOST01    Open,HOME=/oraapp/or
                                             acle/product/12.2.0/
                                             dbhome_1,STABLE
     2        ONLINE  ONLINE    RACHOST02    Open,HOME=/oraapp/or
                                             acle/product/12.2.0/
                                             dbhome_1,STABLE
     3        ONLINE  ONLINE    RACHOST03    Open,HOME=/oraapp/or
                                             acle/product/12.2.0/
                                             dbhome_1,STABLE
ora.rmbcdb.rmbtbssvc.svc
     2        ONLINE  ONLINE    RACHOST03    STABLE
ora.scan1.vip
     1        ONLINE  ONLINE    RACHOST03    STABLE
ora.RACHOST01.vip
     1        ONLINE  ONLINE    RACHOST01    STABLE
ora.RACHOST02.vip
     1        ONLINE  ONLINE    RACHOST02    STABLE
ora.RACHOST03.vip
     1        ONLINE  ONLINE    RACHOST03    STABLE
```

表 5-7 所示为 DG 的监控方法及指标。

表 5-7　DG 的监控方法及指标

监控对象	监控方法	监控指标
检查 DG 集群进程是否启动且无异常	select　process,status,thread#,sequence# from v$managed_standby order by 3,1;	主库中 LGWR 或 ARCH 存在 ERROR 则告警，备库上 MRPO 或 RFS 存在 ERROR 则告警

（续表）

监控对象	监控方法	监控指标
检查 DG 主备库的 scn 号是否接近	select 1 dest_id, current_scn from v$database union all select dest_id, applied_scn from v$archive_dest where target='STANDBY';	主备库的 scn 号相差很大或主库 scn 号在更新，而备库 scn 一直未更新则告警
检查 DG 主库归档日志状态	select dest_id, dest_name, status, type, error, gap_status from v$archive_dest_status;	有 ERROR 则告警
检查 DG 备库 apply lag 和 transport lag 同步延迟	SQL> select * from v$dataguard_stats;	在备库上查询显示 apply lag 或 transport lag 同步延迟超过半小时则告警

DG 集群的监控可大致从 DG 的进程状态、scn 号的更新状态、主库归档日志状态有无 ERROR 报错信息，以及备库的同步延迟时间 4 个方面进行监控。

9. 检查 DG 的进程是否启动且无异常

检查 DG 的状态可使用 SQL 语句分别在主备库上查询相关进程的状态，SQL 语句为 "select process,status,thread#,sequence# from v$managed_standby order by 3,1;"，如下可看出，主库上的同步进程 LGWR 为 WRITING 状态，备库上的 MRP0 为 APPLYING_LOG 状态，RFS 为 IDLE 空闲状态，如果出现 ERROR，则为异常需要告警，具体的状态列表解释可参考 Oracle 官方文档中有关 V$MANAGED_STANDBY 视图的说明。

```
# 在主库上查询DG相关进程是否启动且无异常
SQL> select process,status,thread#,sequence# from v$managed_
standby order by 3,1;


PROCESS   STATUS        THREAD#    SEQUENCE#
--------- ------------- ---------- ----------
......
ARCH      CLOSING            1      4058
LGWR      WRITING            1      4062

9 rows selected.


SQL>
```

```
# 备库SRMBBSR01
SQL> select process,status,thread#,sequence# from v$managed_stan
dby order by 3,1;

PROCESS     STATUS         THREAD#     SEQUENCE#
---------   ------------   ----------  ----------
......
RFS         IDLE           1           4062
RFS         IDLE           2           4345
MRP0        APPLYING_LOG   3           8638
RFS         IDLE           3           8638

21 rows selected.
```

10. 检查 DG 主备库的 scn 号是否接近

scn 号是当 Oracle 每次数据更新时，由 DBMS 自动为每次更新维护的一个递增的数字，用于区分每次更新的先后顺序。通过查询 DG 主备库的 scn 号变化情况，可以判断它们之间是否在正常同步，数字越接近，表示主备库同步数据延迟越小，查询的方法是在主库上执行 SQL 语句 "select 1 dest_id, current_scn from v$database union all select dest_id, applied_scn from v$archive_dest where target='STANDBY';"，可以多执行几次来观察它们的变化情况，以及备库是否接近主库，如下所示。

```
# 检查DG主备库的scn号是否接近
SQL> select 1 dest_id, current_scn from v$database
  2  union all
  3  select dest_id, applied_scn from v$archive_dest where target
='STANDBY';

   DEST_ID CURRENT_SCN
---------- -----------
         1  342809753
         2  342809749
```

11. 检查 DG 主库归档日志状态

在 DG 主库上检查归档日志状态，可用 SQL 语句来查询 "select dest_id, dest_name, status, type, error, gap_status from v$archive_dest_status;"，如下可看出，归档日志都无 ERROR 报错信息。

```
# 检查DG主库归档日志状态
SQL> select dest_id, dest_name, status, type, error, gap_status
from v$archive_dest_status;


   DEST_ID
----------
DEST_NAME
----------------------------------------------------------------
----------------------------------------------------------------
----------------------------------------------------------------
STATUS    TYPE            ERROR
GAP_STATUS         `
--------- --------------- --------------------------------------
-------------------------- ------------------------
        1
LOG_ARCHIVE_DEST_1
VALID     LOCAL


        2
LOG_ARCHIVE_DEST_2
VALID     PHYSICAL
NO GAP


        3
LOG_ARCHIVE_DEST_3
INACTIVE  LOCAL


        4
LOG_ARCHIVE_DEST_4
INACTIVE  LOCAL


        5
LOG_ARCHIVE_DEST_5
INACTIVE  LOCAL


        6
LOG_ARCHIVE_DEST_6
INACTIVE  LOCAL
```

```
        7
LOG_ARCHIVE_DEST_7
INACTIVE  LOCAL
```

12. 检查 DG 备库 apply lag 和 transport lag 同步延迟

在上文中有说明通过 scn 号来检查主备的同步状态的方法，这里还可以通过查询 apply lag 和 transport lag 的同步延迟来了解同步的状态，可使用 SQL 语句"select NAME,VALUE from v$dataguard_stats where NAME like '%lag';"来查询，如下可看出 apply lag 与 transport lag 延迟为 0 时 0 分 0 秒。

```
# 检查DG备库apply lag和transport lag同步延迟
SQL> select NAME,VALUE from v$dataguard_stats where NAME like '%l
ag';

NAME                                     VALUE
-------------------------------------    -------------------------
transport lag                            +00 00:00:00
apply lag                                +00 00:00:00
```

本 章 小 结

本章首先对关系型数据库及非关系型数据库做了分类说明。其次对其共有的一些监控指标项进行了详细讲解，同时还提供了样例供读者参考。最后对常见的开源软件 Mysql 数据库、商业软件 Oracle 数据库的集群概念和架构进行了描述，并对其各项监控指标进行了讲解并举例。在实际生产中还有很多其他指标或业务类型的指标，都可以参照本章的内容方法自由发挥设计监控指标。

第6章

中间件监控

在当前的系统建设中，中间件的应用非常广泛，中间件的概念也非常宽泛，通常我们在项目开发中会用到 Web 服务器、缓存数据库、消息队列等，都可以归类为中间件，可以说中间件在项目建设中是非常重要的基石。本章将对前后端开发经常用到的如用于提供负载均衡、代理服务的 Web 服务器 Nginx，用于提供 JVM 运行时环境的 Web 容器 Tomcat，以及负责提供消息服务的 ActiveMQ 等中间件的监控方式、常用监控指标等进行介绍。本章涉及的软件及对应版本主要包括：Nginx 1.12.2、Tomcat 8.5、ActiveMQ 6.30。

中间件的定义是比较抽象的，它指的是一类软件，在维基百科中的解释是：提供系统软件和应用软件之间连接的软件，便于软件各部件之间的沟通，特别是应用软件对于系统软件的集中的逻辑，在现代信息技术应用框架如 Web 服务、面向服务的体系结构等的应用比较广泛，如提供给 Java 程序运行环境的 Tomcat、Oracle 的 Weblogic、IBM 的 WebSphere，用于统一连接数据库的 Cobar、MYCAT，用于共享存放消费消息的 ActiveMQ、RabbitMQ、Kafka，以及在近期兴起的物联网行业中，为了将家居中不同的电器，如电灯、热水器、冰箱、洗衣机、电饭煲等用统一方便的应用管理起来，出现的传感网中间件、RFID 中间件、M2M 中间件等。将整个架构模块化、中间件化，降低程序间的强依赖关系，开发人员只需要专注各自的程序模块、中间件进行开发，无须关心上下级的变化，运行环境的变化，就能完成整个 IT 体系的运作。

图 6-1 所示为中间件运行关系架构图，将 Web 代理服务中间件、Java

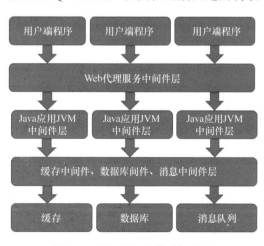

图 6-1　中间件运行关系架构图

应用 JVM 中间件、缓存、数据库、消息队列等常见中间件按实际运作中的关系架构展示出来，可以看出，中间件在现在的互联网发展中起到非常重要的作用。

6.1　Nginx 监控

6.1.1　Nginx 概述

Nginx 是一个高性能异步框架的 HTTP 服务软件，可用于静态资源发布，Web 反向代理、邮件反向代理、OSI 4 层负载平衡器、OSI 7 层负载均衡，以及 HTTP 缓存服务，软件由 Igor Sysoev 创建，并在 2004 年首次公开发布，而后又在 2011 年成立了同名公司，以提供 Nginx Plus 服务支持。在 2019 年 3 月 11 日，Nginx 公司被 F5 Networks 以 6.7 亿美元收购。

Nginx 监控指标按进程端口、服务、日志、连接数 4 个维度去监控，可分为以下四大部分。

- Nginx 服务的进程及端口。
- 服务可用性监控。
- Nginx 日志监控。
- Nginx 的状态页监控。

6.1.2　Nginx 服务的进程及端口

1. 进程监控

如下使用 ps、grep、egrep 命令来获取当前系统中 Nginx 的 master 进程和 worker 进程的详细信息，一般 Nginx 的 worker 进程数是与本机 CPU 核数一样的，以充分利用本机的 CPU 资源，当 Nginx 的总进程数少于 "CPU 核数加 1" 时，则可根据需要设置告警，本机 CPU 核数加 1，是因为还有一个 master 主进程。当进程数为 0 时，表示 Nginx 服务未正常启动，当进程数大于 0 但小于 CPU 核数加 1 时，则可根据需要对 Nginx 服务进行优化。

```
# 使用shell获取Nginx相关进程
[user@test bin]$ ps -ef|grep -v grep|egrep 'nginx: master|nginx:
worker'
   root    11833     1  0 May13 ?      00:00:00 nginx: master process
/usr/sbin/nginx
   nginx   11834 11833  0 May13 ?      00:00:07 nginx: worker process
```

```
nginx    11835 11833  0 May13 ?        00:00:07 nginx: worker process
nginx    11836 11833  0 May13 ?        00:00:07 nginx: worker process
```

```
# 在上述命令尾部给egrep加一个-c，即可返回所有Nginx进程的数量总和3。
[user@test bin]$ ps -ef|grep -v grep|egrep 'nginx: master|nginx:
worker' -c
  3
```

2. 端口监控

因为 Nginx 服务器上可能同时承载监听了多个服务端口，为不同的 Web、Mail、OSI 4 层转发提供服务，所以需要对 Nginx 上开启的这些端口进行监控。如下面的命令所示，列出所有 Nginx 开启的端口，其中 80 和 443 就是 Web 服务端口，30001 则是 OSI 4 层 TCP 转发端口（最新版本中支持 UDP 的转发），9092 端口为 kafka 的 TCP 转发端口，同样也是 OSI 4 层转发，25 和 465 则是 mail 的 smtp 服务的未加密及 ssl 加密端口。

```
# 在shell命令行中使用netstat 查看Nginx监听了哪些端口
[user@test bin]$ netstat -tunlp|grep nginx
tcp      0      0 0.0.0.0:25          0.0.0.0:*            LISTEN
 24958/nginx: master
tcp      0      0 0.0.0.0:9092        0.0.0.0:*            LISTEN
 24958/nginx: master
tcp      0      0 0.0.0.0:80          0.0.0.0:*            LISTEN
 24958/nginx: master
tcp      0      0 0.0.0.0:30001       0.0.0.0:*            LISTEN
 24958/nginx: master
tcp      0      0 0.0.0.0:465         0.0.0.0:*            LISTEN
 24958/nginx: master
tcp      0      0 0.0.0.0:443         0.0.0.0:*            LISTEN
 24958/nginx: master
```

要判断端口是否开启有如下两种方法。

（1）通过本机执行 netstat 或 ss 命令来查看本机是否监听所对应的端口。

```
# 上文使用netstat来查看本机监听的端口，本次展示使用ss命令查看端口
[user@test bin]$ ss -tunlp|grep 'nginx'
  tcp  LISTEN 0     511             0.0.0.0:25          0.0.0.0:*
users:(("nginx",pid=24959,fd=9),("nginx",pid=24958,fd=9))
  tcp  LISTEN 0     511             0.0.0.0:9092        0.0.0.0:*
users:(("nginx",pid=24959,fd=8),("nginx",pid=24958,fd=8))
```

```
    tcp   LISTEN 0      511              0.0.0.0:80          0.0.0.0:*
users:(("nginx",pid=24959,fd=7),("nginx",pid=24958,fd=7))
    tcp   LISTEN 0      511              0.0.0.0:30001        0.0.0.0:*
users:(("nginx",pid=24959,fd=11),("nginx",pid=24958,fd=11))
    tcp   LISTEN 0      511              0.0.0.0:465          0.0.0.0:*
users:(("nginx",pid=24959,fd=10),("nginx",pid=24958,fd=10))
    tcp   LISTEN 0      511              0.0.0.0:443          0.0.0.0:*
users:(("nginx",pid=24959,fd=6),("nginx",pid=24958,fd=6))
```

（2）通过 nc 命令主动探测 Nginx 服务器开启的端口。

```
# 通过nc命令探测Nginx服务器开启的端口
[user@test bin]$ nc -vw 2 -z 127.0.0.1 25
Connection to 127.0.0.1 25 port [tcp/smtp] succeeded!

# 如下是笔者探测了一个未监听的端口供读者查看，在未监听时，nc所返回的内容样例
[user@test bin]$ nc -vw 2 -z 127.0.0.1 255
nc: connect to 127.0.0.1 port 255 (tcp) failed: Connection refused
```

6.1.3 服务可用性监控

因为 Nginx 可提供 Web 服务、Mail 服务、OSI 4 层转发服务，所以需要针对不同的服务进行服务级别的监控。由于是对服务的可用性进行监控，所以需要模拟访问该服务，然后对返回的结果进行判断，以判断 Nginx 提供的服务是否能正常访问。如果是转发服务，则可以同时判断后端的服务是否可用，所以该监控方法是首推的。

访问 Nginx 提供的 Web 服务，查看返回的状态码是否为 200，如果返回 404、502、500 等状态码，则表示该服务异常，还可以查看页面返回的内容中是否包含指定的关键字，如果未包含，则表示后端服务异常，所返回的页面不是实际想要的。以下样例中使用的是 IP 地址，在实际生产中，可能会在一个 Nginx 服务端口上绑定多个域名服务，对应不同的后端服务器，所以需要逐一添加相应的页面状态码监控和页面内容监控。

```
# 使用curl命令主动探测Nginx的Web服务状态码
[user@test bin]$ curl http://192.168.1.200/index.html -L  -I
HTTP/1.1 301 Moved Permanently
Server: nginx
Date: Sun, 16 May 2021 07:48:10 GMT
Content-Type: text/html
```

```
Content-Length: 162
Location: http://192.168.1.200/index.html
Connection: keep-alive
Cache-Control: no-store

HTTP/1.1 200 OK
Server: nginx
Date: Sun, 16 May 2021 07:48:10 GMT
Content-Type: text/html; charset=utf-8
Connection: keep-alive
Cache-Control: no-store
```

同样地，对于 E-mail 服务的可用性，可自行使用 python 编写发送邮件和接收邮件的脚本，来判断服务的可用性。对于 OSI 4 层转发端口，同样要根据具体转发的服务，模拟访问请求，如本样例中，9092 端口转发的后端是 kafka 服务，则可以使用 kafka 客户端程序模拟调用 Nginx 的 9092 端口，来获取 kafka 服务的状态，如果获取不到，则表示 Nginx 服务异常或后端的 kafka 服务异常。

6.1.4　Nginx 日志监控

Nginx 的日志监控分为两个部分，一部分是 Access log 的监控，另一部分是 Error log 的监控。对应用管理员来说，这两个日志的内容是非常重要的。Access log 能反映出 Nginx 的 TPS、QPS、每个请求的响应时间、响应时长、响应状态码、请求的客户端 IP、请求的内容、响应的数据包大小。Error log 能反映出 Nginx 启动运行过程中出现的错误信息，以及客户端请求时发生的一些错误信息。

1. Access log 的监控

当需要从 Access log 中获取想要的一些信息时，由于默认很多信息是不写入 Access log 的，所以需要先配置 Nginx 输出日志的格式，增加如下第一列字段。

```
# 修改Nginx配置文件中的日志格式
[user@test bin]$ vim /etc/nginx/nginx.conf
log_format main '$request_time $http_host $server_addr("$http_x_
forwarded_for") $request_uri $upstream_response_time - [$time_local] '
    '"$host" "$request" $status $bytes_sent '
    '"$http_referer" "$http_user_agent" "$gzip_ratio" "$upstream_
addr" "$remote_addr"';

# 有时我们需要debug来获取客户端请求的body信息，则还可以定义以下日志格式
```

```
log_format dm ' "$request_body" ';

# 重启Nginx服务，使配置生效
[user@test bin]$ systemctl  restart nginx
```

所加的字段含义如下：

$request_time：是用户请求+建立连接+发送响应+接收 Nginx 后端响应的数据。

$http_host：请求信息中的 host。

$server_addr：服务端的地址。

$http_x_forwarded_for：当经过反向代理时，这个字段可以获取最原始的客户端 IP 地址。

$request_uri：请求的 URI，带参数，不包含主机名。

$upstream_response_time：从 Nginx 建立连接到接收完数据并关闭连接。

$time_local：本地系统时间。

$host：请求信息中的 host 头域，如果请求中没有 host 行，则该值等于设置的服务器名。

$request：客户端请求地址。

$status：返回的 http 状态码。

$bytes_sent：已发送的消息字节数。

$http_referer：客户端是从哪个地址跳转过来的，可以排除防盗链。

$http_user_agent：客户端代理信息，也就是客户端浏览器的信息。

$gzip_ratio：计算请求的压缩率。

$upstream_addr：保存服务器的 IP 地址和端口，或 UNIX 域套接字路径。

$remote_addr：客户端 IP 或上一级代理的 IP。

此时，我们就能从 Access log 中获取所有访问请求的信息了，样例如下：

```
# 查看Access.log 日志
[user@test /var/log/nginx]$ tail access.log
0.235 www.test.com:443 192.168.1.20("-") /jsrpc.php?output=json-
rpc 0.234 - [23/Apr/2021:18:20:19 +0800] "www.test.com" "POST /jsrpc.
php?output=json-rpc HTTP/1.1" 200 1134 "https://www.test.com:443/items.
php?filter_set=1&hostid=10168&groupid=0" "Mozilla/5.0 (Windows NT 10.
0; Win64; x64; rv:88.0) Gecko/20100101 Firefox/88.0" "-" "unix:/dev/
shm/php.socket" "114.11.33.66"
    0.213 www.test.com:443 192.168.1.20("-") /js/up/jquery.js 0.213 -
[23/Apr/2021:18:20:29 +0800] "www.test.com" "GET /js/up/jquery.js
```

```
HTTP/1.1" 404 294 "https://www.test.com:443/js/up/jquery.js " "Mozilla
/5.0 (Windows NT 10.0; Win64; x64; rv:88.0) Gecko/20100101 Firefox
/88.0" "-" "-" "32.35.67.33"
```

我们可以根据日志分析出 www.test.com:443 这个 Nginx 服务站点被 IP 114.11.33.66 与 32.35.67.33 各请求了一次，114.11.33.66 使用 POST 请求了 "/jsrpc.php?output=json-rpc" 地址，状态码返回是 200 正常，响应时间是 0.235 秒，请求时间点是 "23/Apr/2021:18:20:19"，使用的客户端是 Firefox，版本为 88.0；而 32.35.67.33 这个 IP 使用 get 请求了 "/js/up/jquery.js" 这个地址，但服务器返回了 404 状态码，表示未找到相应资源。

通常我们可以使用日志监控工具获取和解析 Access log，可分析访问 Nginx 服务的 IP 分布地图，并按请求量在地图中用不同的颜色显示点标记或块标记，还可以分析站点的状态码统计报表，清晰地反映指定时间段内，不同状态码的数量统计结果，可用于判断在站点应用变更之后，是否存在大量的异常状态码。我们还可以根据 URL 地址分析最热门的 Web 内容访问排行。针对安全 WAF 设备，还能从访问地址中判断是否被恶意扫描，对异常访问客户端 IP 进行自动封禁，还能对请求响应时长进行统计排序，以供网站管理员和程序员进行优化和参考。

2. Error log 的监控

Nginx 的 Error log 用于收集 Nginx 服务运行过程中的一些故障、错误信息。

Error log 的开启是有日志级别的，由低至高有 debug、info、notice、warn、error、crit、alert、emerg，级别越低，如 debug，则日志内容越详细，除非需要 debug 排除故障，一般不用将日志级别调得非常低，因为 Nginx 大量地被请求，Error log 中会同步写入大量相应的 debug 信息，造成磁盘 I/O 的写入，影响网站性能。

```
# 编辑Nginx 的配置文件，修改error.log为 error级别
[user@test /var/log/nginx]$ vim /etc/nginx/nginx.conf
error_log  /data/var/log/nginx/error.log error;

# 重启Nginx服务，使配置生效
[user@test bin]$ systemctl  restart nginx
```

此时，Error log 中只有 error 级别以上的信息才会在日志中显示，这时就可以配置日志监控程序，对该 error 日志中的内容进行监控。根据需要，可将 crit 级别及以上的日志全部设置告警，而 error 级别的日志在需要时可供分析。

对日志进行如下解析。

```
# 查看Error log内容
[user@test /var/log/nginx]$ cat error.log
```

```
    2021/05/16 14:27:37 [emerg] 10571#0: unknown directive "stream"
in /etc/nginx/nginx.conf:94
    2021/05/14 02:12:16 [error] 428#428: *25 user "admin": password
mismatch, client: 128.1.133.28, server: www.test.com, request: "GET /
admin/video/lerning/1.html HTTP/1.1", host: "www.test.com:443"
    2021/05/16 17:21:58 [error] 26581#26581: *1 open() "/data/www/www.
test.com/us.js" failed (2: No such file or directory), client: 192.16
8.1.8, server: www.test.com, request: "GET /us.js HTTP/1.1", host:
 "192.168.1.20", referrer: "http://192.168.1.20/admin/"
```

第一行表示 nginx.conf 中第 94 行的 stream 标识符报错误，一般是 Nginx 的版本问题或编译时未带上--with-stream 而未能支持 stream 模块。

从第二行中能清楚地看出客户端 128.1.133.28 在访问网站时，使用 admin 账号登陆，但使用的密码错误，故而以 error 级别写入日志。

从第三行中能看出在访问"/data/www/www.test.com/us.js"资源时提示未找到，一般有两种可能，一种是客户端有意或无意请求了一个不存在的资源，另一种是可能在其他页面如 index 中嵌入了下载 us.js 这个资源，从而导致所有的用户都去尝试下载这个不存在的 us.js 资源，这时网站管理员需要通知网站开发人员修复该错误。

6.1.5 Nginx 状态页监控

Nginx 自带一个可查看自身服务状态的页面，通过该页面可查看 Nginx 所有的请求连接数、已正常返回的请求连接数、已接收到请求但还未返回的请求数，也可用来查看连接数是否达到瓶颈、每分钟的请求量、是否有返回失败的请求。

（1）在默认情况下，Nginx 是没有请求状态页的，需要自行配置。在开启状态页面之前需要 Nginx 安装 http_stub_status_module 模块，可通过"nginx -V"命令查看是否安装了该模块，如果未安装可自行在编辑源代码时加上"--with-http_stub_status_module"选项，如下"configure arguments"尾部是已加上该选项的，表示已经安装好了。

```
# 查看Nginx的版本、编译信息，并过滤是否开启状态模块功能
root@test:~ # nginx -V
nginx version: nginx/1.12.2
built by gcc 4.8.5 20150623 (Red Hat 4.8.5-16) (GCC)
built with OpenSSL 1.0.2k-fips  26 Jan 2017
TLS SNI support enabled
configure arguments: --with-http_stub_status_module
```

（2）可对 Nginx 的配置文件增加一段配置来开启状态模块。

```
# 在 nginx.conf文件中的http{server{}}里添加以下内容开启状态模块
vim /etc/nginx/nginx.conf
location /nginx_status {
    # 开启 Nginx 状态监控页
    stub_status on;
    # 是否记录访问该路径的日志
    access_log  off;
    # 这里是安装设置，只允许 192.168.3.17这个IP访问该状态页
    allow 192.168.3.17;
    # 这里设置默认为全部拒绝访问，只允许 allow后的IP访问
deny all;
}
```

（3）重启 Nginx 服务，使修改的配置文件生效。

```
# 重启Nginx服务
root@test:nginx/conf.d # systemctl  restart nginx.service
root@test:nginx/conf.d # ps -ef|grep nginx
root      8913     1  0 12:23 ?        00:00:00 nginx: master process
/usr/sbin/nginx
nginx     8914  8913  0 12:23 ?        00:00:00 nginx: worker process
nginx     8915  8913  0 12:23 ?        00:00:00 nginx: worker process
```

（4）如下则可以访问本机的状态页面了，在浏览器中也可以访问本机的状态页面。

```
# 用命令行查看Nginx连接状态页内容
root@test:~ # curl https://127.0.0.1/nginx_status
Active connections: 10
server accepts handled requests
 994 994 1347
Reading: 0 Writing: 1 Waiting: 9
```

页面中的几个字段的含义如下：

- Active connections：与后端建立的服务连接数。
- server accepts handled requests：Nginx 总共处理了 994 个连接，成功创建了 994 次握手，总共处理了 1347 个请求。
- Reading：Nginx 读取到客户端的 Header 信息数。
- Writing：Nginx 返回客户端的 Header 信息数。

- Waiting：在开启 Keep-alive 的情况下，这个值等于 Active－（Reading + Writing），表示 Nginx 已经处理完成，正在等候下次一次请求的连接数。

在获取 Nginx 状态页之后，可以通过监控系统从页面返回的内容中截取相关的字段信息，并根据设置的阈值触发告警。下文将介绍如何根据当前的请求状态页来配置监控策略。

建议监控项 1： 获取 server accepts handled 的两个数值，如果两个数值不一样，差异越大，则表示失败连接次数越多，需要排查原因。

建议监控项 2： 获取 server requests 总共处理的请求数，每分钟获取一次，取两次的差值，用于记录每分钟的请求数，可以监控该 Nginx 服务每分钟的请求量。该值可以跟压测时的瓶颈值做对比，接近瓶颈值时则需要告警。

建议监控项 3： 获取 Reading+Writing 的值，当两个数值累加值较大时，表示当前并发量很大，可设置一个压测时的阈值与其比对告警。

建议监控项 4： 获取 Waiting 的值，当该值较大时，表示处理的速度很快，有大量的空闲连接供后续请求。同时，它也反映了有很多连接一直保持在 keep-alive 连接状态，未及时释放。可根据需要对该值设置一个阈值，如果该值持续非常高而实际活动请求量并不高时，可对系统内核参数进行优化，减短等待时间，快速释放资源。

▶ 6.2 Tomcat 监控

6.2.1 Tomcat 概述

Apache Tomcat 是由 Apache 软件基金会开发的基于 Java 的 Web 应用程序的服务器。Tomcat 项目的源代码最初由 Sun Microsystems 创建，并于 1999 年捐赠给基金会。Tomcat 是 Java Web 应用程序中比较流行的服务器实现之一，它在 Java 虚拟机（JVM）中运行。它主要用作应用程序服务器，可以将其配置为基本的 Web 服务器或与 Apache HTTP 服务器一起使用时充当 Java Servlet 容器，提供 Java 应用程序所需的运行环境，并支持 Java Enterprise Edition（EE）Servlet 规范。Tomcat 可以通过 Servlet API 提供动态内容，包括 Java Server Pages（JSP）和 Java Servlet。

Tomcat 会为服务器上运行的每个 Servlet 生成指标，首先应重点关注操作系统级的指标，如 CPU、内存的使用率，有时还需要关注单个核心的指标，因主机是多个核心的，而有时程序只使用了单个核心，且使用至 100% 了，此时如果是 16

核的主机，那么总 CPU 也只被使用了 6.25%，所以如果只关注总 CPU 均值，就很难察觉某单个核心已经满负荷运行的情况。Tomcat 的服务器和系统指标属于以下两个域：Catalina 域和 java.lang 域。这些指标以 MBean 的方式提供了一些关键数值，具体来说可以分为四类。

- 请求吞吐量指标和延迟指标。
- 线程池指标。
- Errors 错误率指标。
- JVM 内存使用情况指标。

监视这些指标可以全面地了解 Tomcat 服务和 JVM 的状态，保证已部署应用程序的稳定性。可以通过 Tomcat Manager 的 Web 管理界面和 Access log，以及如 JConsole 和 JavaMelody 等的工具查看关键指标。下面介绍上述四类指标。

6.2.2　请求吞吐量指标和延迟指标

要监视 Tomcat 服务器处理请求的吞吐量，可以查看 Catalina 域下的 Request Processor MBean 和单个日志的请求处理时间。两者都提供 HTTP 连接器和 AJP 连接器指标。表 6-1 是吞吐量指标和延迟指标。

表 6-1　吞吐量指标和延迟指标

JMX 属性/日志指标	描　　述	MBean 模式/日志模式	访问方式
requestCount	所有连接器上的请求总数	Catalina:type=GlobalRequestProcessor, name="http-nio-8080"	JMX
processingTime	处理所有传入请求的总时间（单位为毫秒）	Catalina:type=GlobalRequestProcessor, name="http-nio-8080"	JMX
Request processing time	处理单个请求的时间（单位为毫秒）	N/A	Access log
maxTime	处理单个传入请求所需的最长时间（单位为毫秒）	Catalina:type=GlobalRequestProcessor, name="http-nio-8080"	JMX

1. 建议设置报警的指标：requestCount

requestCount 表示与服务器建立连接的客户端请求数。它为了解一天中服务器的流量水平提供了基准，因此监视它可以更好地了解服务器活动状态。如果已经为服务器建立了性能基准，则可以创建一个警报，为服务器可处理的请求数设置阈值。由于此指标是累计计数的（除非重新启动服务器或手动重置其计数器，否则会一直增加），因此需要在首次计入数值后配置监控工具，后续获取的值减去前一次获取的值，求得两次取值的差，即增长量，当增长量突然超过一定阈值时，则发出警报。例如，为了更好地了解服务器如何处理流量的突然变化，可以将 requestCount 与其他指标（如 processingTime 和 thread Count）进行比较。如果处理时间增加而请求数量没有相应增加，则表明服务器可能没有足够的工作线程来处理请求，或者复杂的数据库查询正在使服务器请求处理变慢需要考虑增加最大线程数。图 6-2 展示的是 requestCount 连接数的趋势。

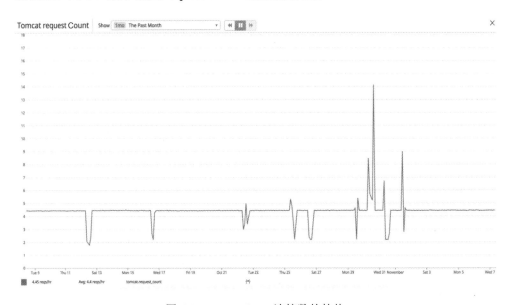

图 6-2　requestCount 连接数的趋势

2. 建议设置报警的指标：processingTime

查询 processingTime 指标将看到处理所有传入请求花费的总时间，该时间是在服务运行的整个期间内计算得出的（见图 6-3）。由于此指标从服务器启动时开始计算时间，所以需要将每次获取的值与前一次获取的值比对求差，得到两次取值之间的处理耗时情况，如一分钟取一次值，则可以很直观地看出哪分钟处理耗时最长。

跟踪 Tomcat 服务器的请求处理时间可以了解服务器对传入请求的管理情况，尤其是在流量高峰期，与 requestCount 指标相比，这个指标可以衡量服务器可以有效处理多少个请求。如果处理时间随着流量的增加而增加，那么可能没有足够的工作线程来处理请求，或者服务器已达到阈值并消耗了太多内存。

还可以从 Access log 中查询单个请求的请求处理时间、HTTP 请求返回的状态码、方法和总处理时间的信息，因此可以更好地对各种类型的请求（如到特定端点的 POST 请求）进行故障排除。如果需要确定处理时间最长的特定请求，这将很有用。

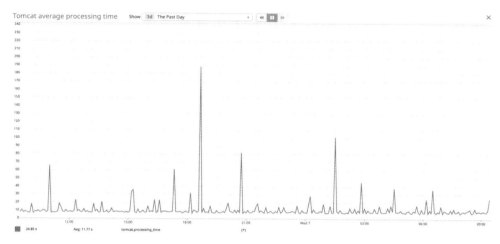

图 6-3　Tomcat 处理时长趋势

注意：要想让 Tomcat 支持查看日志的状态码、处理时间、客户端 IP 等信息，需要修改 Tomcat 默认配置文件中的日志格式配置，然后重启 Tomcat 服务，以使配置修改生效。

```
# 修改Tomcat的Access log格式
[redhat@test ~]$ vim /opt/apache-tomcat-8.5.59/conf/server.xml
修改内容："pattern="%h %l %u %t &quot;%r&quot; %s %b"
为：pattern="%T %h %v %l %u %t %r %s %b %{Referer}i %{User-Agent}i
%{X-Forwarded-For}i "
```

配置文件中参数的含义如下：

%T：处理请求所耗时间，单位为秒。

%h：服务器名称。当 resolveHosts 为 false 时，就是 IP 地址。

%v：URL 请求里的服务器名称。

%l：记录浏览者身份验证时提供的名字，当设置为 always returns 时则为 "-"。

%u：得到验证的访问者名，否则为 "-"。

%t：请求时间。

%r：客户端请求的 URL 地址。

%s：http 的响应状态码。

%b：发送的请求字节数，不包括 http 头，如果字节数为 0，则显示为 "-"。

%{Referer}i：该请求来自前一个请求的地址。

%{User-Agent}i：客户端软件信息。

%{X-Forwarded-For}i：Tomcat 前端转发时插入的本机 IP。

如下所示可找出请求时间较长的访问日志。

```
# 对日志文件中的每个请求处理时间进行统计分析，找出处理时间最长的10条记录
[redhat@test ~]$ cat localhost_access_log.2021-05-16.txt|awk
'{print $1}'|sort |uniq -c|tail -n 10
      1 0.139
      1 0.148
      1 0.153
      1 0.181
      1 0.184
      1 0.193
      1 0.203
      1 0.230
      1 0.351
      1 0.406
# 找出处理时间最长0.406的请求记录
[redhat@test ~]$ grep '^0.406' localhost_access_log.2021-05-16.txt
   0.406 192.168.1.8 192.168.1.200 - admin [15/May/2021:22:09:15 +
0800] GET /probe/servlets.htm?webapp=%2fprobe HTTP/1.1 200 9478 http:
//192.168.1.200:8080/probe/index.htm?size= Mozilla/5.0 (Windows NT 6.
1; Win64; x64; rv:86.0) Gecko/20100101 Firefox/86.0 -
```

在上面的示例中绘制每个日志状态的响应时间，然后查看有 Warn 状态的单个日志。

3. 建议设置报警的指标：maxTime

maxTime 表示服务器处理一个请求所需的最长时间（从可用线程开始处理请求到返回响应为止）。当服务器检测到比当前 maxTime 更长的请求处理时间时，其值就会更新。该指标不包含一个请求的状态或 URL 路径的详细信息，因此，为了更好地理解单个请求和特定类型请求的最大处理时间，需要分析 Access log。

单个请求的处理时间激增可能表明 JSP 页面未加载或某些过程（如数据库查询）花费的时间太长而无法完成，其中一些问题可能是由相关联的其他服务引起的,因此一并监控所关联的其他服务也非常重要。

6.2.3　线程池指标

线程池指标属于吞吐量指标的一种，它评估服务器处理流量的情况。因为每

个请求都依赖于线程处理，所以监视 Tomcat 资源也很重要。线程确定 Tomcat 服务器可以同时处理的最大请求数。因为可用线程数直接影响 Tomcat 处理请求的效率，所以监视线程使用情况对于了解服务器的请求吞吐量和处理时间很重要，如图 6-4 所示为 Tomcat 处理时长趋势。

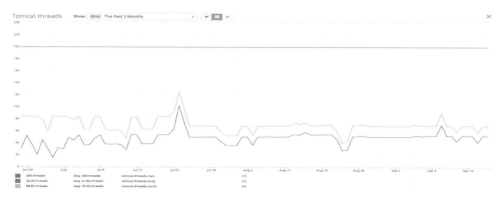

图 6-4　Tomcat 处理时长趋势

Tomcat 通过工作线程管理请求的工作负载。如果使用 Executor，可用 ThreadPool MBean 类型或 Executor MBean 类型来跟踪每个连接器的线程使用情况。Executor MBean 类型代表了跨多个连接器创建的线程池。ThreadPool MBean 类型代表了每个 Tomcat 连接器的线程池指标，有时候可能要管理一个或多个连接器，或使用 Executor 线程池来管理同一个服务器内的多个连接器。需要注意的是，Tomcat 会映射线程池的 currentThreadsBusy 指标到 Executor 的 activeCount 指标，映射线程池的 maxThreads 指标到 Executor 的 maximumPoolSize 指标，这意味着在线程池监控这两个指标和在 Executor 监控这两个指标得到的值是相同的，ThreadPool MBeam 指标如表 6-2 所示，Executor MBean 指标如表 6-3 所示。

表 6-2　ThreadPool MBean 指标

JMX 属性	描　　述	MBean 模式	访问方式
currentThreadsBusy	当前正在处理请求的线程数	Catalina:type=ThreadPool, name="http-nio-8080"	JMX
maxThreads	连接器创建并可供请求使用的最大线程数	Catalina:type=ThreadPool, name="http-nio-8080"	JMX

表 6-3　Executor MBean 指标

JMX 属性	描　　述	MBean 模式	指标类型
activeCount	线程池中活动线程的数量	Catalina:type=Executor，name="http-nio-8080"	JMX
maximumPoolSize	线程池中可用的最大线程数	Catalina:type=Executor，name="http-nio-8080"	JMX

1. 建议监控的指标：currentThreadsBusy 与 activeCount

currentThreadsBusy（ThreadPool）和 activeCount（Executor）指标可以展示当前连接器池中有多少个线程正在处理请求。当服务器收到请求时，如果现有线程数不足以覆盖工作负载，Tomcat 将启动更多工作线程，直到达到为线程池设置的最大线程数为止。maxThreads 表示一个连接器的线程池中的最大线程数，maximumPoolSize 表示一个 Executor 中的最大线程数。任何后续请求都将放入队列，直到有线程可用。

如果队列已满，则服务器将拒绝任何新请求，直到线程可用为止。重要的是，要注意繁忙线程的数量，确保未达到最大线程数。如果持续达到该上限，则可能需要调整分配给连接器的最大线程数。

使用监控工具可以将当前线程数与繁忙线程数进行比较来计算空闲线程数。对比空闲线程与繁忙线程的数量是精细化调整服务器的好方法。如果服务器有太多空闲线程，它可能就无法有效地管理线程池。在这种情况下，可以降低 minSpareThreads 的值，根据应用程序的流量调整此值将确保繁忙线程和空闲线程之间的平衡。

2. 调整 Tomcat 线程使用率

线程数不足是 Tomcat 服务器问题的常见原因之一，调整线程使用率是解决此问题的简便方法。我们可以预估网络流量来对连接器线程池的 3 个关键参数进行微调：maxThreads、minSpareThreads 和 acceptCount。如果使用的是 Executor，则需要调整 maxThreads、minSpareThreads 和 maxQueueSize。

以下是单个连接器的配置示例。

```
# 编辑 conf/server.xml文件，修改连接器配置
<Connector port="8443" protocol="org.apache.coyote.http11.Http11
NioProtocol"
    maxThreads="<DESIRED_MAX_THREADS>"
    acceptCount="<DESIRED_ACCEPT_COUNT>"
    minSpareThreads="<DESIRED_MIN_SPARETHREADS>">
</Connector>
```

以下是使用 Executor 的配置示例。

```
# 编辑 conf/server.xml文件，修改Executor配置
<Executor name="tomcatThreadPool" namePrefix="catalina-exec-"
    maxThreads="<DESIRED_MAX_THREADS>"
    minSpareThreads="<DESIRED_MIN_SPARETHREADS>">
    maxQueueSize="<DESIRED_QUEUE_SIZE>"/>

<Connector executor="tomcatThreadPool"
    port="8080" protocol="HTTP/1.1"
    connectionTimeout="20000">
</Connector>

<Connector executor="tomcatThreadPool"
    port="8091" protocol="HTTP/1.1"
    connectionTimeout="20000">
</Connector>
```

如果将这些参数设置得太低，服务器就没有足够的线程来管理传入的请求数了，这可能导致更长的队列和更长的请求等待时间。如果请求等待时间超过为服务器设置的 connectionTimeout 值，则可能导致队列请求超时。如果将 maxThreads 值或 minSpareThreads 值设置得太高，则会增加服务器的启动时间，并且运行大量线程会消耗更多服务器资源。

如果处理时间随着服务器流量的增加而增加，则可以通过增加连接器的 maxThreads 值，来增加可用于处理请求的线程数。如果在增加 maxThreads 值后仍然注意到请求处理时间很慢，则服务器的硬件可能无法应对越来越多工作线程处理请求。在这种情况下，可能需要增加服务器内存或 CPU。

在监控线程使用情况时，还有一点很重要，就是监控那些可能是服务器配置错误或过载的情况。例如，如果 Executor 队列已满无法接受请求，Tomcat 就会抛出 RejectedExecutionException 错误。在 Tomcat 的服务器日志(/logs/Catalina.XXXX-XX-XX.log)中会看到一个类似下面的错误。

```
# logs/Catalina.XXXX-XX-XX.log 日志文件中的异常报错
WARNING: Socket processing request was rejected for: <socket handle>
java.util.concurrent.RejectedExecutionException: Work queue full.
  at org.apache.catalina.core.StandardThreadExecutor.execute
  at org.apache.tomcat.util.net.(Apr/Nio)Endpoint.processSocket
WithOptions
```

```
    at org.apache.tomcat.util.net.(Apr/Nio)Endpoint$Acceptor.run
    at java.lang.Thread.run
```

6.2.4　Errors 错误率指标

Errors 表明 Tomcat 服务器、主机或已部署的应用程序存在问题。例如，Tomcat 服务器内存不足，找不到请求的文件、Servlet 或代码库中存在语法错误而无法服务某个 JSP 等情况，Error 相关指标如表 6-4 所示。

表 6-4　Error 相关指标

JMX 属性/Log 指标	描述	MBean 模式/Log 模式	访问途径
errorCount	服务器生成的错误数	Catalina:type=GlobalRequestProcessor, name="http-bio-8888"	JMX
OutOfMemoryError	JVM 内存不足	N/A	Catalina log
Server-side errors	服务器无法处理请求，返回 500 状态码	NA	Access log
Client-side errors	客户的请求有问题，返回如 404 等状态码	N/A	Access log

仅 errorCount 指标不能提供 Tomcat 错误的详细信息，但它可以帮助发现潜在问题，作为调查的起点，需要配合使用 Access log，以便更清楚地了解错误。

图 6-5 是使用 jconsole.exe 客户端获取 errorCount 值的界面。在实际生产中，可以获取该值来设定触发器，发现有错误就告警，具体错误信息可从其他指标中获取。

1. 建议设置报警的指标：OutOfMemoryError

OutOfMemoryError（OOME）异常的类型不同，最常见的是 java.lang.OutOfMemoryError: Java heap space，当应用程序无法将更多数据添加到内存（堆空间区域）时，会看到这种异常。Tomcat 将在其 Catalina 服务器日志中包含以下错误。

```
# logs/Catalina.XXXX-XX-XX.log 日志文件中的OOME异常
    org.apache.catalina.core.StandardWrapperValve invoke
    SEVERE: Servlet.service() for servlet [jsp] in context with pa
th [/sample] threw exception [javax.servlet.ServletException: java.la
ng.OutOfMemoryError: Java heap space] with root cause
    java.lang.OutOfMemoryError: Java heap space
```

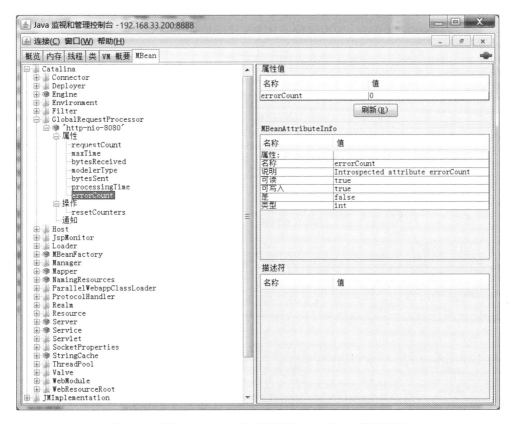

图 6-5 使用 jconsole.exe 客户端获取 errorCount 值的界面

如果看到此错误，则需要重启服务器以对服务器进行恢复。如果继续发生此错误，那么可能需要增加 JVM 的堆空间，对 HeapMemoryUsage 指标进行监控和警报。

2. 建议设置报警的指标: 服务器端错误（5xx）

不查询错误日志很难调查请求数量和处理时间突然减少的原因。将吞吐量指标与错误率指标相关联可以解决此类问题。最好设置警报以获取服务器端错误率激增的通知，以便快速解决 Tomcat 本身或部署的应用程序的问题。还可以查看 Access.log，获取每个产生错误的请求的更多详细信息，包括 HTTP 状态码、处理时间和请求方法，如下所示。

```
# logs/access.log 日志文件中的详细请求记录
192.168.33.1 - - [05/Dec/2018:20:54:40 +0000] "GET /examples/jsp/
error/err.jsp?name=infiniti&submit=Submit HTTP/1.1" 500 123 53
```

3. 建议监控的指标：客户端错误（4xx）

客户端错误表示访问文件或页面时出现问题，如权限不足或内容丢失。可以查看 Access log 以查明与每个错误相关的页面，如下所示。

```
# logs/access.log 日志文件中的404错误记录
192.168.33.1 - - [05/Dec/2018:20:54:26 +0000] "GET /sample HTTP/1.1"
404 - 0
```

这些错误并不代表服务器本身存在问题，但会影响客户端与应用程序进行交互的体验。

6.2.5　JVM 内存使用情况指标

服务器的吞吐量、线程使用率和错误率仅是全面监视策略的一部分。Tomcat Server 和 Servlet 需要依靠足够的内存来运行，因此跟踪 JVM 的内存使用情况指标也很重要。可以使用 JVM 的内置工具（如 JConsole）监控 JVM，或者在 JMX MBean 服务器上查看其注册的 MBean。表 6-5 所示为堆内存使用及垃圾回收指标。

表 6-5　堆内存使用及垃圾回收指标

JMX 属性	描　　述	MBean
HeapMemoryUsage	Tomcat 使用的堆内存量	java.lang:type=memory
CollectionCount	自服务器启动以来，垃圾回收的累积次数	java.lang:type=GarbageCollector, name=(PS MarkSweep|PS Scavenge)

JVM 用两个垃圾收集器来管理内存，默认老年代使用 PS MarkSweep，新生代使用 PS Scavenge。老年代和新生代别代表 JVM 堆内存中的一部分空间，所有新对象都分配在新生代中，在这里它们要么被 PS Scavenge 垃圾收集器回收，要么转移到老年代内存中。老年代的空间保存使用时间较长的对象，一旦不再使用它们，它们就会被 PS MarkSweep 垃圾收集器回收。可以通过收集器的名称查看它们的指标。

1. 建议设置报警的指标：HeapMemoryUsage 堆内存使用量

如图 6-6 所示，可查询 HeapMemoryUsage 属性来获取已提交内存、初始化内存、最大内存和已用内存。

- **Max（最大）**：分配给 JVM 进行内存管理的内存总量。
- **Commited（已提交）**：保证可用于 JVM 的内存量。此数量根据内存使用量而变化，并增加到 JVM 设置的最大值为止。
- **Used（已使用的）**：JVM 当前使用的内存量（包括应用程序、垃圾回收等）。

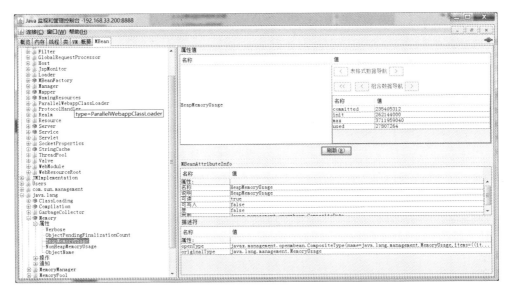

图 6-6　使用 jconsole 获取 HeapMemoryUsage 值

- **Init（初始化）**：在启动时，JVM 从操作系统请求的初始内存量。

对监控系统来说，监控 Used 和 Commited 的值很有帮助，因为它们反映了当前正在使用的内存量及 JVM 上可用的内存量。可以将这些值与 JVM 设置的最大内存值进行比较。Used 越接近最大内存量，则表示空闲内存越小。

图 6-7 为 JVM 的最大堆内存、提交内存和已使用内存的情况展示。

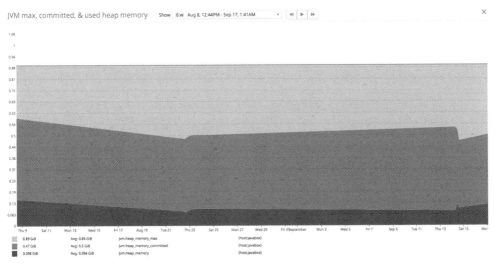

图 6-7　JVM 的最大堆内存、提交内存和已使用内存的情况展示

如果没有足够的内存来创建应用程序 servlet 所需的新对象，并且垃圾回收无法释放足够的内存，那么 JVM 将会报 OutOfMemoryError（OOME）异常。

内存不足是 Tomcat JVM 常见的问题之一，因此监视堆内存使用率能够主动预知未来，在问题发生前做好预案。在通常情况下，可创建警报，在达到一定阈值时（如 80% 或 90%）通知 JVM 已经接近最大内存上限。

在图 6-8 所示的堆内存使用百分比展示中可以看到反映典型内存使用情况的锯齿模式。它显示了 JVM 正在消耗内存和回收垃圾，并定期释放内存。有几种情况会导致 JVM 内存不足，包括内存泄漏、服务器硬件不足，以及过多的垃圾回收。如果垃圾回收发生得太频繁且没有释放足够的内存，那么 JVM 最终将耗尽 Tomcat 资源，无法继续为应用程序提供服务。

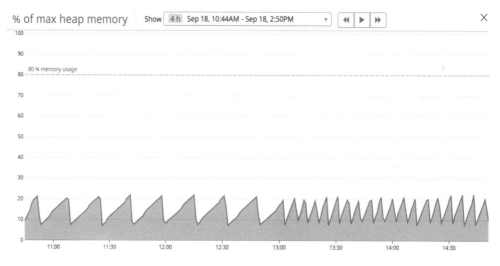

图 6-8　堆内存使用百分比展示

2. 建议监控的指标：CollectionCount 垃圾回收次数

垃圾回收可以释放空间，但是在调用时也会消耗内存。JMX 有一些用于监控垃圾回收的指标，这些指标可以帮助定位内存泄漏。JMX MBean 服务器使用 CollectionCount 指标来显示自服务器启动以来发生的垃圾回收次数，如图 6-9 所示，在正常情况下，该值将逐渐增加，但可使用监控工具来计算在特定时间段内发生了多少次回收。

如图 6-9 所示，垃圾回收频率的突然增加，可能表明内存泄漏或无效的应用程序代码。关于垃圾回收之前和之后 JVM 状态的更多信息，可以在 JConsole 或 JavaMelody 等监控工具中查看 LastGcInfo MBean。LastGcInfo 是 GcInfo 类的一部分，它提供在最近一次垃圾回收操作之前和之后的信息，包括开始时间、结束时间、持续时间和内存使用情况等。通过显示回收前后的使用值，可以确定垃圾回收是否正在按预期释放内存。如果回收前后的值相差不大，则意味着收集器没有释放足够的内存。需要指出的是，垃圾收集器会暂停所有其他 JVM 活动，从而暂停 Tomcat。

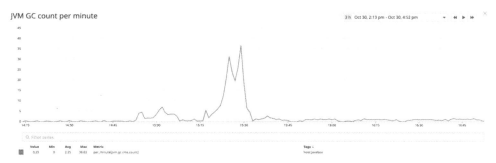

图 6-9　CollectionCount 垃圾回收次数的获取

　　监控垃圾回收次数非常重要，因为高频率的垃圾回收会快速消耗 JVM 内存，并中断客户端访问应用程序。建议将初始堆和最大堆设置为相同的值，最大程度地减少垃圾回收的调用次数。

6.2.6　JVM 监控工具

　　Tomcat、WebLogic、IBM WAS 等 Java 服务中间件的监控指标可以通过请求其开启的 jxm 接口获取，可以有多种方式连接 jxm 接口，如使用 jconsole 进行连接，以图形化的方式展示，也可以使用 cmdline-jmxclient 命令行获取，或者自己开发程序去连接 jxm 接口。因为使用 Zabbix 来监控这类中间件，所以使用 cmdline-jmxclient 配合自定义脚本来获取监控指标较为方便，其运行时占用资源少，脚本开发成本低，指定运行参数即可获取指定的指标值。下面将以 jconsole 与 cmdline-jmxclient 为例，展示如何获取监控指标。

1. 开启 jmx

　　在 Tomcat 中开启 jmx 的方法是编辑 catalina.sh 文件，约在 121 行添加以下内容，然后重启即可。

```
CATALINA_OPTS="-Dcom,sun,management,jmxremote  -Dcom,sun,management,
jmxremote,authenticate=false -Dcom,sun,management,jmxremote,port=8888
 -Dcom,sun,management,jmxremote,ssh=false -Djava,rmi,server,hostname
=127,0,0,1 -Dcom,sun,management,jmxremote,ssl=false"
```

2. 使用 jconsole 获取 JVM 指标

jconsole 是 JDK 自带的监控工具，在 JDK/bin 目录下可以找到，它用于连接正在运行的本地或远程JVM，对运行在java应用程序的资源消耗和性能进行监控，并画出大量的图表，提供强大的可视化界面（见图 6-10、图 6-11）。jconsole 运行时占用的服务器内存很小，一般适合人工 debug，或者查看一些参数指标，不适用于自动化日常监控。

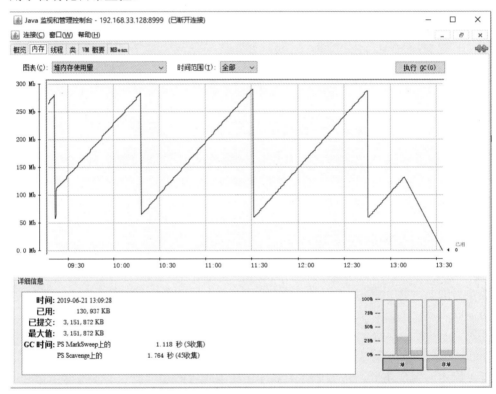

图 6-10　使用 jconsole 获取堆内存使用量

3. 使用 cmdline-jmxclient

cmdline-jmxclient 是一个开源 jar 包，可以通过连接 JMX 来获取 JVM 相关的性能数据。如下是使用该 jar 包获取 Tomcat 的线程数及堆内容使用情况的具体命令行。

```
# 获取JVM当前线程数
[root@test opt]# java -jar cmdline-jmxclient-0.10.3.jar  - 192.168.
1.200:8888 "java.lang:type=Threading" ThreadCount
```

```
11/16/2020 01:29:16 +0800 org.archive.jmx.Client ThreadCount: 33
```

\# 获取堆内存使用情况

```
[root@test opt]# java -jar cmdline-jmxclient-0.10.3.jar - 192.168.
1.200:8888 "java.lang:type=Memory" HeapMemoryUsage
11/16/2020 01:27:27 +0800 org.archive.jmx.Client HeapMemoryUsage:
committed: 246939648
init: 262144000
max: 3711959040
used: 63515832
```

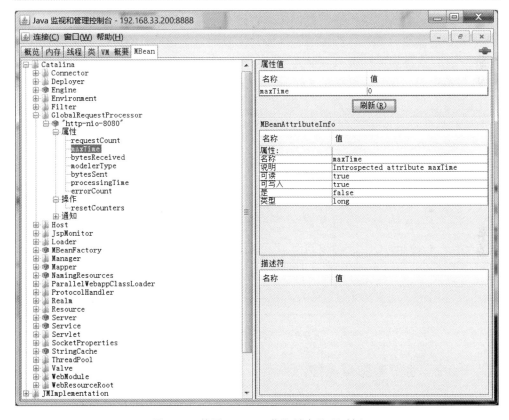

图 6-11　使用 jconsole 获取最大处理时间

由于 JVM 的监控项较多，所以一般在实际应用中，以编写脚本配合动态传参的形式来使用 cmdline-jmxclient-0.10.3.jar 获取 JVM 任意指标项，再与监控系统进行对接，将捕捉的指标值发送给监控系统，以触发相应的告警。

6.3 ActiveMQ 监控

6.3.1 ActiveMQ 概述

ActiveMQ 是一款开源的消息中间件，由 Apache 软件基金会研发，这款消息中间件运行在 Java 容器中，可移植性强。消息中间件（MQ）具有解耦合、异步处理、消除处理高峰三个优点。当需要在不同的系统或程序之间传递消息且消息发送端和接收处理端在故障后互不影响，或者消息发送端不需要等待接收处理端完成消息处理再发送下一条消息，或者在秒杀活动时瞬间请求量剧增导致消息处理端系统崩溃时，都可以引用消息中间件来解决这些问题，它充当了一个消息缓冲池，并且支持集群部署来保证高可用、保证消息不会丢失。图 6-12 中显示，生产者将消息发向消息中间件的 Quene 或 Topic，所有消息进入队列，然后依次传至消费者处供读取。对于消息中间件，通常最重要的三个监控指标项是队列深度（也可称为队列长度或队列堆积大小）QueueSize、消费者数量 ConsumerCount、生产者数量 ProducerCount。

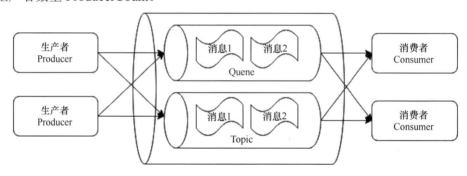

图 6-12　ActiveMQ 架构图

6.3.2 生产者数量监控

1. 生产者数量 ProducerCount 监控的解释及其值的获取

ProducerCount 顾名思义就是对生产者数量进行统计，看是否有生产者服务宕机，导致 ActiveMQ 中某队列的生产者数量减少。如下将使用 ActiveMQ 命令行客户端来获取所有队列的生产者数量 ProducerCount 的值。命令返回的内容第一列为队列名，第二列为生产者 ProducerCount 的值。在命令行中使用 "2>" 错误重定向、"grep"、"sed" 命令过滤了一些无关内容行，再使用 "awk" 命令有选择性地打印所有队列名称及生产者数量的内容列。

```
# 在Linux终端使用ActiveMQ client命令客户端获取所有消息队列ProducerCount
的值
[user@test bin]$ /home/user/dev/jboss-a-mq-6.3.0.redhat-187/bin/
client "activemq:dstat" 2>/dev/null|grep -v Logging|grep -v "JAVA_HOME"|
grep -v '^ActiveMQ.DLQ'|grep -v '^CLUSTER.CHANNEL'|sed '1d'|awk '!/
ActiveMQ.Advisory/&&!/\[m/' |sed 's/[ ][ ]*/ /g'|awk '{print $1" "$3}'
    PIMS.ADMIN.CHANNEL.C2S 16
    PIMS.ADMIN.CHANNEL.S2C 2
    PIMS.DXS.DATA-BASE-0004-C-0001.3 1
    PIMS.DXS.DATA-BASE-0005-C-0001.3 1
    PIMS.DXS.DATA-CDIS-0005-C-0001.3 1
    PIMS.DXS.DATA-CCC-0002-C-0001.3 1
```

2. 监控参考指标

该监控项要根据实际生产情况来设置，如当生产者的数量固定时，则告警策略应当设置为不等于指定的固定值则告警；还有一种情况是生产者的数量会根据业务量动态扩容或收缩，在这种情况下，阈值也应当同步动态设置，设定一个最小期望值，当小于该期望值时就需要告警通知管理员了。

"队列名_ProducerCount != 预设数量"。

"队列名_ProducerCount < 期望数量"。

6.3.3　消费者数量监控

1. 消费者数量 ConsumerCount 监控的解释及其值的获取

消费者数量 ConsumerCount 是对具体消息队列的消费者数量进行统计的监控，看消费者服务是否宕机或不可用，如下为使用 ActiveMQ 命令行客户端 client 获取所有队列的消费者数量 ConsumerCount 的值，同样地，命令行返回显示所有队列名及消费者数量。

```
# 在Linux终端使用ActiveMQ client命令客户端获取所有消息队列ConsumerCount
的值
[user@test bin]$ /home/user/dev/jboss-a-mq-6.3.0.redhat-187/bin/
client "activemq:dstat" 2>/dev/null|grep -v Logging|grep -v "JAVA_HOME"|
grep -v '^ActiveMQ.DLQ'|grep -v '^CLUSTER.CHANNEL'|sed '1d'|awk '!/
ActiveMQ.Advisory/&&!/\[m/' |sed 's/[ ][ ]*/ /g'|awk '{print $1" "$4}'
    PIMS.ADMIN.CHANNEL.C2S 14
```

```
PIMS.ADMIN.CHANNEL.S2C 4
PIMS.DXS.DATA-BASE-0004-C-0001.3 1
PIMS.DXS.DATA-BASE-0005-C-0001.3 1
PIMS.DXS.DATA-CDIS-0005-C-0001.3 1
PIMS.DXS.DATA-CCC-0002-C-0001.3 1
```

2. 监控参考指标

该监控项的设置要同 ProducerCount 一样，根据实际生产情况来设置。例如，当消费者的数量固定时，告警策略应当设置为不等于指定的固定值则告警；当生产者的数量会根据业务量动态扩容收缩时，阈值也应当同步动态设置，设定一个最小期望值，当小于该期望值时就需要告警通知管理员了。

"队列名_ConsumerCount != 预设数量"。

"队列名_ConsumerCount < 期望数量"。

6.3.4　队列深度监控

1. 队列深度 QueueSize 监控的解释及其值的获取

队列深度 QueueSize 是指消息队列的长度或队列深度。在一般情况下，消费者 Consumer 故障或消息生产者产生的消息数暴增，消息消费者未能及时消费完队列中的消息，就会导致消息队列长度增长，也就是 QueueSize 值增大。如下同样使用命令行的方式获取所有队列名称及相应的队列长度 QueueSize 的值。

```
# 在Linux终端使用ActiveMQ client命令客户端获取所有消息队列ConsumerCount
的值
[user@test bin]$ /home/user/dev/jboss-a-mq-6.3.0.redhat-187/bin/
client "activemq:dstat" 2>/dev/null|grep -v Logging|grep -v "JAVA_HOME"|
grep -v '^ActiveMQ.DLQ'|grep -v '^CLUSTER.CHANNEL'|sed '1d'|awk '!/
ActiveMQ.Advisory/&&!/\[m/' |sed 's/[ ][ ]*/ /g'|awk '{print $1" "$2}'
PIMS.ADMIN.CHANNEL.C2S 0
PIMS.ADMIN.CHANNEL.S2C 0
PIMS.DXS.DATA-BASE-0004-C-0001.3 196
PIMS.DXS.DATA-BASE-0005-C-0001.3 5
PIMS.DXS.DATA-CDIS-0005-C-0001.3 0
PIMS.DXS.DATA-CCC-0002-C-0001.3 0
```

2. 监控参考指标

QueueSize 监控阈值的设置不同于 ConsumerCount 和 ProducerCount 设置，一般设置为当 QueueSize 在指定的时间范围内最小值大于某个数值时告警。例如，指定大于 100 且持续 6 分钟，或者大于 1000 且持续 2 分钟，都需要告警。说明消费者未能及时消费队列里的消息，从而影响业务的及时性。

"队列名_QueueSize > 100 且持续 6 分钟"。

"队列名_QueueSize > 1000 且持续 2 分钟"。

6.3.5　ActiveMQ 监控实践

ActiveMQ 中的消息队列非常多，动辄成百上千条，并且由于业务的升级变更，队列也相应地要进行新增、修改、删除，如果相应的运维人员同步去做新增、修改、删除监控策略，则需要投入很大的人力从事这种重复性且毫无技术含量的工作，还不一定能很准确地配置好，所以在实际监控中，通常自动获取消息队列中的所有消息通道名（队列名），自动对每条消息通道启用默认的监控规则，然后根据需要单独对一些指定的队列名监控项设定阈值。例如，当使用 Zabbix 来监控消息队列时，可使用 Zabbix 的一个高级功能 LLD 自动发现识别 ActiveMQ 中的所有消息队列名，然后根据监控配置文件自动生成相应队列名的 ProducerCount、ConsumerCount、QueueSize 的默认监控策略及相应的定制策略。如果是其他监控软件，没有自动发现监控项的功能，则可以自行开发脚本，动态地从 ActiveMQ 中获取所有队列名，一旦队列名有变化，则可以调用监控软件的 API 接口或修改其配置文件来动态同步监控项。

监控配置文件样例如下，读者可根据需要参考配置。

```
    # 如下是用来监控QueueSize、ConsumerCount、ProducerCount的默认策略和定制策略
    [user@test bin]$ cat activemq_monitor.conf
    # MQ服务端口|告警联系人组|队列名|监控项|判断条件|阈值|星期|起始时间|终止时间|告警级别
    8181|AP_MQ|NA|QueueSize|GE|100|3|1234567|0000|2359|C
    8181|AP_MQ|NA|ConsumerCount|EQ|3|3|12345|0000|2359|C
    8181|AP_MQ|NA|ConsumerCount|EQ|3|3|67|1000|0800|C
    8181|AP_MQ|NA|ProducerCount|EQ|3|3|12345|0000|2359|C
    8181|AP_MQ|NA|ProducerCount|EQ|3|3|67|1000|0800|C
    8181|AP_MQ|PIMS.DXS.DATA-PIMS-0004-P|QueueSize|GE|1000|3|1234567|0000|2359|F
    8181|AP_MQ|PIMS.DXS.DATA-PIMS-0004-P|ConsumerCount|EQ|10|3|12345|0000|2359|C
    8181|AP_MQ|PIMS.DXS.DATA-PIMS-0004-P|ConsumerCount|EQ|10|3|67|1000|0800|C
```

```
8182|AP_MQ|NA|QueueSize|GE|100|3|1234567|0000|2359|C
......
```

上述配置文件各字段解释如下：

- **MQ 服务端口**：MQ 服务的监听端口，因为一台主机上可能存在多个 MQ 服务，所以使用该端口来区分配置文件内容表示的是哪个 MQ 服务上的队列，如上文代码中有两个端口服务 8181 和 8182。

- **告警联系人组**：用于当监控条目出现告警时，通知给某组人，每个组里的具体成员可以单独配置告警通知方式，如短信、邮件、电话、微信、钉钉等。

- **队列名**：当队列名为 NA 时，表示该条目为默认监控策略，当有具体的队列名如配置文件第 7 至 9 行中 "PIMS.DXS.DATA-PIMS-0004-P" 时，则以该具体队列名的配置项为准。

- **监控项**：可以是 QueueSize、ConsumerCount、ProducerCount 或队列的其他监控项名。

- **判断条件**：可以填写 EQ、GT、LT、GE、LE，分别是等于、大于、小于、大于或等于、小于或等于，将当前值与下一栏位的阈值组成判断条件，如满足则告警。

- **阈值**：具体告警的阈值。

- **星期**：可以填写 1234567，分别对应周一至周日，只填写 2345 则表示针对周二至周五的阈值设置。这里只设置了星期，实际上还可以结合节假日来做设置，如 8 表示法定节假日等。

- **起始时间**：监控的起始时间，可精确到小时或分钟，0000 表示 0 点、2359 表示 23 点 59 分。

- **终止时间**：监控的终止时间，填写方法与起始时间一致。

- **告警级别**：告警优先级由低到高，可以填写 W、M、C、F。

  W：Warning 警告级别。

  M：Minor 次要级别。

  C：Critical 严重级别。

  F：Fatal 致命级别。

如图 6-13 所示为使用 Zabbix 来监控 QueueSize 的监控趋势图，可以很清楚地看出"PIMS.DXS.DATA-CKIS-0005-C-0001"的 QueueSize 堆积长度在上午 10 时达到最高点，为 4.14K，说明此时有 4000 多个消息堆积，然后慢慢堆积、慢慢变小，直到 4 月 15 日 1 时堆积为 0，消息全部消费完毕。

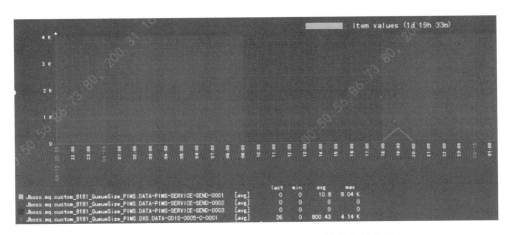

图 6-13　使用 Zabbix 来监控 QueueSize 的监控趋势图

如图 6-14 所示为 ProducerCount、ConsumerCount 及 QueueSize 全局图，可以看出，所有的 ProducerCount、ConsumerCount 都一直维持在 1 个，表示生产者、消费者都是 1 个，且都在正常工作，而 QueueSize 一直维持在 0 个，表明队列中的消息一直没有堆积，队列正常。

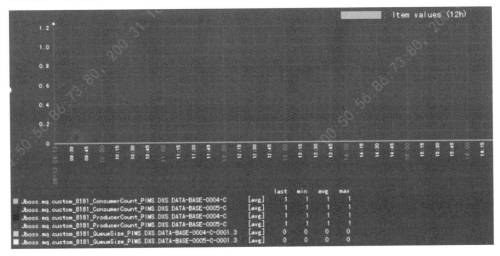

图 6-14　ProducerCount、ConsumerCount 及 QueueSize 全局图

本 章 小 结

本章先对中间件的概念进行了描述，然后对日常项目开发中最常见的 Nginx、

Tomcat、ActiveMQ 逐一讲解其监控方法。在 Nginx 小节中，从服务本身的进程、端口、具体的服务可用性、访问日志、错误日志、自带的请求状态页多个维度全方位讲解监控其服务或后端服务是否正常的方法。在 Tomcat 小节中，通过监控 Tomcat 请求的连接数、线程数、JVM 内存、访问日志讲解监控整个 Java 中间件的服务是否正常的方法。最后围绕 ActiveMQ 最关键的 3 个指标——队列长度、生产者数量、消费者数量进行解析，同时针对队列数量多、经常变化，又介绍了如何通过自动化的方式动态生成其监控项，并展示了监控项的配置文件写法。

Docker 容器监控

2010 年 dotCloud 公司在旧金山成立，提供 PaaS 平台服务，2013 年 dotCloud 公司更名为 Docker 股份有限公司（Docker，Inc.）。Docker 公司专注开源容器引擎的开发，其容器引擎产品就叫 Docker，基于 go 语言，并遵从 Apache2.0 协议，开放源代码，是一个开放平台，用于开发应用、交付应用、运行应用。Docker 允许用户将基础设施的资源分割成很多很小的容器，每个容器相当于一台迷你虚拟主机，相互独立，占用系统资源少，秒级启动，提供给用户部署应用，从而很方便地给需要在不同环境中运行的程序提供独立的运行空间。

本章我们对目前最常见的 Docker 容器监控进行讲解，使用最原始的命令来查看了解容器的运行状态、性能、日志，对我们排查分析问题很有帮助。如果是日常的容器监控，那么还要借助专业的工具如 cAdvisor 来监控。在本章中还会讲到怎么使用 cAdvisor 来对容器的性能进行监控。

▶ 7.1 Docker 容器运行状态

因为每个 Docker 容器都相当于一台迷你虚拟机，它同样具有 CPU、内存、磁盘等相关指标项，当批量启动容器时，也会有一些原因导致部分容器在运行启动过程中报错而停止，所以对容器的健康状态进行监控尤为重要。下面介绍 Docker 容器自带的命令，可通过这些命令来查看容器运行状态。

"docker ps" 命令可以查看所有容器包括未正常运行的容器及其状态。

语法：docker ps [OPTIONS]。

-a：显示所有的容器，包括未运行的容器。

-f：根据条件过滤显示的内容。

--format：指定返回值的模板文件。

-l：显示最近创建的容器。

-n：列出最近创建的 n 个容器。

--no-trunc：不截断输出。

-q：静默模式，只显示容器编号。

-s：显示总的文件大小。

例 1：显示正在运行的容器。

```
# 显示正在运行的容器
[root@docker ~]# docker ps
CONTAINER ID    IMAGE      COMMAND              CREATED
STATUS            PORTS      NAMES
  7bfc68dabb73    nginx      "/docker-entrypoint.…"  About a minute
ago  Up About a minute  80/tcp    magical_dubinsky
  f0e6185db079    ubuntu     "/bin/bash"          14 minutes ago
  Up About a minute    elastic_jones
```

结果中每列字段的解析如表 7-1 所示，其中通过 STATUS 就可以判断容器存活状态及其时长。

表 7-1 "docker ps" 命令的输出列含义

字　段	描　述
CONTAINER ID	容器 ID，可以通过这个 ID 找到唯一的对应容器
IMAGE	该容器所使用的镜像
COMMAND	启动容器时运行的命令
CREATED	容器的创建时间，格式为 "** ago"
STATUS	容器当前的状态，共 7 种：created（已创建）、restarting（重启中）、running（运行中）、removing（迁移中）、paused（暂停）、exited（停止）、dead（死亡）
PORTS	容器的端口信息和使用的连接类型 tcp/udp
NAMES	镜像自动为容器创建的名字，同样也代表一个唯一的容器

例 2：显示所有的容器，包括运行不正常的容器，从下面的代码中能看出，"93d7ffc6a9e5" 与 "b236a9b341e5" 容器已经退出运行。

```
# 显示运行中及停止运行的容器
[root@docker ~]# ~ docker ps -a
CONTAINER ID    IMAGE                        COMMAND
CREATED          STATUS                PORTS    NAMES
93d7ffc6a9e5    ansible/centos7-ansible           "/bin/bash"
10 seconds ago  Exited (0) 8 seconds ago   modest_swirles
b236a9b341e5    centos                            "/bin/bash"
42 seconds ago  Exited (0) 40 seconds ago  gracious_cori
```

```
7bfc68dabb73    nginx                                    "/docker-
                                                          entrypoint...."

6 minutes ago    Up 6 minutes            80/tcp    magical_dubinsky
f0e6185db079    ubuntu                                   "/bin/bash"
20 minutes ago   Up 7 minutes                        elastic_jones
```

例 3：显示完整的输出 docker ps --no-trunc。这里能不截断地将 ps 中所有字段完整显示出来，便于查看容器运行命令的具体内容。

```
# 完整显示运行中的容器所有字段
[root@docker ~]# docker ps --no-trunc
CONTAINER ID                                              IMAGE      COMMAND
CREATED         STATUS        PORTS      NAMES
7bfc68dabb73bd843febb1ec81c33f521af5c71282a0c5f0649f00371b900839
nginx     "/docker-entrypoint.sh nginx -g 'daemon off;'"  7 minutes
ago   Up 7 minutes   80/tcp
magical_dubinsky
f0e6185db079ee6d4ccb3a746e18caa7e4251d685e82e47ad1f58767c15979ba
                                          ubuntu    "/bin/bash"
21 minutes ago   Up 8 minutes        elastic_jones
```

7.2　Docker 容器性能指标

Docker 自带一个命令行工具来获取容器的性能指标，这个命令就是"docker stats"，可以查看每个容器的 CPU 利用率、内存使用量、内存总量及使用率，默认该命令会每隔 1 秒刷新一次输出的内容，直到按下"Ctrl+C"，如果配合 -no-stream 参数则可只显示一次数据。当需要用监控系统来监控容器，而该监控系统又不能直接对接容器获取阈值时，可利用该自带的命令获取所有容器的性能指标，通过接口传递至监控系统，并在监控系统上设置好相关的阈值触发器，从而实现对容器的监控。

"docker stats"命令语法及参数说明如下：

```
docker stats [OPTIONS]
```

-a, --all：查看所有容器信息（默认只显示运行中的）。

--format：按指定格式展示容器信息。

--no-stream：不动态展示容器的信息，只显示一次。

--no-trunc：不截断输出结果。

例 1：不动态展示运行中的容器状态。

```
# 不动态展示一次所有运行中的容器性能指标
[root@docker ~]# docker stats --no-stream
CONTAINER ID   NAME              CPU %        MEM USAGE / LIMIT
MEM %     NET I/O      BLOCK I/O        PIDS
7bfc68dabb73   magical_dubinsky  0.00%        6.281MiB / 15.54GiB
0.04%     1.01kB / 0B  10.3MB / 12.3kB  2
f0e6185db079   elastic_jones     0.00%        828KiB / 15.54GiB
0.01%     1.23kB / 0B  0B / 0B          1
```

"docker stats" 命令的输出列含义如表 7-2 所示，可以很方便地查看各容器 CPU、内存、网络、磁盘的性能状态。

表 7-2　"docker stats" 命令的输出列含义

列标题	描　述
CONTAINER	以短格式显示容器的 ID
CPU %	CPU 的使用情况
MEM USAGE / LIMIT	当前使用的内存和最大可使用的内存
MEM %	以百分比的形式显示内存使用情况
NET I/O	网络 I/O 数据
BLOCK I/O	磁盘 I/O 数据
PIDS	PID 号

例 2：通过设置容器的 ID 号，获取指定某个容器的状态。

```
# 获取指定容器的性能指标
[root@docker ~]# docker stats --no-stream f0e6185db079
CONTAINER ID   NAME            CPU %     MEM USAGE / LIMIT   MEM %
NET I/O       BLOCK I/O  PIDS
f0e6185db079   elastic_jones   0.00%     828KiB / 15.54GiB   0.01%
2.14kB / 0B   0B / 0B    1
```

▶ 7.3　cAdvisor 对容器监控

我们通常把 docker stats 的指标信息发送给监控系统，对 docker 容器指标信息进行监控及分析。使用 docker stats 可以很直观地获取容器的性能指标，但是可以获取的性能指标仍然有限，为此，Google 开源的工具 cAdvisor 也提供对容器的各类指标进行抓取的功能，并且能提供更加丰富的指标，cAdvisor 架构如图 7-1 所示。

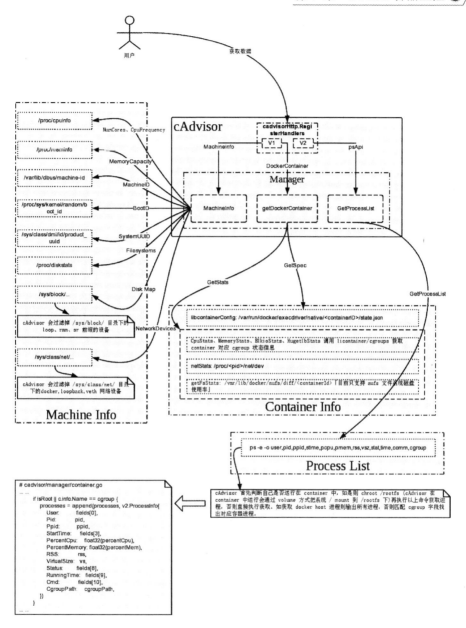

图 7-1　cAdvisor 架构

注：引自徐亚松博客的容器监控实践——cAdvisor。

　　该工具的工作原理是通过访问宿主机的/var/run、/sys/fs/cgroup、/var/lib/docker 等目录，获取和容器有关的各类指标，同时也获取宿主机本身的部分性能指标，cAdvisor 对容器的主要监控项如表 7-3 所示。

表 7-3 cAdvisor 对容器的主要监控项

指标对象	指标名称	指标类型	描述信息
CPU	container_cpu_load_average_10s	gauge	过去 10 秒容器 CPU 的平均负载
	container_cpu_usage_seconds_total	counter	容器在每个 CPU 内核上的累计占用时间（单位：秒）
	container_cpu_system_seconds_total	counter	System CPU 累计占用时间（单位：秒）
	container_cpu_user_seconds_total	counter	User CPU 累计占用时间（单位：秒）
内存	container_memory_max_usage_bytes	gauge	容器的最大内存使用量（单位：字节）
	container_memory_usage_bytes	gauge	容器当前的内存使用量（单位：字节）
	machine_memory_bytes	gauge	当前宿主机的内存总量
磁盘	container_fs_limit_bytes	gauge	容器可以使用的文件系统总量（单位：字节）
	container_fs_usage_bytes	gauge	容器中文件系统的使用量（单位：字节）
	container_fs_reads_bytes_total	counter	容器累计读取数据的总量（单位：字节）
	container_fs_writes_bytes_total	counter	容器累计写入数据的总量（单位：字节）
网络	container_network_transmit_bytes_total	counter	容器网络累计传输数据总量（单位：字节）
	container_network_receive_bytes_total	counter	容器网络累计接收数据总量（单位：字节）
	container_network_transmit_errors_total	counter	容器发送数据包时发生的错误数
	container_network_receive_errors_total	counter	容器接收数据包时发生的错误数

7.3.1 CPU 的监控

CPU 的监控项有 CPU 平均负载、系统占用时间、用户占用时间、CPU 总占用时间，cAdvisor 提供了如下指标查询功能：

- container_cpu_load_average_10s：表示 CPU 在 10 秒内的平均负载，由于该值取值频率是 10 秒，可以取出后将其累加至 5 分钟，并除以 30，计算在 5 分钟内的平均负载，如果该值超过 CPU 逻辑总核数×0.7，则说明当前负载较高，需要关注。
- container_cpu_usage_seconds_total：表示用户程序 CPU 占用时间，如果该占用时间过高，则表示用户的应用程序占用 CPU 资源较多。
- container_cpu_system_seconds_total：表示操作系统的 CPU 占用时间，如果该占用时间过高，则表示操作系统对 CPU 的资源占用较多，一般是磁盘 I/O 占用过多，性能达到瓶颈了。
- container_cpu_user_seconds_total：表示用户和操作系统的 CPU 占用时间总和，一般监控系统会取该值作为告警项，一旦超过 70% 则需要告警。

7.3.2　内存的监控

对于内存，一般我们会关注容器的内存使用率，以及所有容器最大允许内存占用宿主机的百分比，具体取值项如下：

- container_memory_max_usage_bytes：表示允许容器使用的最大使用内存。
- container_memory_usage_bytes：表示当前容器所使用的内存，一般结合前一监控项的允许最大值来计算当前容器内存的使用率（公式为：当前使用值/最大允许值×100），得到的使用率一旦超过 70%则需要告警。
- machine_memory_bytes：表示物理机内存的大小，将所有容器的最大允许使用内存值累加再除以物理机内存大小，如果等于或大于 1，则表示容器的内存超分配了，超分配的现象很容易触发系统 OOM。

7.3.3　磁盘的监控

对于磁盘的监控，我们常常关注磁盘的空间使用率、磁盘的读写速度，具体取值项如下：

- container_fs_limit_bytes：表示容器的所有磁盘容量。
- container_fs_usage_bytes：表示容器当前使用的磁盘容量，将该值除以前一个监控项，得到当前磁盘使用的百分比，一旦超过 80%则需要告警。
- container_fs_reads_bytes_total：计算前后两次的差值，能得到容器的读速率，当宿主机的磁盘 I/O 较高时，可关注各容器的读速率，以便找到是哪个容器出现了问题。
- container_fs_writes_bytes_total：计算前后两次的差值，能得到容器的写速率，当宿主机的磁盘 I/O 较高时，同样可关注各容器的写速率，以便找到是哪个容器出现了问题。

7.3.4　网络的监控

对于容器的网络监控，有发送速率、接收速率，以及发送与接收时发生的错误等指标。错误有可能是交换机导致的，也有可能是服务器上的网卡或光模块异常导致的。

- container_network_transmit_bytes_total：计算前后两次的差值，能得到容器的网络发送速率。
- container_network_receive_bytes_total：计算前后两次的差值，能得到容器的网络接收速率。

- container_network_transmit_errors_total：计算前后两次的差值，能得到容器发送数据包时发生的错误数。
- container_network_receive_errors_total：计算前后两次的差值，能得到容器接收数据包时发生的错误数。

7.4 Docker 容器内的应用日志监控

监控 Docker 容器内的应用日志能快速地检查应用的健康状态，如果日志中有业务数据，那么还可以对业务数据做出相应的监控，Docker 容器内的应用产生日志的方式通常有两种：

- 程序向标准输出（stdout）中打印日志。
- 程序向指定的文件如 app.log 中写入日志。

如图 7-2 所示，Docker Daemon 是用来启动并守护 Docker Container 的，Docker Container 中运行的应用可以向 app.log 中写入日志，同时也可以输出至标准输出 stdout，再由 Docker Daemon 的 goroutine 接收，并写入宿主机的"容器 ID-json.log" 文件中，日志文件绝对路径为 "/var/lib/docker/containers/ <container_id>/"，文件名为 "<container_id>-json.log"。

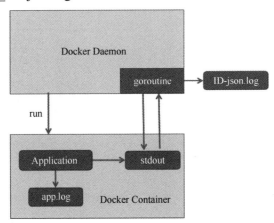

图 7-2　goroutine 的日志输出

在 Docker Daemon 运行容器时会创建一个协程 goroutine，专门用来负责输出容器内所有程序标准输出内容。

在了解了 Docker 日志输出的原理后，就很容易知道怎么监控容器的日志及容器内的应用日志了，下面讲解三种查看容器日志的方法。

方法一：使用"docker logs"命令

"docker logs"命令是 Docker 服务自带的命令，可用于查看容器标准输出 stdout 的内容。

语法：docker logs [OPTIONS] CONTAINER

Options：

--details：显示更多的信息。

-f, --follow：跟踪实时日志。

--since string：显示自某个 timestamp 之后的日志，或相对时间，如 42m（42 分钟）。

--tail string：从日志末尾显示多少行日志，默认为 all。

-t, --timestamps：显示时间戳。

--until string：显示某个 timestamp 之前的日志，或相对时间，如 42m（42 分钟）。

例 1：显示最后 100 行日志，可以用 tail 参数。

```
[root@docker ~]# ~ docker logs -f -t --tail=100 351274d3ddd1
2020-12-05T07:02:04.283995951Z [WARNING] Deprecated '--logger=ca
pnslog' flag is set; use '--logger=zap' flag instead
2020-12-05T07:02:04.284055453Z 2020-12-05 07:02:04.278015 I | etc
dmain: etcd Version: 3.4.13
2020-12-05T07:02:04.284067568Z 2020-12-05 07:02:04.278090 I | etc
dmain: Git SHA: ae9734ed2
2020-12-05T07:02:04.284074294Z 2020-12-05 07:02:04.278098 I | etc
dmain: Go Version: go1.12.17
2020-12-05T07:02:04.284080504Z 2020-12-05 07:02:04.278107 I | etc
dmain: Go OS/Arch: linux/amd64
2020-12-05T07:02:04.284087602Z 2020-12-05 07:02:04.278115 I | etc
dmain: setting maximum number of CPUs to 4, total number of available
CPUs is 4
```

例 2：查看最近 30 分钟的日志，可以用--since 命令来指定某个时间，或相对的时间之后的日志。以下命令用于查看 351274d3ddd1 容器最近 30 分钟的所有日志。

```
[root@docker ~]# ~ docker logs --since 30m 351274d3ddd1
2020-12-13 15:52:09.698914 I | etcdserver/api/etcdhttp: /health
OK (status code 200)
2020-12-13 15:52:19.697590 I | etcdserver/api/etcdhttp: /health
```

```
OK (status code 200)
    2020-12-13 15:52:29.697082 I | etcdserver/api/etcdhttp: /health
OK (status code 200)
    2020-12-13 15:52:39.697920 I | etcdserver/api/etcdhttp: /health
OK (status code 200)
    2020-12-13 15:52:49.696893 I | etcdserver/api/etcdhttp: /health
OK (status code 200)
    2020-12-13 15:52:52.316955 I | mvcc: store.index: compact 1838439
    2020-12-13 15:52:52.334364 I | mvcc: finished scheduled compaction
 at 1838439 (took 16.632814ms)
```

例 3：查看某时间段内的日志，可以用--since 与--until 配合达到该效果。

如下是打印 2020-12-10T10:00:00-2020-12-10T10:00:00T15:00:00 时间段内 351274d3ddd1 容器的日志的示例。

```
[root@docker ~]# ~ docker logs --since="2020-12-10T10:00:00" --
until "2020-12-10T15:00:00" 351274d3ddd1
    2020-12-10 02:00:09.697160 I | etcdserver/api/etcdhttp: /health
OK (status code 200)
    2020-12-10 02:00:19.696913 I | etcdserver/api/etcdhttp: /health
OK (status code 200)
    2020-12-10 02:02:39.944488 I | mvcc: store.index: compact 1167415
    2020-12-10 02:02:39.961259 I | mvcc: finished scheduled compaction
 at 1167415 (took 15.937227ms)
```

方法二：读取 Docker 容器内应用的日志文件

一般在实际生产中，会将应用程序的日志及代码都存放在共享存储上，或者外挂到宿主机上，便于统一管理维护，实现日志持久化，代码共享使用，以下是查看共享存储上 app.log 日志内容的示例。

```
[root@docker ~]# ~ tail /share/app01/logs/app.log
    2020-12-08 02:01:39.267863        1 client.go:360] parsed scheme:
"passthrough"
    2020-12-08 02:01:39.268022        1 passthrough.go:48] ccResolverW
rapper: sending update to cc: {[{https://127.0.0.1:2379  <nil> 0 <nil>}]
 <nil> <nil>}
    2020-12-08 02:01:39.268071        1 clientconn.go:948] ClientConn
switching balancer to "pick_first"
    2020-12-08 02:02:13.802781        1 client.go:360] parsed scheme:
"passthrough"
```

```
    2020-12-08 02:02:13.802896          1 passthrough.go:48] ccResolver
Wrapper: sending update to cc: {[{https://127.0.0.1:2379  <nil> 0 <nil>}]
 <nil> <nil>}
    2020-12-08 02:02:13.803310          1 clientconn.go:948] ClientConn
switching balancer to "pick_first"
    2020-12-08 02:02:58.250992          1 client.go:360] parsed scheme:
"passthrough"
    2020-12-08 02:02:58.251123          1 passthrough.go:48] ccResolver
Wrapper: sending update to cc: {[{https://127.0.0.1:2379  <nil> 0 <nil>}]
 <nil> <nil>}
    2020-12-08 02:02:58.251167          1 clientconn.go:948] ClientConn
switching balancer to "pick_first"
    2020-12-08 02:03:33.490795          1 client.go:360] parsed scheme:
"passthrough"
```

方法三：直接在宿主机上查看 Docker 容器的标准输出 log

进入目录/var/lib/docker/containers/ 执行 ls –l，可以看到当前宿主机上所有的容器 ID，然后随意进入一个容器目录，再执行 tail –n 10 容器 ID-json.log，查看该日志的最后 10 行内容。

```
    [root@docker ~]# containers pwd   #查看当前路径
    /var/lib/docker/containers
    [root@docker ~]# ~ ls -l   #查看当前路径下的容器列表名
    total 284
    drwx------ 4 root root 4096 Dec  6 00:58 010c47694e21eb6c69e212db
25c464cb91b730d05987f3eaa8b2bb695a950680
    drwx------ 4 root root 4096 Dec  5 15:02 0280e667b45b33b90985834e
32550e2a132df4ae54193c729d49c75b0c3e0117
    drwx------ 4 root root 4096 Dec  6 00:58 04b1b633ab800a5d9ecfc565
0d22b9c2410920a4b20651b5cc061f3414944e88
    drwx------ 4 root root 4096 Dec  5 15:01 0a7123725bc9b06299422718
956bb9ba0043cbeccebb102742d0077942fc529a
    [root@docker ~]# 3c7b930a563a9e60e29b0d513f00f5731815681f270551d
642015580c9dc76d6 tail -n 10 #查看容器的log
    3c7b930a563a9e60e29b0d513f00f5731815681f270551d642015580c9dc76d6
-json.log
    {"log":"level=error ts=2020-12-08T16:55:49.483Z caller=collector.
go:161 msg=\"collector failed\" name=rapl duration_seconds=0.0003302
89 err=\"open /host/sys/class/powercap/intel-rapl:0/energy_uj: permi
```

```
ssion denied\"\n","stream":"stderr","time":"2020-12-08T16:55:49.4879
05193Z"}
    {"log":"level=error ts=2020-12-08T16:55:50.170Z caller=collector.
go:161 msg=\"collector failed\" name=rapl duration_seconds=0.0003740
24 err=\"open /host/sys/class/powercap/intel-rapl:0/energy_uj: permi
ssion denied\"\n","stream":"stderr","time":"2020-12-08T16:55:50.1710
47556Z"}
    {"log":"level=error ts=2020-12-08T16:56:04.488Z caller=collector.
go:161 msg=\"collector failed\" name=rapl duration_seconds=0.0060350
43 err=\"open /host/sys/class/powercap/intel-rapl:0/energy_uj: permi
ssion
```

由此可见，采用方法二或方法三对 Docker 日志文件进行监控要方便得多，第一种方法主要用于日常 debug 时方便查看。通常，当我们要对容器的日志进行监控时，一般可在宿主机上部署 filebeat、logstash 或其他能监控日志的软件，来对各容器内的应用日志进行监控。

本 章 小 结

本章介绍了用 Docker 自带的一些基础命令获取容器的状态、性能及日志的方法，后面又介绍了用较便捷的开源软件 cAdvisor 获取容器指标的方法，除可以获取更为丰富的性能指标外，相比"docker stats"，使用 cAdvisor 的另一个优势是 cAdvisor 自带提供性能数据查询的 API（/metrics），通过该 API，监控系统可以很方便地获取每个安装了 cAdvisor 的宿主机性能指标，在容器编排系统 Kubernetes 中（详见第 8.4 节），cAdvisor 作为 kubelet 内置的一部分程序可以直接使用，也就是说，我们可以直接使用 cAdvisor 采集与容器运行相关的所有指标。同时，常用的监控系统 Prometheus（详见 8.4.2 节），可以直接通过配置 cAdvisor 的 API 来获取 Kubernetes 集群下各个容器及所在工作节点的性能指标。

第8章

Kubernetes 监控

在第7章中，我们了解了以Docker引擎为代表的容器监控常用的原理和技术。随着容器在企业内部使用规模的逐渐扩大，一台宿主机可能运行几十个甚至几百个容器，需要相应的技术手段对容器进行管理，为此，各企业逐渐开始构建容器编排系统，通过容器编排系统可以快速对容器进行横向扩展、自动修复、升级回滚等操作，从而满足快速迭代的业务需求。可以说，保障容器编排系统稳定运行是一项非常重要且必须的工作，容器编排系统的监控的重要性不亚于业务系统的监控。目前，容器编排系统使用的主流工具是由 Google 公司开源的 Kubernetes 系统，本章将逐一介绍 Kubernetes 从宿主机至应用系统实时监控的技术原理和实现方法。

▶ 8.1　Kubernetes 简介

随着以 Docker 为代表的容器技术的流行、企业对容器使用规模的扩大，在大规模容器部署环境中，如何对成百上千的容器进行快速部署、回滚、扩容等，是运维人员面临的一个巨大挑战，必须要有专业的工具和平台对海量容器进行管理编排，Kubernetes 正是为解决这个问题而诞生的。Kubernetes 是一款由 Google 开发的开源容器编排系统，是基于 Google 内部集群管理系统 Borg 诞生的开源系统。通过 Kubernetes 可以对容器进行自动调度、弹性伸缩、自我修复、服务发现、负载均衡，以及版本回退等，目前，Kubernetes 的市场占有率远超其他容器编排工具或系统。随着业务系统向基于 Kubernetes 管理的容器逐渐迁移，业务对 Kubernetes 的依赖越来越多，Kubernetes 自身的稳定性就非常重要，我们需要对 Kubernetes 集群内的所有宿主机、集群内的各个组件、各类逻辑资源，以及运行在集群内的应用进行监控，分析并持续改进，从而提供一个安全可靠的生产运行环境。

为了能更好地对Kubernetes进行监控，我们首先需要对Kubernetes的基本架构、物理组件及逻辑组件等概念有所了解，在本书编写时，Kubernetes 最新版本为 1.21

版，本书采用的版本也为 1.21 版，Kubernetes 通用架构如图 8-1 所示。

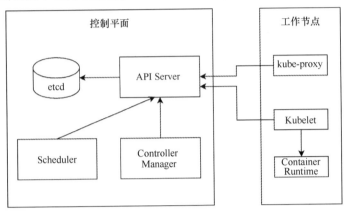

图 8-1　Kubernetes 通用架构

Kubernetes 通常是由很多服务器组成的集群，其核心组件主要由两部分组成：控制平面（Control Plane）和工作节点（Work Node），其中，控制平面（也称管理节点）负责对整个集群的管理、资源调度和分配等工作，同时负责响应集群用户的操作请求；工作节点主要负责接收控制平面的指令，并运行、管理和维护相应容器。

1. 控制平面

- API Server：提供对 Kubernetes 管理资源进行操作的所有 API，用户可以通过对 API Server 进行操作来管理 Kubernetes 集群，同时，控制平面其他组件也是通过 API Server 来进行交互的。从 API Server 的作用可知，我们只需要对 API Server 进行交互即可对 Kubernetes 集群进行管理。本章所有涉及 Kubernetes 的操作命令如果没有特别说明，都是在 Kubernetes 集群的控制平面上即管理节点上进行的。

- etcd：负责持久化存储 Kubernetes 集群的所有数据。

- Scheduler：根据一定的算法及事先配置的规则来挑选合适的工作节点，将新创建的 Pod（Pod 的概念详见下文）安排给该工作节点进行部署和运行。

- Controller Manager：负责维护集群的状态，如对集群的资源按照配置需求进行故障探测、自动修复、自动扩展、滚动更新等。

2. 工作节点

- Kubelet：负责维护和管理节点上 Pod 的运行状态，即通过控制容器运行，来创建、更新、销毁 Pod。

- Kube Proxy：负责提供集群内部的服务发现和负载均衡。
- Container Runtime：通常称为容器运行时工具，负责容器的创建、运行及销毁等工作，Kubernetes 本身并不会提供容器运行时工具，而是和如 Containerd、CRI-O、rkt、runc 等容器运行时工具整合，其中，Containerd 是 Docker 使用的容器运行时工具（已开源），虽然 Kubernetes 官网上表示从 1.23 版本开始，不再提供支持和 Docker API 进行交互的 DockerShim 组件，即不再支持通过 Docker API 创建和管理 Pod 里的容器，但是对 Containerd 还是支持的。

3. Kubernetes 资源类型

- Pod：Pod 类型的资源是 Kubernetes 中能被运行的最小逻辑单元，一个 Pod 中可以运行一个或多个容器，每个 Pod 都有属于自己的 IP、主机名等信息，在一个 Pod 中运行的所有容器共享同样的 Linux 系统命名空间、进程空间、网络空间，并且可以进行进程间通信，可以把 Pod 想象成一个更轻量级的虚拟机，其上运行的容器都是一个个进程。虽然一个 Pod 可以运行多个容器，但是为了降低不同应用程序之间的耦合性，以及提升应用程序的横向扩展性，通常一个 Pod 只建议运行一个容器，一个 Pod 运行多个容器的场景通常适用于一个主容器对外提供业务服务，同一个 Pod 下的其他容器用于辅助主容器进行非业务操作等场景（这种部署模式也称 side car，即边车模式），如对主容器的日志收集并转发到日志集中收集系统里，或者对主容器进行监控并对外提供监控数据接口用于和监控系统整合等场景。
- Service：Service 类型的资源主要用于为多个 Pod 提供统一的对外访问入口。在生产环境中，为提高并发量及高可用性，通常一个 Pod 会有多个副本，这些 Pod 会通过 Service 资源对外提供统一的访问地址和端口。Service 资源的默认类型只能被集群内部访问，可以把 Service 类型设置为 LoadBalancer，这样 Service 会从负载均衡设备获取到外部 IP，但是这要求 Kubernetes 集群部署在特定类型云上；或者把 Service 类型设置为 NodePort，Service 服务端口会绑定到所有 Kubernetes 集群的物理端口上，外部用户或服务可以通过访问任意一个 Kubernetes 集群的宿主机和绑定端口访问到 Service。
- Endpoint：所有组成 Service 的 Pod 的对外服务端口通常被称为 Endpoint，即服务端点。

关于 Kubernetes 的更多原理介绍、操作说明及资源类型等内容，推荐读者参考 Marko Luksa 的《Kubernetes In Action》一书，在了解 8.2 节介绍的监控系统

Prometheus 之前，也建议读者对 Kubernetes 集群中的基本操作和原理有一定程度的了解，例如，如何创建类型为 ConfigMap 的持久卷（PersistentVolume）资源，并挂载到 Pod 内运行容器的指定目录下修改镜像默认配置文件；如何利用持久卷申明（PersistentVolumeClaim）方法，解耦 Pod 配置文件里对持久化存储类型的关联性，并通过该方法将共享存储挂载到 Pod 内部的容器上，从而实现数据文件持久化；如何利用 Kubernetes 的访问控制（RBAC）机制，创建 Kubernetes 集群里某个命名空间（namespace）下的服务账号（Service Account）资源、创建具有访问 Kubernetes 相关性能指标 API 和资源状态 API 权限的集群角色（Cluster Role）资源，以及创建将服务账号和集群角色进行绑定的集群角色绑定（Cluster Role Binding）资源。

◉ 8.2　Prometheus 简介

　　Prometheus 是一个开源的监控系统，和 Kubernetes 一样，它的原型是 Google 内部对上文提到过的 Kubernetes 的原型系统 Borg 进行监控的 Brogmon 系统，因此 Prometheus 默认提供了对 Kubernetes 的监控功能，主要原理是通过调用 Kubernetes API Server 的相关性能指标接口及各类资源状态接口，实现对 Kubernetes 集群各类资源的自动发现，以及进行性能、状态等方面的监控。Prometheus 自身也支持配置告警规则并将告警信息向外推送，所以可以使 Prometheus 直接将告警信息推送到企业内部的告警工具进行告警，或者将告警信息推送到本书第 1 章介绍的监控系统里的事件总线，由事件总线进行综合处理，从而使 Prometheus 整合进原有的监控系统中。相比使用 Zabbix、Tivoli 等传统方式对 Kubernetes 集群进行监控，使用 Prometheus 可以免去大量和 Kubernetes API Server 交互获取监控数据的开发工作。

　　在本书编写时，Prometheus 的最新版本为 2.28.1 版，本书所采用的示例版本也为 2.28.1 版，图 8-2 是 Prometheus 官网上的通用架构图，结合架构图可以看出，Prometheus 主要有以下几个特点：

- **采用拉取（Pull）方式获取性能指标**：Prometheus 通常采用拉取的方式主动到各个监控对象（Promethesu 把监控对象称为 Target）中获取监控数据，被监控对象提供/metrics 接口，我们通过对 Prometheus 进行配置，即可让 Prometheus Server 按照一定频率（默认为 15 秒 1 次）访问被监控系统的/metrics 接口，获取监控指标数据并进行分析及告警。没有提供/metrics 接口的系统也可以主动向 Prometheus 的 Pushgateway 模块发送数据，

Pushgateway 会将这些数据通过/metrics 接口供 Prometheus Server 使用。

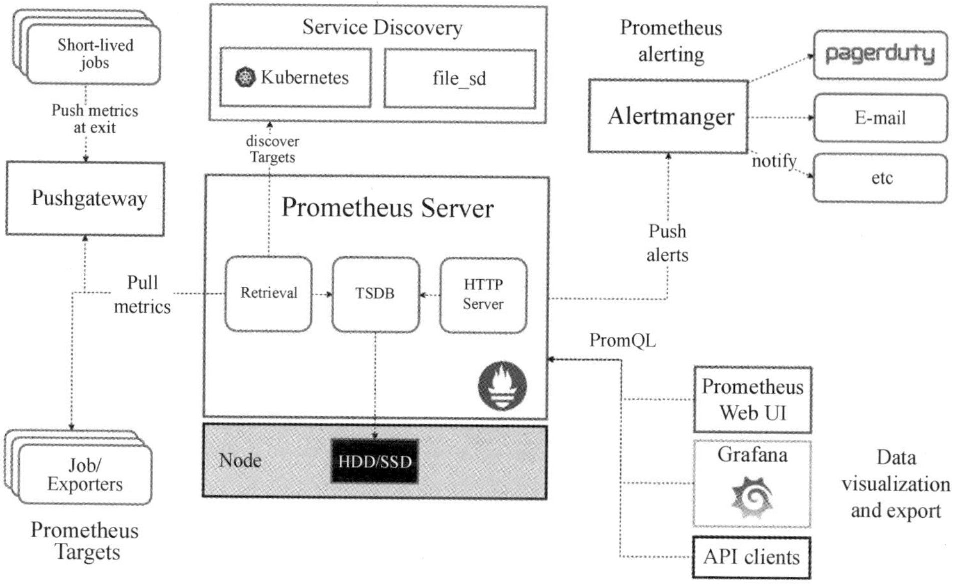

图 8-2　Prometheus 官网上的通用架构图

- **PromQL 查询语句**：是 Prometheus 提供的一种查询语句，通过 PromQL 可以快速对 Prometheus 抓取到的监控数据进行聚合及统计，查询结果既可以用于监控告警，也可以和 Grafana 或企业内部监控展示系统相结合，对历史监控数据进行可视化展示。

- **Job/Exporters:** Job/Exporters 组件的作用是抓取各类监控对象的监控指标，并提供监控指标数据获取接口，如/metrics 接口供 Prometheus Server 调用，Prometheus 官网的 Exporter 介绍页面列举了很多 Job/Exporters 组件，有些是 Prometheus 项目团队提供的组件，有些是第三方组件，这些组件可以对 Redis、Mysql、MongoDB、Oracle、Kafka、RabbitMQ 等常用的商用及开源软件进行监控指标数据抓取。其中，Kube State Metrics 是专门用于抓取 Kubernetes 集群的各类资源状态信息的，例如，Pod 是否创建成功、是否回滚成功等信息，我们会在后续章节中对如何部署 Kube State Metrics 做详细介绍。

- **TSDB**：是一个基于时间序列的数据库，Prometheus 用来存储监控指标数据。

- **Service Discovery**：如本章开头简介所述，Prometheus 支持自动发现某些服务中心的各个对象信息，通常称为服务自动发现功能，Prometheus 支持对 Consul、Kubrenetes、OpenStack 等主流注册中心组件实现服务自动发现功能，其主要工作原理是通过调用这些注册中心的 API 接口，找到各个服务对象，然后轮询这些对象的相关监控指标数据获取接口（默认为/metrics），从而获取监控数据。对于 Kubernetes 集群，Prometheus 可以自动发现集群中的 Node、Pod、Service、Endpoint 及 Ingress 五种类型的资源信息。

▶ 8.3　Prometheus 部署

使用 Prometheus 对 Kubernetes 集群进行监控，通常推荐将 Prometheus 以容器的方式直接部署在 Kubernetes 集群内部，因为 Prometheus 本身也需要部署方式支持高可用模式，即当自身或所运行的服务器发生异常时，可以立刻被安排到新的节点启动，Kubernetes 可以很好地满足这一需求，同时，当 Prometheus 以容器形式运行在 Kubernetes 集群内部时，可以访问域名即服务名的方式访问 Kubernetes API Server，不需要把 API Server 地址配置到配置文件中，API Server 所需的认证信息如证书和令牌文件会也被自动加载到容器的 /var/run/secrets/kubernetes.io/serviceaccount/目录下，可以免去在 Prometheus 配置文件中做相关配置。因为 Kubernetes 集群中类似 Service、Endpoint 等资源可能是无法被集群外部访问的，所以通常建议直接将 Prometheus 部署在 Kubernetes 集群内部。

步骤 1：创建命名空间 namespace

通常一个 Kubernetes 集群可能会被很多不同的租户使用，为降低不同资源之间的耦合度，避免团队之间的误操作，实现租户隔离，Kubernetes 提供了命名空间的方式，把不同资源归属在不同的命名空间。

在部署 Prometheus 时，我们也建议单独创建命名空间，本书示例中会创建一个名叫 monitoring 的命名空间，Prometheus 及相关 Exporter 都会部署在该命名空间的 Pod 里，命名空间的创建命令及创建返回结果如下所示。

```
[root@master ~]# kubectl create namespace monitoring
namespace/monitoring created
```

步骤 2：创建 ConfigMap

当 Prometheus 运行时，从配置文件里读取需要监控的对象信息、告警规则、监控数据抓取频率等，为了实现 Prometheus 对 Kubernetes 的监控，我们需要修改 Prometheus 镜像自带的默认配置文件，通常对在 Kubernetes 集群内运行的容器，我们会创建类型为 ConfigMap 的持久卷资源，随后把包含配置文件的持久卷挂载到容器的相关目录上，我们先使用 Prometheus 在官网上的默认配置文件内容作为即将部署的 Prometheus 容器的配置文件，首先创建名为 prometheus-server-config-map.yaml 的 ConfigMap 配置文件，内容如下所示。

```
apiVersion: v1
kind: ConfigMap
metadata:
  name: prometheus-server-config
  namespace: monitoring
data:
  prometheus.yml:
    global:
      scrape_interval: 15s
      scrape_timeout: 15s
    scrape_configs:
    - job_name: 'prometheus'
      static_configs:
      - targets: ['localhost:9090']
```

上述配置文件表示会在命名空间 monitoring 下创建名为 prometheus-server-config 的 ConfigMap 资源；该资源目前只包括一个名为 prometheus.yml 的配置文件，目前在 prometheus.yml 配置文件中，只配置了一个定期抓取 Prometheus 自身运行指标的任务。

随后运行 ConfigMap 创建命令，命令及成功返回结果如下所示。

```
[root@master ~]# kubectl create -f prometheus-server-config-map.yaml
    configmap/prometheus-server-config created
```

在 ConfigMap 创建成功后，如果要更新 Prometheus 的配置，可以直接对 ConfigMap 进行编辑更新，具体方法见 8.4.1 节。

步骤 3：为 Prometheus 数据持久化创建持久卷及持久卷声明资源

因为 Prometheus 运行在容器里，在默认情况下，当 Prometheus 所在容器重启或因为异常导致容器无法对外提供工作，被 Kubernetes 集群重新选择工作节点启动时，Prometheus 抓取的监控数据就会丢失，所以我们必须对 Prometheus 容器的数据文件保存目录进行持久化操作。在 Kubernetes 集群中，可以直接在容器的部署文件中通过定义 Volume 及相关属性来定义持久卷，同时通过配置部署文件容器的 volumeMounts 属性将容器文件目录绑定到指定的持久卷上。因为定义持久卷时必须要定义存储类型，这样等于把容器定义和存储类型耦合在一起，降低了容器部署文件的可复用性，所以通常不建议在容器的部署文件里直接定义持久卷，而是通过创建持久卷 PersistentVolume（以下简称"pv"）资源来定义持久卷的信息，并在容器的部署文件中定义持久卷声明 PersistentVolumeClaim（以下简称"pvc"）的方式实现容器相关目录和持久卷的绑定。

首先需要创建名为 prometheus-server-pv.yaml 的持久卷配置文件，内容如下所示。

```
apiVersion: v1
kind: PersistentVolume
metadata:
  name: prometheus-server-pv
spec:
  capacity:
    storage: 1Gi
  accessModes:
  - ReadWriteOnce
  persistentVolumeReclaimPolicy: Recycle
  nfs:
    server: 192.168.33.11
    path: /var/nfsshare/prometheusData
```

上述配置文件表示会创建一个名为 prometheus-server-pv 的 pv 资源，该 pv 资源的大小为 1G，存储协议为 nfs 网络存储，对应的存储目录是/var/nfsshare/prometheusData；该 pv 只能被 Kubernetes 集群中的一个工作节点挂载，但是可以支持该工作节点对该存储读写数据（spec.accessModes=ReadWriteOnce）；同时，当对应的 pvc 释放该存储卷时，pv 的数据也会被删除（spec.persistentVolumeReclaimPolicy=Recycle），并且之后这个 pv 可以立刻被其他 pvc 使用。需要注意，pv 资源是不属于任何命名空间（namespace）的，即一个 pv 可以被多个 namespace 里的容器使用。需要说明的是，上述配置文件中的存储容量（1G）、访问模式（ReadWriteOnce）、存储协议（nfs）、对应地址（192.168.33.11）和目录（/var/nfsshare/prometheusData）等配置均为示例配置，生产环境配置需要根据实际需求进行调整。此外，pv 的访问模式（spec.accessModes）及数据的回收模式（spec.persistentVolumeReclaimPolicy）对不同的存储协议支持模式不一致，读者可以通过 Kubernetes 官方文档了解详情。

在完成 prometheus-server-pv.yaml 文件创建及了解各个配置的意义后，可以开始执行命令创建 pv，执行命令及成功返回信息如下所示。

```
[root@master ~]# kubectl create -f prometheus-server-pv.yaml
persistentvolume/prometheus-server-pv created
```

运行下述命令查看返回结果中 STATUS 字段信息是否为 Avaiable（只截取了部分结果）。

```
[root@master ~]# kubectl get pv
 NAME                    CAPACITY   ACCESS MODES   RECLAIM POLICY
STATUS
 prometheus-server-pv   1Gi          RWO            Recycle
Available
```

在成功创建 pv 之后，需要创建类型为 pvc 的资源，以便在 Prometheus 部署文件中使用。首先创建名为 prometheus-server-pvc.yaml 的 pvc 配置文件，内容如下所示。

```
apiVersion: v1
kind: PersistentVolumeClaim
metadata:
  name: prometheus-server-pvc
  namespace: monitoring
spec:
  resources:
    requests:
      storage: 1Gi
  accessModes:
  - ReadWriteOnce
  storageClassName: ""
```

上述配置文件表示会创建一个名为 prometheus-server-pvc.yaml 的 pvc 资源，并且要求存储空间为 1G。创建命令及成功返回结果如下所示。

```
[root@master ~]# kubectl create -f prometheus-server-pvc.yaml
persistentvolumeclaim/prometheus-server-pvc created
```

在 prometheus-server-pvc 被创建成功后，Kubernetes 会自动挑选符合条件的 pv 并与其绑定。我们可以分别执行下述命令查看 prometheus-server-pv 和 prometheus-server-pvc 的状态（由于返回结果过长，只截取了关键部分结果）。

```
[root@master ~]# kubectl get pv
 NAME                    CAPACITY   ACCESS MODES   RECLAIM POLICY
STATUS   CLAIM
 prometheus-server-pv   1Gi          RWO            Recycle
Bound    monitoring/prometheus-server-pvc                      4h15m
 [root@master ~]# kubectl get pvc -n monitoring
```

```
     NAME                          STATUS    VOLUME                CAPACITY
ACCESS MODES
     prometheus-server-pvc    Bound    prometheus-server-pv    1Gi
RWO
```

由上述运行结果可知，prometheus-server-pv 和 prometheus-server-pvc 都已经处于绑定状态（Status=Bound）了，同时两者已经明确绑定到一起了（CLAIM=monitoring/prometheus-server-pvc）。

步骤 4：为 Prometheus 容器赋权访问集群资源

在 Kubernetes 集群里运行的容器可以通过调用 API Server 的 API 来获取集群、集群组件、各个命名空间的资源的信息，但是 Kubernetes 为了提升集群安全性，在默认情况下是不允许运行在 Pod 里的容器获取集群级别和跨命名空间的各类资源及组件信息的。在部署 Prometheus 对 Kubernetes 集群进行监控之前，需要对 Prometheus 运行的容器进行授权。在 Kubernetes 的授权体系中，容器对 API Server 的权限都是和容器所在 Pod 绑定的服务账号资源 ServiceAccount（以下简称"sa"）有关的，同时 sa 有哪些权限，又与其绑定的角色有关，因为 Prometheus 需要获取整个 Kubernetes 集群的相关资源信息，所以需要把 Prometheus 的 sa 和集群角色（ClusterRole）绑定。此外，由于每个 Pod 绑定的 sa 默认是使用所属命名空间被创建时名字叫 default 的默认服务账号，为避免除 Prometheus 外同命名空间下的其他容器也获取相同级别的权限，通常建议为 Prometheus 容器单独新建一个 sa。

首先创建一个名为 prometheus-rbac.yaml 的权限配置文件，其内容如下所示。

```
apiVersion: rbac.authorization.k8s.io/v1
kind: ClusterRole
metadata:
  name: prometheus-cluster-role
rules:
- apiGroups: [""]
  resources:
    - nodes
    - nodes/proxy
    - services
    - endpoints
    - pods
  verbs: ["get", "list", "watch"]
- apiGroups: ["extensions","networking.k8s.io"]
  resources:
```

```
        - ingresses
      verbs: ["get", "list", "watch"]
    - nonResourceURLs: ["/metrics"]
      verbs: ["get"]
---
apiVersion: v1
kind: ServiceAccount
metadata:
  name: prometheus-service-account
  namespace: monitoring
---
apiVersion: rbac.authorization.k8s.io/v1
kind: ClusterRoleBinding
metadata:
  name: prometheus-cluster-role-binding
roleRef:
  apiGroup: rbac.authorization.k8s.io
  kind: ClusterRole
  name: prometheus-cluster-role
subjects:
  - kind: ServiceAccount
    name: prometheus-service-account
    namespace: monitoring
```

上述配置文件表示会创建一个名为 prometheus-cluster-role 的集群角色，该角色可以对工作节点（node）和其代理资源（proxy，主要和读取 cAdvisor 指标有关）、服务（service）、接口服务（endpoint）、容器集合（pod）、负载均衡（ingresses）等集群资源，以及非集群资源（metrics 性能指标）具有读权限，需要注意，随着 Kubernetes 版本的变化，资源名称可能会有所不同。随后创建了一个名为 prometheus-service-account 的服务账号，并通过类型为集群角色绑定（ClusterRoleBinding）的资源将其和集群角色 prometheus-cluster-role 绑定，创建命令及成功返回结果如下所示。

```
[root@master ~]# kubectl create -f prometheus-rbac.yaml
  clusterrole.rbac.authorization.k8s.io/prometheus-cluster-role
created
  serviceaccount/prometheus-service-account created
  clusterrolebinding.rbac.authorization.k8s.io/prometheus-cluster-
role-binding created
```

在 prometheus-service-account 创建成功并与 prometheus-cluster-role 绑定后，在 Prometheus 部署文件里，只要指定 sa 的名字为 prometheus-service-account，Prometheus 就会有对集群相关资源的读权限了。

步骤 5：部署 Prometheus

首先创建名为 prometheus-server-deployment.yaml 的部署文件，其内容如下所示。

```
apiVersion: apps/v1
kind: Deployment
metadata:
  name: prometheus-server-deployment
  namespace: monitoring
  labels:
    app: prometheus-server
spec:
  replicas: 1
  selector:
    matchLabels:
      app: prometheus-server
  template:
    metadata:
      labels:
        app: prometheus-server
    spec:
      serviceAccountName: prometheus-service-account
      containers:
        - name: prometheus
          image: prom/prometheus:v2.28.1
          args:
          - "--storage.tsdb.retention.time=7d"
          - "--config.file=/etc/prometheus/prometheus.yml"
          - "--storage.tsdb.path=/prometheus"
          - "--web.enable-lifecycle"
          - "--web.enable-admin-api"
          ports:
            - containerPort: 9090
              name: http-admin
          volumeMounts:
```

```
        - name: prometheus-config-volume
          mountPath: /etc/prometheus/
        - name: prometheus-storage-volume
          mountPath: /prometheus/
    securityContext:
      runAsUser: 0
    volumes:
      - name: prometheus-config-volume
        configMap:
          name: prometheus-server-config
      - name: prometheus-storage-volume
        persistentVolumeClaim:
          claimName: prometheus-server-pvc
```

从上述配置文件中可以看到，前几个步骤创建的 ConfigMap（prometheus-server-config）、pvc（prometheus-server-pvc）、sa（prometheus-service-account）等资源都被用到了；通常当 Prometheus 容器运行时，容器内的 Prometheus 进程默认是由 nobody 用户启动的，因为我们将 Prometheus 的数据文件持久化保存到 nfs 存储上，所以在默认情况下会没有权限访问挂载到容器里的 nfs 存储。为解决这个问题，可以配置 securityContext.runAsUser 字段，让容器里所有进程都用指定的用户 ID 运行，需要和 nfs 存储上允许读写的用户 ID 相同。为便于测试，本书将 securityContext.runAsUser 设为 0，即容器里的 Prometheus 进程是由 root 启动的。Prometheus 容器启动时的参数说明如下：

- --storage.tsdb.retention.time=7d，数据保存周期为 7 天，默认为 15 天。
- --config.file，指定 Prometheus Server 的配置文件，这里会通过 Volume 的配置，使用步骤 2 中 ConfigMap 定义的配置文件 prometheus.yml。
- --storage.tsdb.path，指定 Prometheus TSDB 时序数据持久化的目录，这里会通过 Volume 的配置把数据挂载到步骤 3 创建的持久卷上。
- --web.enable-lifecycle，通过 HTTP API（/-/reload）接口，Prometheus 可以重新加载配置文件，避免每次修改配置文件时重启 Prometheus。因为这种方式只支持 post 方法，所以我们通常在 Kubernetes 集群的任意一个宿主机上，通过运行 curl -X POST http://PrometheusPodIP:containerPort/-/reload 命令，直接让 Prometheus 更新 IP，其中，IP 可以是 Prometheus 容器所在 Pod 的 IP，也可以是 Prometheus 的对外服务 IP（详见步骤 6），或者直接通过 curl -X POST http://宿主机 IP:宿主机端口/-/reload 方式更新 Prometheus 配置，只要 Prometheus 的服务端口映射到宿主机上即可。

- --web.enable-admin-api，通过 HTTP API "api/v1/admin/tsdb/delete_series" 接口，Prometheus 可以删除 TSDB 数据，访问方式地址同参数 web.enable0-lifecycle 一样，该 API 接口支持的参数较多，如删除关于工作节点 node1 的所有监控数据，可以运行 curl -X POST 'http://PrometheusPodIP:containerPort /api/v1/admin/tsdb/delete_series?match[]={instance="node1"}'，API 详情可参考官网说明。

在完成 prometheus-server-deployment.yaml 文件创建及了解各个配置的意义后，开始执下述命令创建并运行 Prometheus 容器。

```
[root@master ~]# kubectl create -f prometheus-server-deployment.yaml
    deployment.apps/prometheus-server-deployment created
```

在创建成功之后，运行下述命令查看容器是否正常运行。

```
[root@master ~]# kubectl get pods -n monitoring
NAME                                             READY   STATUS
RESTARTS    AGE
prometheus-server-deployment-f7df47ff4-dj7fl    1/1     Running
0          2m6s
```

可以看到，在命名空间 monitoring 下名字为 prometheus-server-deployment-f7df47ff4-dj7fl 的 Pod 已经在运行了（STATUS=Running）。

步骤 6：为 Prometheus 部署对外服务资源

在完成 Prometheus 部署之后，Prometheus 只能在集群内部被访问，为了能让我们通过远程客户端直接访问 Prometheus 管理页面，还需要为其创建 Service 资源，首先创建名为 prometheus-server-service.yaml 的配置文件，其内容如下所示。

```
apiVersion: v1
kind: "Service"
metadata:
  name: prometheus-server-service
  annotations:
    prometheus.io/scrape: 'true'
  namespace: monitoring
spec:
  selector:
    app: prometheus-server
  type: NodePort
  ports:
```

```
   - port: 9090
     targetPort: 9090
     nodePort: 30000
```

上述配置文件表示为 Prometheus 创建一个类型为 NodePort（spec.type=NodePort）的 Service，该 Service 会将请求转到被打过标签 app=prometheus-server 的 Pod 上（spec.selector.app=prometheus-server），我们在步骤 4 中创建 Prometheus 容器时，已经为该容器所在 Pod 设置过标签 app:prometheus-server（selector.matchLabels. app=prometheus-server），所以所有访问这个 Service 9090 端口（spec.ports.port=9090）的请求都会被转发到 Prometheus 所在 Pod 的 9090 端口（spec.ports.targetPort=9090）。同时，配置文件里还把 Service 的 9090 端口映射到 Kubernetes 集群宿主机的 30000 端口，在该 Service 创建成功后，我们可以通过浏览器访问 Kubernetes 中任意一个宿主机 IP 地址和 30000 端口，从而访问 Prometheus 的 Web 管理页面。

Service 创建及创建成功命令如下所示。

```
[root@master ~]# kubectl create -f prometheus-server-service.yaml
service/prometheus-service created
```

运行下述命令查看 Service 是否正常创建。

```
[root@master ~]# kubectl get svc -n monitoring
NAME                     TYPE        CLUSTER-IP       EXTERNAL-IP
PORT(S)          AGE
prometheus-service   NodePort    10.110.226.86    <none>
9090:30000/TCP   25s
```

我们可以通过 http://任意一个宿主机 IP:30000 来访问 Prometheus，样例如图 8-3 所示。

图 8-3　Prometheus 运行页面

同时，我们可以通过单击页面上方导航栏中的 Status→Targets 按钮，跳转至如图 8-4 所示 Prometheus 抓取数据对象页面，可以看到，我们在步骤 2 创建 ConfigMap 时建立的对 Prometheus 自身进行监控的配置已经存在了。

图 8-4　Prometheus 抓取数据对象页面

8.4　Kubernetes 集群监控

在使用 Prometheus 等工具或技术对 Kubernetes 实现监控前，我们先要对 Kubernetes 的监控范畴进行说明。从 8.1 节中对 Kubernetes 架构的描述可知，Kubernetes 里可监控的对象是比较多的，要对基础设施、Kubernetes 集群、应用容器等实施全面的监控，涉及从底层基础、容器、上层应用服务的可用性，以及性能、日志等各类监控领域的监控实施。

- 对基础设施的监控，硬件层面的监控实施可参考本书第 2 章相关内容。
- 对工作节点即宿主机的监控，可参考本书第 4 章相关内容。如使用 Zabbix 进行监控，但是因为已经使用 Prometheus 作为 Kubernetes 集群监控的核心监控组件了，所以通常建议直接部署 Prometheus 的 Node Exporter 插件。Node Exporter 插件主要负责从操作系统内核读取如主机负载、CPU 使用率、内存使用率、磁盘读写性能等各类监控指标数据，随后通过/metrics 或类似接口将这些数据供 Prometheus 或其他监控系统读取，本节会详细介绍如何在 Kubernetes 集群中部署 Node Exporter，以及与 Prometheus 整合的方法。
- 对 Kubernetes 里的容器的监控，可以使用 cAdvisor 工具进行，并且 cAdvisor 默认已经集成进 Kubelet 中，所以无须额外安装。
- 对 Kubernetes 中如 Pod、Replicaset 等资源的运行状况进行监控，可以使用 Kube State Metrics Exporter 来实现。Kube State Metrics 的工作原理是通过

调用 Kubernetes 的 API Server 接口，获取集群内部各种资源对象的运行状况。

- 对集群整体运行的健康情况进行监控，如果想要了解 Kubernetes 控制平面各个组件的请求队列情况、etcd 的所占存储空间大小等信息，可以通过 Kubernets 的 API Server 组件已经提供的/metrics 监控指标数据接口获取。
- 对应用系统的监控，我们通常从三个方面实施，分别是指标数据监控、链路跟踪、日志监控。

8.4.1　宿主机监控

在使用 Prometheus 对 Kubernetes 集群进行监控时，我们通常会用 Node Exporter 作为控制平面和工作节点的监控数据抓取工具。因为是对宿主机进行监控，通常不建议把 Node Exporter 运行在容器里，否则还需要做容器和宿主机之间的相关目录映射、网络空间和进程空间的共享相关配置，以此读取宿主机的运行数据。但是，实际中我们在使用 Kubernetes 集群时，涉及的宿主机规模可能会非常大，这就需要我们到每台服务器上去部署 Node Exporter（当然通常会采取一些批量部署的方法），并且在部署完成后，修改 Prometheus 的配置文件，依次将所有 Node Exporter 的/metrics 接口配置进配置文件，如果 Kubernetes 集群里的服务器新增或减少，还需要同步修改 Prometheus 的配置文件。这个过程比较耗时，并且可能会因为配置错误引入异常，所以建议把 Node Exporter 直接部署到 Kubernetes 集群里，随后利用 Prometheus 对 Kubernetes 的资源自动发现机制，自动探测所有 Node Exporter 的/metrics 接口并进行监控数据抓取工作。Node Exporter 在 GitHub 项目主页上提供了直接在 Docker 容器里运行的方法。

```
docker run -d \
  --net="host" \
  --pid="host" \
  -v "/:/host:ro,rslave" \
  quay.io/prometheus/node-exporter:latest \
  --path.rootfs=/host
```

相关参数说明如下：
- --net="host"：容器要使用宿主机的网络空间，从而获取宿主机的网络数据。
- --pid="host"：容器要使用宿主机的进程空间，从而获取宿主机的 CPU、内存及进程状态等数据。
- -v "/:/host:ro,rslave"：表示将宿主机的根目录"/"挂载到容器的"/host"目录下，并且容器对这个挂载目录只有读权限，挂载目录上任何文件的更新都会实时反映到容器的"/host"目录下(rslave)。

- --path.rootfs=/host：告诉 Node Exporter 把容器的"/host"目录当成要监控系统的根目录。

Node Exporter 内部实际包含了很多 collector，用来抓取宿主机的各类运行数据，上述参数只是默认配置，在实际运行中，有些 collector 默认是运行的，有些 collector 默认是关闭的，读者可以根据实际需求，参考 GitHub 上 collector 相关信息，打开或关闭相关 collector。

在了解 Docker 运行 Node Exporter 命令参数之后，我们可以开始在 Kubernetes 集群里设置对应参数部署 Node Exporter。

步骤 1：在所有节点部署 Node Exporter

参照 Docker，该命令撰写 Node Exporter 在 Kubernetes 集群里的部署文件，内容如下。

```
apiVersion: apps/v1
kind: DaemonSet
metadata:
  name: node-exporter
  namespace: monitoring
  labels:
    name: node-exporter
spec:
  selector:
    matchLabels:
      name: node-exporter
  template:
    metadata:
      labels:
        name: node-exporter
      annotations:
        prometheus.io/scrape: 'true'
        prometheus.io/port: '9100'
        prometheus.io/path: 'metrics'
    spec:
      hostNetwork: true
hostPID: true
      containers:
      - name: node-exporter
```

```
image: quay.io/prometheus/node-exporter:v1.1.2
ports:
- containerPort: 9100
securityContext:
  privileged: true
args:
- --path.rootfs=/host
volumeMounts:
- name: rootfs
  mountPath: /host
  readOnly: true
  mountPropagation: HostToContainer
tolerations:
- key: "node-role.kubernetes.io/master"
  operator: "Exists"
  effect: "NoSchedule"
volumes:
  - name: rootfs
    hostPath:
      path: /
```

在上述配置文件中，hostPID: true 和 hostNetwork: true 与 Docker 启动 Node Exproter 命令中的--net="host"和--pid="host"参数效果一样；在 volumeMounts 和 volumes 配置中，把宿主机的根目录 "/" 挂载到容器的 "/host" 目录下，并且容器对该目录只有只读权限（volumeMounts.readOnly=true），宿主机根目录 "/" 下的内容更新会实时映射到容器 "/host" 目录下（volumeMounts .mountPropagation= HostToContainer，效果相当于 dock 启动容器时的 rslave 参数）。此外，因为 Node Exporter 需要监控 Kubernetes 集群里包括管理节点和工作节点在内的每台宿主机，所以配置文件里使用了 DaemonSet 的部署方式，保证每个工作节点上都会创建运行着 Node Exporter 容器的 Pod，同时通过配置 tolerations 参数，管理节点上也部署并运行包含 Node Exporter 容器的 Pod。最后，我们给 Pod 加了三个注释，分别是 prometheus.io/scrape: 'true'、prometheus.io/port: '9100' 及 prometheus.io/path: 'metrics'，这些注释可以使我们配置 Prometheus 监控任务时，在配置文件指定当自动发现的 Pod 注释信息 prometheus.io/scrape 值为 ture 时，Prometheus 需要监控这个 Pod，并通过访问 Pod IP 的 9100 端口的/metrics 接口来进行监控。

在了解 Node Exporter 部署文件的各个参数的意义后，我们可以开始创建一个包含上述配置内容名为 node-exporter-deploymet.yaml 的配置文件，然后运行下述命令部署 Node Exporter。

```
[root@master ~]# kubectl create -f node-exporter-deployment.yaml
daemonset.apps/node-exporter created
```

在创建成功后，运行下述命令，查看 Pod 的状态是否为 Running（本书中创建的 Kubernetes 集群的实验环境总共有 3 台宿主机）。

```
[root@master ~]# kubectl get pods -n monitoring
NAME                                               READY   STATUS
RESTARTS    AGE
node-exporter-6d2f9                                1/1     Running
0           38m
node-exporter-grnb4                                1/1     Running
0           38m
node-exporter-tppd2                                1/1     Running
0           38m
prometheus-server-deployment-f7df47ff4-b8chx       1/1     Running
6           11h
```

随后，我们可以随机挑选宿主机，通过浏览器访问 http://宿主机 IP:9100/metrics，查看 Node Exporter 可以抓取的所有监控指标数据，部分示例内容如下。

```
 # HELP node_ipvs_outgoing_packets_total The total number of
outgoing packets.
 # TYPE node_ipvs_outgoing_packets_total counter
node_ipvs_outgoing_packets_total 0
 # HELP node_load1 1m load average.
 # TYPE node_load1 gauge
node_load1 0.12
 # HELP node_load15 15m load average.
 # TYPE node_load15 gauge
node_load15 0.28
 # HELP node_load5 5m load average.
 # TYPE node_load5 gauge
node_load5 0.23
 # HELP node_memory_Active_anon_bytes Memory information field
Active_anon_bytes.
 # TYPE node_memory_Active_anon_bytes gauge
node_memory_Active_anon_bytes 7.76536064e+08
 # HELP node_memory_Active_bytes Memory information field Active_
```

```
bytes.
    # TYPE node_memory_Active_bytes gauge
    node_memory_Active_bytes 1.250353152e+09
    # HELP node_memory_Active_file_bytes Memory information field
Active_file_bytes.
    # TYPE node_memory_Active_file_bytes gauge
    node_memory_Active_file_bytes 4.73817088e+08
    # HELP node_memory_AnonHugePages_bytes Memory information field
AnonHugePages_bytes.
    # TYPE node_memory_AnonHugePages_bytes gauge
    node_memory_AnonHugePages_bytes 4.48790528e+08
```

步骤 2：更新 Prometheus 配置文件

在成功部署 NodeExporter 后，我们需要更新 Prometheus 的配置文件，即 8.3 节步骤 2 中创建的 ConfigMap。通常更新 ConfiaMap 可以有两种方式：一是直接运行命令 "kubectl edit ConfigMap prometheus-server-config-n monitoring" 来编辑 ConfigMap；二是编辑 prometheus-server-config-map.yaml 文件，随后运行命令 "kubectl apply-f prometheus-server-config-map.yaml" 来更新 ConfigMap。我们一般建议用第二种方法来更新 ConfigMap，这样可以使实际使用的 ConfigMap 和 ConfigMap 的部署文件内容保持一致。

编辑 prometheus-server-config-map.yaml 文件，可以先把 8.3 节步骤 2 中创建的测试任务（如下所示）删除。

```
scrape_configs:
    - job_name: 'prometheus'
      static_configs:
      - targets: ['localhost:9090']
```

随后，添加名为 "kubernetes-pods" 的新任务，用于自动抓取 Kubernetes 集群里的所有 Pod 的运行数据。

```
######################### kubernetes-pods ####################
##########
    scrape_configs:
    - job_name: 'kubernetes-pods'
      kubernetes_sd_configs:
        - role: pod
```

参数 "- role: pod" 会让 Prometheus 自动访问所在 Kubernetes 集群的 API Server，并获取所有 Pod 信息及运行容器的端口信息（如果 Pod 里没有配置 containerPort

参数，则会把 80 端口作为访问端口），随后依次访问 PodIP:containerPort/metrics 接口获取监控数据。当然，通常并不是所有在集群里的容器都会对外提供/metrics 接口，所以我们需要使用 Prometheus 的 relabel 配置，只监控提供监控数据获取接口的容器，需要添加如下配置。

```
relabel_configs:
  - source_labels: [__meta_kubernetes_pod_annotation_prometheus_io
_scrape]
    action: keep
    regex: true
  - source_labels: [__meta_kubernetes_pod_annotation_prometheus_io
_path]
    action: replace
    regex: (.+)
    target_label: __metrics_path__
  - source_labels: [__address__,__meta_kubernetes_pod_annotation_p
rometheus_io_port]
    action: replace
    regex: ([^:]+)(?::\d+)?;(\d+)
    replacement: $1:$2
    target_label: __address__
```

配置文件中的标签 adderss 和 metrics_path 都是 Prometheus 系统的内部标签，address 的值表示 Prometheus 最终要采集数据的地址及端口信息，在 Pod 的自动发现中，address 的值默认为 PodIP:containerPort，如果 Pod 配置文件定义了多个 containerPort，Prometheus 也会依次生成监控目标，逐个访问并获取监控指标数据。metrics_path 的值表示 Prometheus 要访问的接口地址，默认为/metrics，有时我们会根据实际情况对这个标签的值进行替换。以 meta 开头的标签都是 Prometheus 自动发现资源时添加的相关元数据标签，标签 meta_kubernetes_pod_annotation_prometheus_io_scrape 对应 Node Exporter 部署文件里的注释 prometheus.io/scrape、标签 meta_kubernetes_pod_annotation_prometheus_io_path 对应注释 prometheus.io/port、标签 meta_kubernetes_pod_annotation_prometheus_io_port 对应注释 prometheus.io/path。上述配置表明，Prometheus 只会抓取所有 Pod 里添加过注释 prometheus.io/scrape:'true'的监控数据信息，并且要访问的目标 IP 地址为 PodIP，端口为注释 prometheus.io/port 对应的值即 9100，接口地址为注释 prometheus.io/path 对应的值即/metrics，Prometheus 会通过 http://PodIP:9100/ metrics 访问 Node Exporter 获取监控数据，至此我们可以发现，在 Node Exporter 的 Pod

部署文件里，如果定义了 containerPort 且该端口就是监控数据指标服务端口，则可以不用添加注释 prometheus.io/port，在 Prometheus 的任务抓取配置文件里，也不需要对标签__address__对应值包含的端口信息做替换操作；同理，如果容器的监控指标数据服务默认使用的是 /metrics 路径，则也可以不用添加注释 prometheus.io/path，在 Prometheus 的任务抓取配置文件里也不需要对标签 __metrics_path__对应值做替换操作；我们在示例中添加注释，并在 Prometheus 中根据这些标签做的对应动作主要是为了展示如果 containerPort 不是监控指标数据获取服务端口、访问路径不是/metrics 时该如何处理。

最后，Prometheus 不会把以__开头的元数据标签作为可被最终查询的标签即目标标签（target label）保留下来，可根据实际情况利用 relabel 配置把我们需要的元数据标签转化为最终可被查询的目标标签，示例如下。

```
- action: labelmap
  regex: __meta_kubernetes_pod_label_(.+)
- source_labels: [__meta_kubernetes_namespace]
- action: replace
  target_label: kubernetes_namespace
- source_labels: [__meta_kubernetes_pod_name]
  action: replace
  target_label: kubernetes_pod_name
- source_labels: [__meta_kubernetes_pod_container_name]
  action: replace
  target_label: kubernetes_pod_container_name
```

上述配置表示会把元数据标签__meta_kubernetes_pod_label_(.+)中的正则表达式(.+)抓取的内容保留下来（action: labelmap 的作用）作为目标标签的名字，如__meta_kubernetes_pod_label_name 会转换成 name 作为目标标签保留；元数据标签__meta_kubernetes_pod_name 会转换成 kubernetes_pod_name 作为目标标签保留；元数据标签__meta_kubernetes_pod_container_name 会转换成 kubernetes_pod_container_name 保留，任务配置如下所示。

```
########################## kubernetes-pods ##########################
############
    - job_name: 'kubernetes-pods'
      kubernetes_sd_configs:
      - role: pod
      relabel_configs:
      - source_labels: [__meta_kubernetes_pod_annotation_promethe
```

```
us_io_scrape]
        action: keep
        regex: true
    - source_labels: [__meta_kubernetes_pod_annotation_promethe
us_io_path]
        action: replace
        target_label: __metrics_path__
        regex: (.+)
    - source_labels: [__address__, __meta_kubernetes_pod_annota
tion_prometheus_io_port]
        action: replace
        regex: ([^:]+)(?::\d+)?;(\d+)
        replacement: $1:$2
        target_label: __address__
    - action: labelmap
        regex: __meta_kubernetes_pod_label_(.+)
    - source_labels: [__meta_kubernetes_namespace]
        action: replace
        target_label: kubernetes_namespace
    - source_labels: [__meta_kubernetes_pod_name]
        action: replace
        target_label: kubernetes_pod_name
    - source_labels: [__meta_kubernetes_pod_container_name]
        action: replace
        target_label: kubernetes_pod_container_name
```

运行下述命令更新 ConfigMap。

```
[root@master ~]# kubectl apply -f prometheus-server-config-map.yaml
configmap/prometheus-server-config unchanged
```

几秒钟后，待 ConfigMap 修改的信息已经同步到 Prometheus 容器，在任意一个宿主机上运行命令 curl -X POST http://prometheus-service 的 Cluster-IP:9090/-/reload，使 Prometheus 更新配置文件。在更新完成后，可以在 Prometheus 的服务发现页面上看到所有的 Node Exporter 都已经被 Prometheus 访问到了，示例如图 8-5 所示。

同时，我们可以在 Graph 页面用 PromQL 对从 Node Exporter 获取的监控指标进行查询统计，如通过语句"(1 - rate(node_cpu_seconds_total{mode="idle"}[3m])) * 100"查询各宿主机的 CPU 使用率，示例结果如图 8-6 所示。

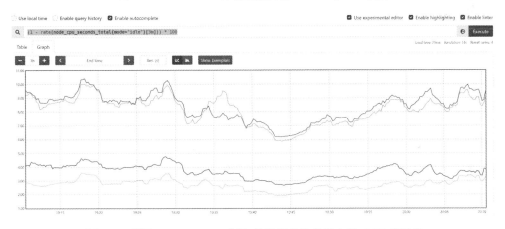

图 8-5　Prometheus 自动服务发现 Node Exporter 信息

图 8-6　利用 Node Exporter 抓取的指标查询各宿主机 CPU 使用率

至此，我们完成了对 Node Exporter 的部署，以及与 Prometheus 的整合，可以根据实际需求，对从 Node Exporter 发现的各类监控指标数据进行查询统计，从而进行报警。最后要强调的是，基于 Prometheus 对 Pod 信息自动发现所配置的抓取任务，不仅可以用于访问 Node Exporter，而且任何 Pod 只要在部署文件里添加注释 prometheus.io/scrape: 'true'，并通过注释 prometheus.io/port 指明提供监控指标数据获取的服务端口、通过注释 prometheus.io/path 指明监控指标数据获取接口 API，就可以被 Prometheus 自动发现并访问，这也使在 Kubernetes 里运行且有对外提供监控指标数据获取接口的应用系统容器可以主动通过上述配置方法让 Prometheus 抓取监控数据。当然，如果该接口需要通过 https 协议访问，就需要在 Prometheus 配置文件里再新建一个类似的任务，设置参数 scheme: https 并通过设置 tls_config 配置证书等信息来获取数据。

8.4.2　容器监控

我们可以使用 7.3 节介绍的 cAdvisor 工具，对在 Kubernetes 里运行的容器状态及消耗资源进行监控，并且由于 Kubernets 在每个宿主机上运行的 Kubelet 工具已经集成了 cAdvisor 工具，所以不需要额外在每台宿主机上部署运行了 cAdvisor 工具的容器，直接访问 Kubernetes 的 API 接口即可获取相关信息。

在 Kubernetes 1.7.3 版本以前，cAdvisor 的接口集成在 Kubelet 接口中，访问方式为 "http://kubelet 对外服务 IP 地址:kubelet 的端口/metrcis/cAdvisor"，即我们可以通过 Prometheus 对 Kubernetes 的自动发现功能，发现所有 Kubelet 对外服务 IP（宿主机 IP）及对外服务端口，然后再把抓取任务中的 metrics_path 设置为 /metrics/cadvisor。但是 Kuberntes 从 1.7.3 版本开始，无法通过直接访问 Kubelet 的 API 获取 cAdvisor 的数据，需要直接访问 Kubernetes API Server 来获取，访问方式为 "https://API Server 的 IP 地址:API Server 的端口/api/v1/nodes/节点名称/proxy/metrics/cadvisor"。由此我们可以知道，只要获取 API Server 的 IP 地址、API Server 的端口，以及每个宿主机在集群内的名称，就可以访问并获取每个宿主机上 cAdvisor 关于容器的数据了。

关于获取 API Server 的 IP 地址和 API Server 的端口信息，因为 Kubernetes 集群中的 API Server 已经配置了可在集群内被访问的名为 kubernetes 且在名为 default 的名空间下的服务资源，所以我们只需要让 Prometheus 访问该服务即可。同时，因为在集群内部各类资源的 IP 地址可能会因为自动编排或人为修改等原因被修改，所以在集群内部访问一个服务通常可以使用访问代表服务的域名，域名格式为 "服务名.命名空间名.svc"，因此集群内部 API Server 的访问域名为 kubernetes.default.svc。我们可以通过 kubectl get svc 命令查看服务名为 kubernetes 的信息来确定对应 API Server 端口，示例如下。

```
[root@master ~]# kubectl get svc
NAME         TYPE        CLUSTER-IP    EXTERNAL-IP   PORT(S)   AGE
kubernetes   ClusterIP   10.96.0.1     <none>        443/TCP   31d
```

上述示例中显示，服务 Kubernetes 在集群内可被访问的端口为 443。

要获取每个宿主机在集群内的名字，可以利用 Prometheus 对 Kubernetes 集群节点的自动发现机制，通过在抓取任务里配置参数 "- role: node"，Prometheus 会自动获取每个节点的相关信息并把这些信息存放在元数据标签里，通过元数据标签 __meta_kubernetes_node_name，我们可以获取每个节点的名字。

在解决如何获取上述信息的问题之后，我们可以和配置 Node Exporter 一样，在抓取任务里配置 relabel 参数，把标签 address 及 metrics_path 换成对应信息，从而获取 cAdvisor 的监控数据，实现对容器的监控。

在 ConfigMap 中新增任务内容如下所示。

```
############################ kubernetes-cadvisor ################
##############
    - job_name: 'kubernetes-cadvisor'
      scheme: https
      tls_config:
        ca_file: /var/run/secrets/kubernetes.io/serviceaccount/ca.crt
      bearer_token_file: /var/run/secrets/kubernetes.io/
serviceaccount/token
      kubernetes_sd_configs:
      - role: node
      relabel_configs:
      - action: labelmap
        regex: __meta_kubernetes_node_label_(.+)
      - target_label: __address__
        replacement: kubernetes.default.svc:443
      - source_labels: [__meta_kubernetes_node_name]
        regex: (.+)
        target_label: __metrics_path__
        replacement: /api/v1/nodes/${1}/proxy/metrics/cadvisor
```

在上述配置中，tls_config 参数配置了访问 API Server 所需的证书（ca_file）及令牌（bearer_toke_file）文件，这两个文件会在 Prometheus 容器创建时，自动加载到容器的/var/run/secretes/kubernets.io/serviceaccount 目录下，因为我们在 8.3 节中已经为 Prometheus 所在容器绑定了对 API Server 有访问权限的 sa，所以 Prometheus 可以访问 API Server 接口并获取 cAdvisor 数据。需要注意的是，当 Prometheus 部署在 Kubernetes 集群内部，访问 API Server 进行服务发现功能时，会自动使用上述证书和令牌文件，但是我们在访问通过自动发现后生成的监控目标（Target）时，如果需要以 https 的方式访问，即使访问目标是 API Server，仍然需要指定对应的证书、令牌等认证信息。

上述配置文件中最后一段配置表示会把__metrics_path__的值即实际要访问的监控数据指标接口替换为/api/v1/nodes/${1}/proxy/metrics/cadvisor，其中，${1} 又通过表示抓取任意字符串的正则表达式(.+)被替换成元数据标签__meta_kubernetes_node_name 所对应的值，即节点在集群内部的名字。

在了解了新增任务的各项参数的意义后，我们再次更新 ConfigMap。

```
[root@master ~]# kubectl apply -f prometheus-server-config-map.yaml
configmap/prometheus-server-config configured
```

几秒钟后，待配置文件已经更新到了 Prometheus 容器。

```
[root@master ~]# curl -X POST http://10.110.226.86:9090/-/reload
```

在更新完成后，可以在 Prometheus 的服务发现页面上看到所有节点的 cAdvisor 数据都已经被 Prometheus 访问到了，如图 8-7 所示。

图 8-7　Prometheus 通过自动发现机制自动发现每个节点的 cAdvisor 信息

和 Node Exporter 类似，我们可以在 Graph 页面使用 PromQL 对从 cAdvisor 获取的监控指标进行查询统计，如分别通过语句"rate(container_network_receive_bytes_total[3m])"及"rate(container_cpu_usage_seconds_total[3m])"查询各容器网络对宿主机 CPU 的占用率，示例结果如图 8-8 所示。

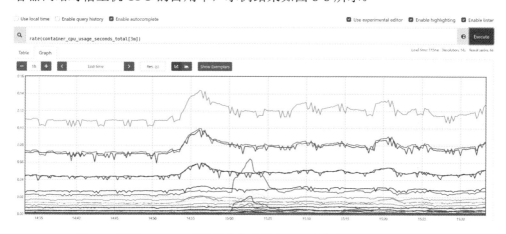

图 8-8　通过 cAdvisor 抓取的指标查询各容器对宿主机 CPU 的占用率

至此，我们就完成了用 Prometheus 对 cAdvisor 容器监控指标数据的抓取配置工作，可以根据实际需求，对 cAdvisor 的各类监控指标数据进行查询统计，从而进行报警。关于 cAdvisor 的监控指标，详情可参考 7.3 节。

8.4.3　集群资源监控

在了解了如何对 Kubernetes 集群内所有宿主机及集群内运行容器的监控方法后，本节开始介绍对 Kubernetes 集群内部的资源进行监控的方法，这里的内部资源主要指集群内部的逻辑资源，如 Pod、Deployments、Replicasets、NameSpace、PersistentVolume 等各种 Kubernetes 集群里提出有关概念对应的资源，不包括 Kubernetes 架构里如 API Srver、etcd 等实际组件。对 Kubernetes 集群逻辑资源的监控，可以使用 Kube State Metrics Exporter，该 Exporter 通过访问 Kubernetes 集群的 API Server 获取集群内部如 Pod、Deployments、Replicasets 等各类资源的运行状况，随后通过/metrics 接口对外提供监控指标数据获取服务。通过 Kube State Metrics 抓取的监控指标数据，我们可以对集群内部资源的健康状况有更深入的了解，如通过一个容器重启的次数来推测容器是否有异常，通过某个容器的部署状态来判断该容器是否回滚成功或遇到异常等。

和 Node Exporter 类似，我们也需要部署 Kube State Metrics，Kube State Metrics 在 GitHub 上提供了在 Kubernetes 的部署文件示例，我们可以参考 Kube State Metrics 的部署文档，设计符合实际需求的部署方案，部署步骤说明如下。

步骤 1：创建可以访问集群资源的服务账号

由于 Kube State Metrics 运行时需要访问 Kubernetes 集群的 API Server 获取各类资源信息，所以我们也需要做和 8.3 节中步骤 4 类似的操作，为 Kube State Metrics 创建服务账号并赋予相关权限。创建一个名为 kube-state-metrics-rbac.yaml 的权限配置文件，其内容如下所示。

```
apiVersion: rbac.authorization.k8s.io/v1
kind: ClusterRole
metadata:
  name: kube-state-metrics-cluster-role
rules:
  - apiGroups: [""]
    resources:
      - configmaps
      - secrets
      - nodes
```

```
      - pods
      - services
      - resourcequotas
      - replicationcontrollers
      - limitranges
      - persistentvolumeclaims
      - persistentvolumes
      - namespaces
      - endpoints
    verbs: ["list", "watch"]
  - apiGroups: ["extentions"]
    resources:
      - daemonsets
      - deployments
      - replicasets
      - ingresses
    verbs: ["list", "watch"]
  - apiGroups: ["apps"]
    resources:
      - statefulsets
      - daemonsets
      - deployments
      - replicasets
    verbs: ["list", "watch"]
  - apiGroups: ["batch"]
    resources:
      - cronjobs
      - jobs
    verbs: ["list", "watch"]
  - apiGroups: ["autoscaling"]
    resources:
      - horizontalpodautoscalers
    verbs: ["list", "watch"]
  - apiGroups: ["authentication.k8s.io"]
    resources:
      - tokenreviews
    verbs: ["create"]
  - apiGroups: ["authorization.k8s.io"]
```

```
      resources:
        - subjectaccessreviews
      verbs: ["create"]
  - apiGroups: ["policy"]
      resources:
        - poddisruptionbudgets
      verbs: ["list","watch"]
  - apiGroups: ["certificates.k8s.io"]
      resources:
        - certificatesigningrequests
      verbs: ["list","watch"]
  - apiGroups: ["storage.k8s.io"]
      resources:
        - storageclasses
        - volumeattachments
      verbs: ["list","watch"]
  - apiGroups: ["admissionregistration.k8s.io"]
      resources:
        - mutatingwebhookconfigurations
        - validatingwebhookconfigurations
      verbs: ["list","watch"]
  - apiGroups: ["networking.k8s.io"]
      resources:
        - networkpolicies
        - ingresses
      verbs: ["list","watch"]
  - apiGroups: ["coordination.k8s.io"]
      resources:
        - leases
      verbs: ["list","watch"]
---
apiVersion: v1
kind: ServiceAccount
metadata:
  name: kube-state-metrics-service-account
  namespace: monitoring
---
apiVersion: rbac.authorization.k8s.io/v1
```

```
kind: ClusterRoleBinding
metadata:
  name: kube-state-metrics-cluster-role-binding
roleRef:
  apiGroup: rbac.authorization.k8s.io
  kind: ClusterRole
  name: kube-state-metrics-cluster-role
subjects:
  - kind: ServiceAccount
    name: kube-state-metrics-service-account
    namespace: monitoring
```

权限配置文件的内容较多，因为涉及对 Kubernetes 集群多种资源的访问权限配置，该配置文件会在命名空间 monitoring 创建名为 kube-state-metrics-service-account 的服务账号，创建命令及成功返回结果如下所示。

```
[root@master ~]# kubectl create -f kube-state-metrics-rbac.yaml
clusterrole.rbac.authorization.k8s.io/kube-state-metrics-cluster-
role created
serviceaccount/kube-state-metrics-service-account created
clusterrolebinding.rbac.authorization.k8s.io/kube-state-metrics-
cluster-role-binding created
```

在 kube-state-metrics-service-account 创建成功及赋予权限后，在 Kube State Metrics 部署文件里只要指定 sa 为 kube-state-metrics-service-account，Kube State Metrics 就会有对集群相关资源的读权限了。

步骤 2：部署 Kube State Metrics

创建名为 kube-state-metrics-deployment.yaml 的部署文件，其内容如下所示。

```
apiVersion: apps/v1
kind: Deployment
metadata:
  name: kube-state-metrics-deployment
  namespace: monitoring
  labels:
    app: kube-state-metrics
spec:
  replicas: 1
  selector:
    matchLabels:
```

```
      app: kube-state-metrics
  template:
    metadata:
      labels:
        app: kube-state-metrics
    spec:
      serviceAccountName: kube-state-metrics-service-account
      containers:
        - name: kube-state-metrics
          image: bitnami/kube-state-metrics:2.1.0
          ports:
            - containerPort: 8080
              name: http-metrics
            - containerPort: 8081
              name: telemetry
          livenessProbe:
            httpGet:
              path: /healthz
              port: 8080
            initialDelaySeconds: 5
            timeoutSeconds: 5
          readinessProbe:
            httpGet:
              path: /
              port: 8081
            initialDelaySeconds: 5
            timeoutSeconds: 5
```

本书所用 Kubernetes 版本为 1.2.1，根据 Kube State Metrics 版本说明信息，我们选择对应版本即 2.1.0 版本进行部署，8080 端口是 Kube State Metrics 对外提供获取 Kubernetes 集群监控指标数据的服务端口，8081 是可以获取 Kube State Metrics 自身运行数据的服务端口。创建命令及成功返回结果如下所示。

```
    [root@master ~]# kubectl create -f kube-state-metrics-deployment.
yaml
    deployment.apps/kube-state-metrics-deployment created
```

步骤 3：为 Kube State Metrics 配置 Service 资源

在部署 Kube State Metrics 时，我们可以参照部署 Node Exporter 的方式，在部署文件中添加 prometheus.io/scrape:'true'注释，随后在 Prometheus 的配置文件即

ConfigMap 中添加对 Pod 资源进行自动发现的任务及相关配置，即可完成对 Kube State Metrics 的访问配置。不过，为了演示 Prometheus 对 Kubernetes 集群里 Service 资源的自动发现功能，我们会对 Kube State Metrics 部署 Service 资源，同时在 Service 的配置文件中添加 prometheus.io/scrape: 'true'注释声明本服务需要被 Prometheus 访问。创建名为 kube-state-metrics-service.yaml 的服务，内容如下。

```yaml
apiVersion: v1
kind: "Service"
metadata:
  labels:
    app.kubernetes.io/name: kube-state-metrics
  annotations:
    prometheus.io/scrape: 'true'
  name: kube-state-metrics-service
  namespace: monitoring
spec:
  selector:
    app: kube-state-metrics
  ports:
  - name: http-metrics
    port: 8080
    targetPort: 8080
  - name: telemetry
    port: 8081
    targetPort: 8081
```

运行下述命令，创建并检查 Server 是否创建成功。

```
[root@master ~]# kubectl create -f kube-state-metrics-service.yaml
service/kube-state-metrics-service created
[root@master ~]# kubectl get svc -n monitoring
NAME                          TYPE        CLUSTER-IP
EXTERNAL-IP   PORT(S)
kube-state-metrics-service    ClusterIP   10.109.208.229
<none>        8080/TCP,8081/TCP
prometheus-service            NodePort    10.110.226.86
<none>        9090:30000/TCP
```

可以看到，kube-state-metrics-service 的 ClusterIp 是 10.109.208.229，可以通过在任意一个宿主机上分别运行"curl http://10.109.208.229:8080/metrics"和"curl

http:// 10.109.208.229:8081/metrics"命令查看 Kubernetes 集群及 Kube State Metrics 的监控指标数据，示例截取如下。

```
# HELP kube_persistentvolumeclaim_status_phase The phase the
persistent volume claim is currently in.
# TYPE kube_persistentvolumeclaim_status_phase gauge
kube_persistentvolumeclaim_status_phase{namespace="monitoring",
persistentvolumeclaim="prometheus-server-pvc",phase="Lost"} 0
kube_persistentvolumeclaim_status_phase{namespace="monitoring",
persistentvolumeclaim="prometheus-server-pvc",phase="Bound"} 1
kube_persistentvolumeclaim_status_phase{namespace="monitoring",
persistentvolumeclaim="prometheus-server-pvc",phase="Pending"} 0
# HELP kube_replicaset_status_replicas The number of replicas
per ReplicaSet.
# TYPE kube_replicaset_status_replicas gauge
kube_replicaset_status_replicas{namespace="monitoring",replicaset=
"kube-state-metrics-deployment-56ffdd88bc"} 1
kube_replicaset_status_replicas{namespace="monitoring",replicaset=
"prometheus-server-deployment-6cc8bb6d5b"} 1
kube_replicaset_status_replicas{namespace="monitoring",replicaset=
"prometheus-server-deployment-f7df47ff4"} 0
kube_replicaset_status_replicas{namespace="kube-system",replicaset=
"coredns-545d6fc579"} 2
```

步骤 4：更新 Prometheus 配置文件

在 ConfigMap 中新增任务内容如下所示。

```
######################### kubernetes-kube-state-metrics #########
#################
    - job_name: "kubernetes-kube-state-metrics"
    kubernetes_sd_configs:
    - role: service
    relabel_configs:
    - source_labels: [__meta_kubernetes_service_annotation_prom
etheus_io_scrape]
      action: keep
      regex: true
    - source_labels: [__address__, __meta_kubernetes_service_an
notation_prometheus_io_port]
      action: replace
```

```
            regex: ([^:]+)(?::\d+)?;(\d+)
            replacement: $1:$2
            target_label: __address__
          - source_labels: [__meta_kubernetes_service_annotation_prom
etheus_io_path]
            action: replace
            target_label: __metrics_path__
    regex: (.+)
          - source_labels: [__meta_kubernetes_service_name]
            action: replace
            target_label: service_name
```

上述配置通过“- role: service”参数，Prometheus 自动发现 Kubernetes 里所有的 Service 信息，并且只会抓取在 Service 部署文件中添加过注释 prometheus.io/scrape: 'true'的资源。同时，为了便于查看指标数据是属于哪个 Service 的，我们把含有服务名的元数据标签的值给目标标签 service_name，运行 ConfigMap 更新命令如下。

```
    [root@master ~]# kubectl apply -f prometheus-server-config-map.y
aml
    configmap/prometheus-server-config configured
```

几秒钟后，待配置文件已经更新到 Prometheus 容器，运行如下命令。

```
    [root@master ~]# curl -X POST http://10.110.226.86:9090/-/reload
```

在更新完成后，可以在 Prometheus 的服务发现页面上获取 Kube State Metrics 的数据，同时其他注释 prometheus.io/scrape: 'true'的服务也被自动发现了，如图 8-9 所示。

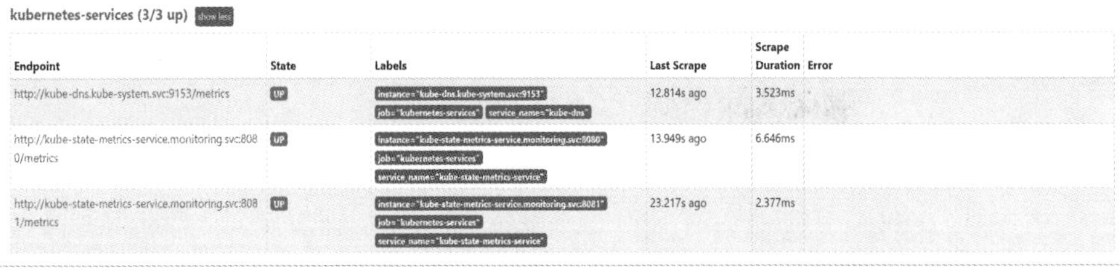
kubernetes-services (3/3 up) show less

Endpoint	State	Labels	Last Scrape	Scrape Duration	Error
http://kube-dns.kube-system.svc:9153/metrics	UP	instance="kube-dns.kube-system.svc:9153" job="kubernetes-services" service_name="kube-dns"	12.814s ago	3.523ms	
http://kube-state-metrics-service.monitoring.svc:8080/metrics	UP	instance="kube-state-metrics-service.monitoring.svc:8080" job="kubernetes-services" service_name="kube-state-metrics-service"	13.949s ago	6.646ms	
http://kube-state-metrics-service.monitoring.svc:8081/metrics	UP	instance="kube-state-metrics-service.monitoring.svc:8081" job="kubernetes-services" service_name="kube-state-metrics-service"	23.217s ago	2.377ms	

图 8-9　Prometheus 通过自动发现机制自动发现 Kube State Metric 信息

如本节开头所述，我们可以利用 Kube State Metrics 获取 Kubernetes 集群内部的各类资源的信息并进行统计、分析、报警等操作，Kube State Metrics 指标详情可参考 Github 上的相关介绍页面，读者可结合实际情况使用这些指标。

8.4.4　API Server 监控

从 8.1 节可知，API Server 是用户对 Kubernetes 集群进行操作的唯一入口，也几乎是集群内部组件之间通信的唯一对象，API Server 已经提供了/metrics 接口供 Prometheus 获取监控指标数据，通过该接口可以获取 API Server 处理请求的平均耗时、待处理请求队列深度等指标；同时，不仅包括 API Server 组件自身，该接口还控制着平面中各个组件（etcd、Scheduler 及 ControllerManager）的关键指标数据，如 etcd 数据库容量的变化、Scheduler 和 ControllerManager 待处理请求、已处理请求数量等数据。通常建议对 API Server 提供监控。

因为 API Server 已经提供了/metrics 接口，并且 API Server 在集群内部是以 Service 的形式发布的，有默认访问地址（如果端口地址有变，可以运行 Kubectl get svc 查看服务名为"kubernetes"对应的端口，可参考 8.4.2 容器监控内容)，所以我们可以使用以下几种方法对 API Server 进行监控。

方法 1：直接在 Prometheus 配置 API Server 的服务地址，抓取任务内容如下。

```
############################# kubernetes-apiservers #########
####################
    - job_name: 'kubernetes-apiservers'
      scheme: https
      tls_config:
        ca_file: /var/run/secrets/kubernetes.io/serviceaccount/
ca.crt
      bearer_token_file: /var/run/secrets/kubernetes.io/
serviceaccount/token
      static_configs:
      - targets: ['kubernetes.default.svc']
```

方法 2：通过 Prometheus 对 Kubernetes 集群 Service 资源的自动发现功能，自动发现 API Server 的 Serivce 地址，然后进行监控，抓取任务内容如下。

```
############################# kubernetes-apiservers ############
#################
      - job_name: 'kubernetes-apiservers'
      scheme: https
      tls_config:
        ca_file: /var/run/secrets/kubernetes.io/serviceaccount/
ca.crt
      bearer_token_file: /var/run/secrets/kubernetes.io/
```

```
serviceaccount/token
        kubernetes_sd_configs:
        - role: service
        relabel_configs:
        - source_labels: [__meta_kubernetes_namespace, __meta_
kubernetes_service_name]
          action: keep
          regex: default;kubernetes
```

上述内容与 8.4.3 节自动探测 Kube State Metrics 服务的内容略有区别，我们通过定义目标地址只保留在 default 命名空间下名为 kubernetes 服务资源地址即 API Server 访问地址的方式实施对 API Server 的监控。API Server 是 Kubernetes 集群创建的服务，默认部署文件没有加过 prometheus.io/scrape: 'true'注释，虽然我们可以通过 kubectl edit kubernetes 来编辑配置文件，但是通常不建议修改 Kubernetes 集群系统组件的部署文件。

方法 3：通过 Prometheus 对 Kubernetes 集群 Endpoint 资源的自动发现功能，自动发现 API Server 的 Endpoint 地址（API Server 所在容器的地址），然后进行监控，抓取任务内容如下。

```
        ########################### kubernetes-apiservers ##########
####################
        - job_name: 'kubernetes-apiservers'
          scheme: https
          tls_config:
            ca_file: /var/run/secrets/kubernetes.io/serviceaccount/
ca.crt
          bearer_token_file: /var/run/secrets/kubernetes.io/
serviceaccount/token
          kubernetes_sd_configs:
          - role: endpoints
          relabel_configs:
          - source_labels: [__meta_kubernetes_namespace, __meta_
kubernetes_service_name]
            action: keep
            regex: default;kubernetes
```

通过参数- role: endpoints，Prometheus 对集群 Endpoint 资源进行自动发现，其他内容都与方法 1 相同。

鉴于前文已经分别用过 Prometheus 对 Node、Pod 及 Service 资源的自动发现功能，所以我们用方法 3 实施对 API Server 的监控，以此演示 Prometheus 对 Endpoint 资源的自动发现功能，将方法 3 的内容更新到 prometheus-server-config-map.yaml 文件，随后再次运行 ConfigMap 更新命令及配置文件重新载入命令。

```
[root@master~]# kubectl apply -f prometheus-server-config-map.yaml
configmap/prometheus-server-config changed
```

几秒钟后，待配置文件已经更新到 Prometheus 容器，运行如下命令。

```
[root@master~]# curl -X POST http://10.110.226.86:9090/-/reload
```

在更新成功后，可以在 Prometheus 的服务发现页面上获取 API Server 的数据，示例如图 8-10 所示。

图 8-10　Prometheus 通过自动发现功能发现 API Server 的数据

8.4.5　应用系统监控

对于应用系统监控，我们通常从三个方面实施监控，分别是指标数据监控、链路跟踪及日志监控。运行在 Kubernetes 内部的应用系统监控所要监控的内容也是一样的。

1．指标数据监控

通常需要应用系统提供监控指标数据接口，并在 Deployment 或 Service 的部署文件中添加注释（可参考 8.4.2 节、8.4.3 节），通过 Prometheus 的服务发现机制去发现应用系统提供监控指标数据的服务并访问。具体方式可参照 Node Exporter、cAdvisor、Kube State Metrics 等组件的部署方式，这里不再赘述。对于没有提供监控指标数据接口的应用系统，我们可以使用边车模式对应用系统进行指标数据采集（见图 8-11），即在应用系统容器所在 Pod 下再部署一个专门用于收集应用系统监控指标的容器，随后由该容器向 Prometheus 提供获取监控指标数据的访问接口。Prometheus 的很多如 Redis、MongoDB、Mysql 等第三方常用工具进行数据采集的 Exproter 就可以使用这种方式部署。

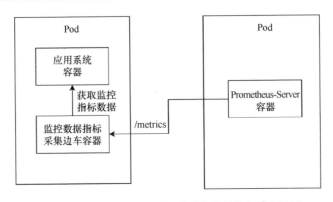

图 8-11　使用边车模式对应用系统进行指标数据采集

2. 链路跟踪

链路跟踪的主要目的是监控在 Kubernetes 集群下各个应用服务之间的调用关系及调用时间、执行时间等信息，从而知道用户的某次请求的完整链路。当系统异常时，通过观察链路状态，可以快速定位发生异常的服务，随后技术人员可以做进一步故障分析；同时，对历史调用链路的监控数据分析，有助于分析服务之间的调用性能、调用链路优化等方面工作。要实现在容器内部的链路跟踪，大致思路和指标数据监控类似，采用边车模式，在应用系统容器所在的 Pod 下再部署一个容器，专门负责接收业务容器内部发出的链路数据，示意如图 8-12 所示。

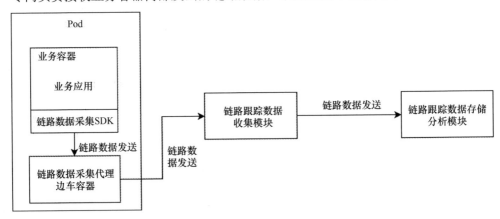

图 8-12　使用边车模式对应用系统进行链路跟踪

链路数据采集 SDK 通常会通过 UDP 协议发送链路数据到链路数据采集代理（Agent），但是如果应用服务是基于 Java 开发的，并且使用了 Java 的字节码插装技术来进行链路数据采集，那么图 8-12 中业务容器和边车容器不需要再通过 UDP 协议进行数据传输，可以直接把边车容器里用于字节码插装的 jar 包通过

Kubernetes 配置为共享存储给业务容器，业务容器在启动时设置-javaagent 参数指向这个 jar 包，从而实现链路数据的采集，示意如图 8-13 所示。

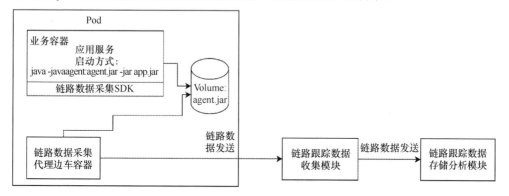

图 8-13　使用字节码插装技术进行链路跟踪的边车模式

本节只对 Kubernetes 集群内的应用系统实现链路跟踪的常用方式做了介绍，关于应用系统链路跟踪的详细技术原理及实现方式可参考本书第 9 章。

3. 日志监控

在本书第 10 章中将介绍日志监控的常用框架、技术原理、实施方法等内容，本章所述内容也可用于对 Kubernetes 集群内部运行的应用系统日志进行收集及监控。只要日志采集代理定位到容器内部运行的日志位置，之后对日志的收集及转发给日志收集服务的操作，都和传统的在宿主机上对应用系统进行日志采集的逻辑是一致的，即通过日志采集代理程序对应用系统产生的日志进行采集并发送到日志收集服务，或者不使用日志采集代理应用系统主动发送日志到日志服务器的方式来进行日志收集及监控。在 Kubernetes 集群内部通常有以下几种方式对容器内应用系统产生日志进行收集及监控。

1）应用系统直接将日志传输到日志采集服务

我们可以通过对应用系统进行改造，让容器内的应用系统直接将日志发送给日志采集服务，如图 8-14 所示。

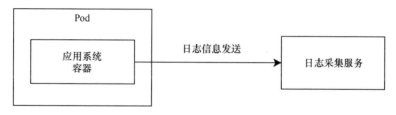

图 8-14　应用系统直接将日志发送给日志采集服务

这种方式增加了应用的管理复杂度，使原本只需要考虑将日志记录到本地或系统标准输出（stdout）的应用系统还需要了解如何和日志采集服务交互，应用系统还需要考虑日志采集的逻辑，对业务代码产生了侵入（当然通常会使用 SDK 的方式集成到应用系统代码里，尽可能使业务系统的开发人员感知不到和传统开发应用系统日志记录方式的区别），日志系统异常可能会导致应用系统不可用，为应用系统徒增风险点。这种模式通常用于应用系统的日志量非常大，通过其他方法进行日志采集，都会因系统磁盘读写、内存大小及日志传输时效性等产生较大瓶颈，通常不推荐采取这种方式进行日志采集。

2）使用边车模式对应用系统日志进行采集并转到后端

与指标数据采集及链路跟踪类似，我们也可以使用边车模式，在业务容器运行的 Pod 下再部署运行日志采集代理边车容器，通过将业务容器日志目录挂载到日志采集代理容器的方式对日志进行采集，如图 8-15 所示。

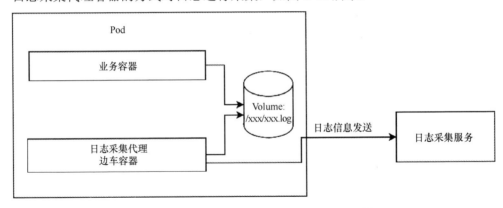

图 8-15　使用边车模式对应用系统进行日志采集

因为需要时刻对磁盘进行读文件操作，通常日志采集代理如 Filebeat 或 Fluentd 等对系统资源的需求比指标数据监控或链路跟踪里的数据采集代理要高得多。在非容器环境下，一个宿主机通常只需要安装一个日志采集代理来处理该宿主机上所有运行应用系统的日志；而采用边车模式对应用系统日志进行采集，如果一台宿主机上运行了很多个 Pod，会导致一台宿主机上运行很多个日志采集代理容器，对系统资源消耗很大，这种模式适用于对集群租户隔离性要求较高的场景（当然所依赖的 Kubernetes 集群也必须规模足够大），否则通常也不建议采用这种模式进行日志采集。

3）日志采集代理直接通过容器在宿主机的映射目录进行日志采集

当容器中的应用系统把信息输出到容器的标准输出（stdout）和标准错误输出

（stderr）时，容器所依赖的容器运行时工具的默认日志驱动模块会把这些信息作为日志保存到宿主机的某个目录下，Kubernetes 会统一在宿主机的/var/log/containers 目录下建立软连接，指向这些日志文件。因此，如果容器里应用系统日志不再是写到容器里的某个文件下，而是把日常日志输出到 stdout、错误日志输出到 stderr 中，我们只需要使日志采集代理对宿主机的/var/log/containers 目录下所有日志进行采集即可。当然，同 8.4.1 节里提到的 Node Exporter 部署方式类似，为了避免每个宿主机上依次部署日志采集代理，我们可以以 DaemonSet 的方式把日志采集代理部署在每个宿主机上的 Pod 里，随后把宿主机的/var/log/containers 目录挂载到 Pod 里的容器下，如图 8-16 所示。

图 8-16　直接采集容器映射到宿主机的日志文件

这种模式不仅把日志采集的逻辑完全和应用系统业务代码开发进行了隔离，而且日志采集对系统资源消耗也不大，通常推荐采用这种方式进行日志采集，但是这需要应用系统将原本写到文件里的日志替换输出到 stdout 和 stderr 中，对很多长期稳定运行的系统而言，可能在改造过程中引入新的缺陷。如果不希望对应用系统进行改造，我们可以再次采用边车模式，在应用系统容器下部署额外的容器，读取应用系统日志并输出到 stdout 和 stderr 中，如图 8-17 所示。

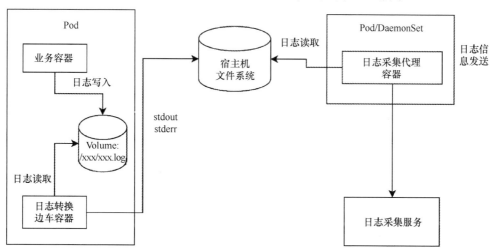

图 8-17　采用边车模式把应用系统容器输出到 stdout 和 stderr 中进行采集

　　这种模式可以避免应用系统改造，并且对系统资源消耗相对较小，但是边车容器和日志采集代理容器都对日志进行读取，会对性能有一些影响，同时，这种模式也会把日志所占存储容量翻倍（宿主机日志目录及容器日志日录）。

　　从上述 Kubernetes 集群日志监控方法中，我们可以看到，日志采集并不存在一个完美的方案，具体采用哪种方案实施需要结合业务系统现状、集群规模、集群用户租户隔离需求、性能需求等因素综合考虑，设计合适方案来实施落地。

本 章 小 结

　　本章节首先对容器编排开源系统 Kubernetes 从架构、组件、功能等方面做了介绍；随后对 Kubernetes 监控可以提供很好的支持且同样开源的监控系统 Prometheus 的架构及工作原理做了介绍；最后就如何对 Kubernetes 从底层宿主机、容器、集群直至上层应用实施监控所涉及的原理、技术、实施方法及总体监控体系做了详细的介绍。

第 9 章

应用监控

在应用系统架构主要还是单体应用的时代，系统架构通常是由 Web 服务器、应用服务器及数据库组成的典型三层架构。在业务对系统高可用、稳定性、高性能等方面提出更高要求后，应用系统的架构逐渐向分布式框架转型。传统的通过对应用系统所依赖的基础设施，以及应用系统自身的相关进程及端口等信息的健康状况进行监控的方式，在分布式架构下，对定位造成系统异常的真正原因的支持比较有限，我们需要一种更直接、有效的可以对应用系统实施监控的方式，目前比较主流的方式是使用应用性能管理技术（Application Performance Management，APM）来对应用系统进行全方位的监控，本章将介绍 APM 系统的核心概念、调用链路跟踪、APM 系统的设计与实现等内容。

◗ 9.1 应用性能管理概述

单体应用系统所依赖的底层基础设施如服务器、网络设备、存储等硬件发生异常时，通常可以结合基础设施的监控信息及应用系统本身的日志等信息，推断应用系统的健康情况，以及可能受影响的业务范围。但是，随着分布式架构的应用和发展，应用系统逐渐从传统三层级的单体应用架构向多层级的微服务架构转型，一个业务功能通常由多个应用系统提供的功能（通常称服务）组成，不同的应用系统可能由不同的团队开发，甚至很可能使用不同的编程语言及技术来实现，同时一个应用系统还可能同时部署在多台服务器上，甚至部署在不同的数据中心（见图 9-1）。

这种多层级的系统架构具有很强的扩展性，随着实际业务需求的增长，可以进行快速扩容及灵活部署，但是系统整体的复杂性也随着系统规模的增长而增长，某个服务在接收到用户请求时，实际处理方式很可能会涉及多个服务之间的调用，这些服务之间可能通过 RPC、Restful API 及消息队列等多种方式进行通信，同时还涉及数据库、缓存中间件等各类数据服务的访问，各个服务之间的调用极为复杂。在这种场景下，当业务功能发生异常时，如果仅依赖传统监控方式所提供的基础设施及应用系统自身的日志信息，在数量庞大的应用系统或服务中排查问题根源的时间及难度会呈几何级数式上升，对很多企业内部允许中断时间很短的核心业务来说，是无法容忍的。同理，当某个应用系统发生异常时，可能会影响哪些业务功能，对业务功能的影响程度如何也很可能无法快速得知，即使业务功能没有发生异常，系统本身也可能已经处于"亚健康"状态，如有时用户会觉得页面打开得慢了，系统的响应时间长了，某笔交易执行变慢了等影响用户体验的场景，技术团队很可能无法先于用户发现问题并及时查明原因。

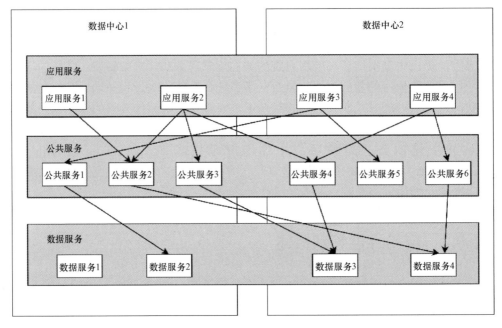

图 9-1　微服务架构服务调用示意图

因此，我们需要一种更有效的方式对应用系统及业务功能本身进行健康检查，需要一个可以对业务功能所涉及的每个应用系统所产生的性能数据进行度量、监控、分析，并且协助技术人员在系统异常时快速准确定位导致系统异常的根本原因的系统，目前业界主要使用应用性能管理 APM 系统来实现这一目标。APM 系统可以为我们提供以下功能。

- 故障定位：通过调用链路跟踪技术，对一次用户请求的逻辑轨迹进行完整清晰的记录及展示，当异常发生时，可以通过链路信息进行问题定位。
- 性能分析：通过记录调用链上每个环节的处理时间（如 Http 请求响应时间、函数调用时间、SQL 语句执行时间、缓存查询时间、消息队列读写时间等），以及该环节所依赖底层组件或基础设施的性能数据（如 CPU 占用率、内存使用情况、线程池使用情况等）等信息进行分析，找出系统性能的瓶颈。

- 数据分析：不同业务功能涉及的后端服务的调用路径，可以清晰地显示各个服务直接的依赖和调用关系，分析这些关系可以协助我们进行业务功能优化、变更、关联影响分析等工作。

9.2　调用链路跟踪

由 9.1 节可知，APM 系统的核心功能是对每次用户请求涉及的实际系统之间的服务调用信息如调用顺序、调用方式、调用内容、调用时间、处理时长，以及服务所依赖的底层组件和基础设施的性能数据进行记录，并通过对这些链路调用数据进行分析，提供故障定位、性能分析及数据分析等功能。我们通常把类似这样的技术称为调用链路跟踪技术。

调用链路跟踪技术最早被业界所熟知，主要是 Google 公司于 2010 年发布的关于说明内部所使用分布式追踪系统 Dapper 技术原理的论文 *Dapper, a Large-Scale Distributed Systems Tracing Infrastructure*，这篇论文中提到分布式追踪系统的工作原理，以及与调用链路相关的概念如 Trace（一次用户请求相关的完整调用链）、Span（一次方法的调用区间）、Annotation（关于 Span 的额外信息）等，一直被直接或间接沿用至今。很多 APM 系统虽然实现方式、技术原理不完全相同，但是其关于链路调用跟踪的设计方法，都借鉴了 Google 的这篇论文中所提的思想。

随着这篇 Dapper 相关论文的发布，一些公司或社区开始基于 Dapper 的技术原理实现 APM 系统，其中比较著名的开源 APM 系统有 Twitter 开发的 Zippin、Uber 开发的 Jaeger、大众点评开发的 CAT，国内"大神"吴晟开发的在功能及性能方面都很强大的 SkyWalking 等系统；商用软件比较著名的有 Dynatrace、AppDynamics、New Relic 等。

APM 市场的蓬勃发展为应用系统的健康状况分析监控开启了新的方向，但随之而来了一个新的问题，不同的 APM 系统，内部各组件所设计的 API 标准不一样，对应用系统的支持程度也不一样，如在编程语言方面，有些 APM 系统支持基于 Java 开发的应用系统，有些 APM 系统支持基于 C#开发的应用系统；在 Web 容器方面，有些 APM 系统仅支持对 Tomcat、Jetty 等开源的 Web 容器进行链路跟踪，有些 APM 系统还支持对 JBoss、Weblogic 等商业 Web 容器进行链路跟踪。一般企业内部的系统由于建设时期不一样，所用的技术栈也可能是不一样的，在

APM 系统发展早期，很可能无法找到一套同时支持企业内部所有技术栈的 APM 系统，这就造成企业内部为了实现不同的监控需求，要使用多套 APM 系统的情况，同时，企业很可能同时对没有任何现有 APM 支持的系统展开 APM 自研工作，这就造成一个调用链的各个环节数据可能涉及不同的 APM 产品。由于不同 APM 产品的 API 并不兼容，最终很可能使这个调用链的各个环节的数据割裂，从而无法让技术人员从一个全局整体的角度对调用链进行查看。不同 APM 系统实现标准不一，如果对一套 APM 系统进行替换，可能会导致应用系统变更，对系统的稳定性造成影响。

基于这些原因，APM 行业的一些专家创建了名为 OpenTracing 的标准，其目的是提供一套与平台、厂商无关的 API 及对应的数据结构标准，任何 APM 产品只要兼容这些 API 和标准，就可以很方便地整合在一起，不同的 APM 产品就可以组成一个更加完备、符合企业实际需求的 APM 系统。目前，Zippin、Jaeger、SkyWalking 等产品均支持 OpenTracing 标准，越来越多的 APM 产品也在逐渐加入支持 OpenTracing 的标准中去。

如果想对 APM 系统有更深入的理解，更好地使用 APM 系统，甚至对开源 APM 系统进行定制开发或设计开发一套完全符合企业内部开发运维需求的 APM 系统，对 OpenTracing 标准的了解是非常有必要的。本节将对 OpenTracing 中提到的一些概念、标准做个简单的介绍。

9.2.1　Span 的概念

Span 表示具有开始时间和执行时长的逻辑运行单元，是 OpenTracing 中一个基本的工作单元，可以理解为表示我们需要跟踪监控的某个代码片段，如实现关键业务代码的代码片段、实现跨进程之间 RPC 调用的代码片段、发起 Restful 请求的代码片段、访问数据库及消息中间件的代码片段等。在一个 Span 所包括的代码片段中，也可能包括对其他方法的调用，而在其他方法中也有可能有我们关注的代码片段，即也是一个 Span，所以不同的 Span 之间可能会有关联关系，Span 之间通过嵌套或顺序排列建立逻辑因果关系，Span 的数据结构通常需要包含如下属性：

- **OperationName**：当前 Span 所表示的操作名，通常命名为 Span 所在代码段的方法名、对外提供的服务名等。
- **StartTime**：当前 Span 的执行开始时间。
- **EndTime**：当前 Span 的执行结束时间。
- **Tags**：当前 Span 的一个或多个以 key:value 键值对组成的标签信息，key

必须是字符串类型，value 可以是字符串、布尔或数字类型。通常可以使用标签来记录和此 Span 有关的信息，如 URL 信息、执行的 SQL 语句、订阅的消息队列主题名等。

- **Logs**：当前 Span 的日志信息，和标签类型类似，也是由一个或多个以 key:value 键值对组成的信息，但每个键值对会附有时间戳，通常用于记录 Span 执行时的各类动作详情。

- **SpanContext**：是在 OpenTracing 中一个的非常重要的数据结构，用于记录当前 Span 的上下文信息，如用于记录表示当前 Span 唯一性的 SpanID、记录表示当前 Span 所在调用链路的 TraceID、记录触发当前 SpanID 的父 SpanID 等信息。当一个 Span 被创建时，会根据父 Span 的 SpanContext 信息生成自身的 SpanContext。同时，当触发子 Span 时（可能在当前进程内部触发，也可能通过远程调用等方式跨进程触发），会把 SpanContext 传递给子 Span，从而让子 Span 生成对应的 SpanContext（详情见 9.3.2 节）。

- **Reference**：记录当前 Span 和其他 Span 的关联关系。目前，OpenTracing 中暂时定义了两种类型的关联关系，都用于表示当前 Span 和触发该 Span 即父 Span 的关联关系。

- **Childof 关系**：表示父 Span 的执行需要等当前 Span 执行完毕后才可继续，通常用于父子 Span 是同步调用的场景。如某个 Span（假设称为 Span1）所代表的代码片段触发了一次 RPC 调用，该 RPC 调用也是一个 Span（假设称为 Span2），则 Span2 在创建时，会把 Reference 即关联关系设置为 Childof Span1，即 Span1 的子节点。当父子 Span 的关联关系为 Childof 时的示例时序关系如下所示。

```
[-Parent Span------------]
      [-Child Span----]
  [-Parent Span--------------------------------]
      [-Child Span A----------------]
            [-Child Span B----]
      [-Child Span C----------------------]
          [-Child Span D--------------]
          [-Child Span E----]
```

- **FollowsFrom 关系**：表示父 Span 不需要等当前 Span 执行完即可继续执行，通常用于父子 Span 是异步调用的场景。典型的场景是父 Span 发送消息给消息队列，随后一个或多个子 Span 从消息队列消费消息。下面是当父子 Span 关系为 FollowsFrom 时的示例时序关系。

```
[-Parent Span-]  [-Child Span-]
   [-Parent Span--]
   [-Child Span-]
   [-Parent Span-]
             [-Child Span-]
```

图 9-2 是 OpenTracing 官网上的一个表示数据库查询阶段的 Span 示意图。

图 9-2　表示数据库查询阶段的 Span 示意图

9.2.2　Trace 的概念

Trace 在 OpenTracing 中表示一个事物或流程在系统中的执行过程，一个 Trace 就是由多个 Span 组成的有向无环图，如我们访问某个 Web 系统，当单击某个按钮，触发了对后端应用提供服务的调用时，该后端应用为了能给前端提供服务，又可能会调用其他服务，最终将结果返回前端，这个运作流程就可表示为一个 Trace，即一个分布式链路调用过程。结合之前介绍的 Span 的概念，把每个 Span 里记录的 ParentID 和 SpanID 信息作为图算法里的起点和终点，就可以得到整个链路调用的流程图，图 9-3 是由 5 个 Span 组成的 Trace 示意图。

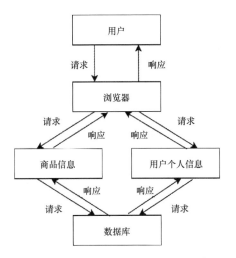

图 9-3　由 5 个 Span 组成的 Trace 示意图

从图 9-3 中可以看到一个链路在调用过程中涉及哪些 Span，但是 Trace 示意图无法展示每个 Span 耗时多久、哪些 Span 是并发执行的等信息。通常我们可以结合每个 Sapn 的开始及结束时间，以时序图的方式展示一个链路的调用过程，如图 9-4 所示。

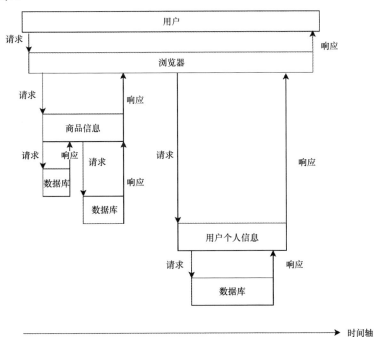

图 9-4　以时序图的方式展示一个链路的调用过程

通过链路调用的时序图可以很直观地看到一次链路调用过程中到底经过了哪些 Span、哪些 Span 耗时最长、哪些 Span 是并发执行的、哪些 Span 是顺序执行的等情况，结合这些信息可以对应用系统的健康状况进行评估。

▶ 9.3 APM 系统的设计与实现

实现 APM 系统的核心步骤是将当前 Span 的 SpanID 和 TraceID，即 SpanContext 信息传递给下一个 Span，便于下一个 Span 根据这些信息生成自己的 SpanContext 信息，同时将当前 Span 的执行时间、Tags、Logs 等信息传递到统一的后端进行调用链路分析，本节将对调用 APM 系统的架构及关键技术做个简单的介绍。

9.3.1 APM 系统通用架构

APM 系统通用架构和第 1 章中介绍的监控系统架构类似，通常包括数据采集、数据收集、数据分析及展示等模块，APM 系统通用架构如图 9-5 所示。

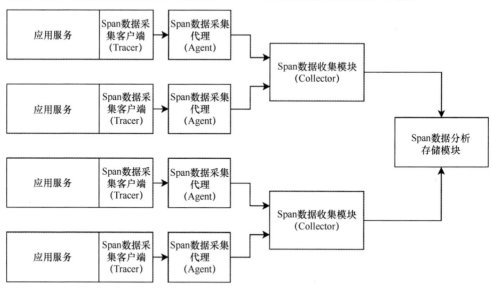

图 9-5　APM 系统通用架构

各个模块的主要作用说明如下：

- Span 数据采集客户端（Tracer）：负责 Span 的创建及相关 Span 信息的收集，通常以第三方库即 SDK 的形式嵌入应用系统，供应用系统在需要关注的业务功能对应的代码处调用对应接口，或者对常用的跨进程方法如访问消息队列、调用 Restful 接口等自动创建 Span（详情见 9.3.2 节）。随后，客户端会将创建好的 Span 序列化，再发给 Span 数据采集代理，同时，为了尽可能减少对应用系统的影响，需要考虑对 Span 数据的采样策略（详情见 9.3.4.节）。

- Span 数据采集代理（Agent）：通常和 Span 数据采集客户端运行在同一个宿主机或容器上，一个宿主机上或容器内通常只需要部署一个数据采集代理，负责接收该宿主机或容器内各个采集客户端发送的 Span 数据，并进行缓存，之后一并发给 Span 数据收集模块，如果不是必须在 Span 数据采集客户端做的工作，通常都转交给此模块执行，以此减少对应用系统性能的影响。

- Span 数据收集模块（Collector）：负责对 Span 信息进行集中收集并发送给 Span 数据分析存储模块。在有些 APM 系统中，Span 数据收集模块还会负责对 Span 数据进行筛选，筛选后的数据才会被发给数据分析存储模块（详情见 9.3.4 节）。同时，数据收集模块由于可能接收来自不同类型 Span 数据采集代理发送的 Span 数据，所以通常需要对 Span 数据的格式进行统一转换，然后再发送给 Span 数据分析存储模块。 同理，数据收集模块也可能需要将数据传给不同类型的 Span 数据分析存储模块，所以需要根据各个 Span 数据分析存储模块的接口类型，进行不同格式的数据转换。

- Span 数据分析存储模块：负责对 Span 信息进行分析及存储，同时提供 API 供外部调用。通常 Span 数据分析存储模块也有调用链展示功能，将调用链信息可视化展示给技术人员，供其进行问题分析跟踪。

9.3.2 Span 的创建及 SpanContext 的传递逻辑

如 9.3 节所述，要实现链路跟踪的关键是将当前 Span 的 SpanID 和 TraceID 即 SpanContext 信息传递给下一个 Span，以便下一个 Span 根据这些信息生成自己的 SpanContext 信息，同时将当前 Span 的执行时间、Tags、Logs 等信息发送给 Span 数据采集代理，最终将 Span 数据发送到 Span 数据分析存储模块进行全局分析。

因此，进行调用链路跟踪，需要我们在关注的业务代码片段（通常是某个方法）的开始阶段根据是否有父 SpanContext 信息来创建 Span 对象并记录相关信息，随后在业务代码结束处将 Span 信息发送给 Span 数据采集代理，并同时将 SpanContext 的信息以某种方式传递给下一个 Span，通常整体执行逻辑如下。

步骤 1：获取父 SpanContext 信息

如果此方法是会被跨进程调用的，那么此方法可能负责对外提供 Restful 服务、消息队列消息的消费、对外提供 RPC 服务等功能，需要从相关协议请求里获取父 SpanContext 的信息（如从 Http 请求里获取、从消息队列里获取、从 RPC 请求里获取等）；如果此方法只会在进程内部被调用，则需要从进程内部线程间传递信息的机制中获取 SpanContext 信息。在不同的编程语言中，实现方法不一样，如 Java 和 Python 都有类似 ThreadLocal 变量的机制，利用 ThreadLocal 变量，既可以把它当成同线程间不同 Span 获取父 SpanContext 的共享变量，又可以把它当成不同线程间传递 SpanContext 的载体，对于如 Go 语言等不支持 ThreadLocal 变量机制的编程语言来说，只能把 SpanContext 作为方法的参数，传递给对应方法。

步骤 2：根据父 SpanContext 信息，创建 Span

如果在步骤 1 中没有获取到父 SpanContext 信息，则表示当前业务代码是调用链里首先被执行的代码，即当前 Span 是调用链里的第一个 Span，我们可以直接创建 Span 对象，并生成 TraceID 和 SpanID。因为当前 Span 是调用链里的第一个 Span，所以在默认情况下 SpanID 和 TraceID 相同（SpanID 和 TraceID 生成算法详情见 9.3.3 节），可将 SpanID 和 TraceID 的值作为生成 SpanContext 的初始化参数，随后把 SpanContext 和当前 Span 绑定。

如果在步骤 1 中获取了父 SpanContext 信息，则当创建 Span 对象时，需要建立当前 Span 和父 Span 的关联关系（Childof 或 FollowsFrom 关系，详情见 9.2.1 节），生成 SpanContext 的 TraceID 需要从父 SpanContext 中获取。

步骤 3：将当前 Span 信息设置为活动状态

在创建完 Span 之后，需要把当前 Span 设置为活动状态，即需要把 SpanContext 对象传递到 Java 或 Python 中类似 ThreadLocal 的变量中，以便进程内属于调用链的下一个节点（相关代码片段）执行步骤 1 时使用。

步骤 4：将 SpanContext 信息放在跨进程服务请求的协议里

如果当前 Span 业务代码片段还存在 Restful 接口调用、向消息队列发送消息，以及 RPC 服务调用等跨进程服务调用的场景，需要按照具体请求协议格式，把 SpanContext 信息放在协议里，以便进程外属于调用链的下一个节点（相关代码片段）执行步骤 1 时使用。

步骤 5：在业务代码执行完毕后，发送 Span 信息到 Span 数据采集代理

在业务代码执行完毕后，我们需要将 Span 信息发送给 Span 数据采集代理，以便其将数据发送到 Span 数据分析存储模块，从而对整个调用链进行分析。

上述步骤的伪代码如下所示。

```
public void tracedMethod(){
        #从全局变量或调用请求协议里获取父SpanContext信息
        Span parentSpanContext = getCurrentSpanContext();
        if(parentSpanContext!=null){
            #如果parentSpanContext存在，把当前Span设置为parentSpan
Context的子Span
            Span currentSpan = tracer.startSpan(operationName=
tracedMethod,childOf(parentSpanContext)).start();
        }else{
            #如果parentSpanContext不存在，创建rootSpan
            Span currentSpan = tracer.startRootSpan(operationName=
tracedMethod).start();
        }

        #把当前Span设置为活跃状态，即把SpanContext放到全局变量可供本线程
的其他方法访问
        #如果该方法会远程调用其他方法，则把当前SpanContext放到远程调用协议里
        activeSpan(currentSpan.spanContext);

        #执行业务代码
        doBussinessAction();

        #业务代码执行完毕，关闭当前Span并把相关信息发送给Span数据采集代理
        currentSpan.finish();
    }
```

9.3.3　TraceID 和 SpanID 的生成方法

当生成调用链中的 Span 时，我们需要生成 TraceID（如果是第一个 Span）来代表此调用链，同时，我们需要创建 SpanID 来表示此 Span。TraceID 和 SpanID 的值通常由应用系统依赖的运行环境生成的随机数来决定。为了提升性能，企业内部大规模使用的 APM 系统通常会在宿主机上直接生成 TraceID 和 SpanID，不会在后端如 Span 数据收集模块或 Span 数据分析存储模块进行集中生成。因此，对于 TraceID，通常由两个占据 8 字节的随机整数组合而成，这样一来，TraceID 重复的可能性微乎其微。对于 SpanID，因为 Span 肯定是属于某个调用链的，所以通常使用一个占据 8 字节的随机整数为其赋值，同一个调用链下 SpanID 重复的可能性也非常小。第一个 Span 的 SpanID 通常与 TraceID 的其中一个随机数相同。

以 Java 代码为例，JavaTraceID 和 SpanID 生成示例如下所示。

```java
private SpanContext createNewContext() {
    ......
    long spanId = Utils.uniqueId();
    long traceIdLow = spanId;
    long traceIdHigh = Utils.uniqueId();
    ......
}
```

其中，生成 ID 的 Utils.uniqueID()的方法如下所示。

```java
public static long uniqueId() {
long val = 0;
while (val == 0) {
val = ThreadLocalRandom.current().nextLong();
}
return val;
}
```

因为 TraceID 和 SpanID 都可能是一个很大的随机数，所以通常在转换成字符串显示时，会转换成 16 进制数展示，避免太过冗长，同时，从代码中我们可以看到 TraceID 是分别由两个占据 8 字节的数字组成的（traceIdLow，traceIdHigh），相关转换代码如下所示。

```java
private String convertTraceId() {
    String hexStringHigh = Long.toHexString(traceIdHigh);
    String hexStringLow = Long.toHexString(traceIdLow);
    if (hexStringLow.length() < 16) {
      return hexStringHigh + "0000000000000000".substring(hexStri
ngLow.length()) + hexStringLow;
    }
    return hexStringHigh + hexStringLow;
}
```

当然，无论是 TraceID 还是 SpanID，理论上还是存在重复的可能性的。在实际使用中，通常只有当系统访问量非常大，并且调用链数据全部被采样时（详情见 9.3.5 节），这种情况才可能以很低的概率发生，即使发生了 TraceID 重复或同一个调用链里 SpanID 重复的情况，由于该调用链肯定已经被采集到多次了，所以我们可以忽略这些异常调用链的数据。

9.3.4　代码注入方法

在了解了如何创建 Span 及传递 SpanContext 的方法后，可以发现这种直接修改业务代码来插入相关调用链跟踪有关代码的方式，对业务代码的侵入性是非常强的，尤其是对已经上线的应用系统而言，业务代码都需要配合变更，可能会在原本稳定运行的业务代码中引入新的风险，所以在实际生产环境实施链路跟踪时，APM 的 Span 数据采集客户端会结合应用系统运行环境的特点，利用一些技术手段，将 Span 的创建及 SpanContext 的传递等调用链相关代码尽可能自动无感知地插入相关业务代码中，减少对业务代码的侵入。

方法 1：使用 AOP（Aspect Oriented Programming）面向切面编程原理将调用链相关代码进行自动注入

AOP 面向切面编程是指将代码自动注入指定代码段，通常我们会在不同方法里把如参数有效性检查、日志记录、事务创建等内容相同但又经常调用的代码，从业务代码中剥离，通过 AOP 技术，在业务代码中添加相关注释，就可以让这些内容自动注入业务代码。这一特性也可以用于对调用链相关代码的埋点，APM 系统提供 Span 数据采集客户端类库，在业务系统引用后，通过在需要跟踪的代码中添加注释来实现调用链代码的注入。

目前，基于 Java 及.Net 开发的系统都支持 AOP 特性，同时基于 Python 开发的系统通过 Python 的装饰类功能也可实现相同的效果。

我们还可以使用字节码插桩技术，自动注入链路调用跟踪的相关代码。

在 AOP 技术的基础上，Java 还提供了一种叫字节码插桩（Bytecode Instrumentation）的技术来实现调用链代码的注入。在基于 Java 开发的应用系统中，通过在 Java 应用启动时添加-javaagent 参数，指定配套的 Span 数据采集客户端类库（Jar 包文件），在该类库中调用 JVM 的 java.lang.instrument API，实现对业务代码的动态修改，自动注入调用链代码。这种方式相比其他编程语言提供的 AOP 技术，可以进一步免去业务代码的添加注释及引入 Span 数据采集客户端类库的步骤，等同于业务代码是完全无感知注入的。当然，这种方法并不是万能的，Span 数据采集客户端类库的开发者需要事先知道要进行代码注入的方法名，通常会对常用的和服务调用有关的第三方类库的相关方法进行注入，因为这些方法名只要对应的类库版本不调整，就会保持不变，因而 Span 数据采集客户端类库也不需要调整；对业务代码的注入，虽然也可以通过事先和业务代码的开发团队沟通获得要注入的方法名，但是这样会增加业务代码和 Span 数据采集客户端类库的耦合性，同时，如果业务方法名调整后没有及时通知 Span 数据采集客户端类库开发维护团队，就可能引发新的问题，所以如果需要对业务代码进行自动注入，通常

APM 的开发团队和应用系统的开发团队还是会约定通过添加注释的方式来实现，当然注释的实现通常由 APM 开发团队负责并提供给应用系统开发团队对应的 SDK 包。

方法 2：对应用系统使用的服务调用相关的类库进行修改，添加链路调用跟踪的相关代码

方法 1 通过 AOP 技术进行调用链代码注入的方式，还需要业务代码做部分修改（添加注释、引入 APM 类库），并且对应用系统的实现技术有限制，应用系统必须支持 AOP 技术。为了使链路调用跟踪的可适用性更强，另一种方法是对企业内部自研或引用的第三方和服务调用有关的类库进行修改，添加调用链相关代码（目前很多商业或开源的 APM 系统，也提供了已经包含调用链路代码的类库，如访问 Redis、发送消息至 Kafka、Restful 服务调用等类库），这种方式对业务代码完全透明，但是需要对与服务调用有关的类库进行修改替换，同时只能跟踪调用链路里跨进程的相关 Span。

方法 3：手动在相关业务代码处添加链路调用跟踪的相关代码

在有些应用系统不支持或短时间内无法支持方法 1 或方法 2 的情况下，要实现链路跟踪，只能仍然以手动添加代码的方式在关键业务代码处添加链路调用跟踪的相关代码。

9.3.5　APM 系统性能优化

监控系统首先要做到的是对应用系统是"无害"的。从监控效果来说，监控数据肯定是采集量越大越好、保留时间越久越好，这样可以在我们排查各种异常问题时，提供有效支持。但数据采集越频繁，对应用系统性能造成的影响可能会越大，同时，数据保留时间越久，需要采购的存储就越多，成本较高，所以任何监控系统采集应用系统的各类运行数据，都必须在采集频率、对应用系统性能影响程度、采集数据保存周期等因素之间寻找平衡点。以前文介绍过的日志监控为例，通常在生产环境中不会收集 debug 类型的日志，也有企业默认不收集任何没有异常信息的日志，只收集有异常信息的日志或特别需要关注的应用系统的某些核心服务的日志。对 APM 系统来说，在收集 Span 数据时，需要尽可能优化数据采集算法，减少对应用系统自身性能的影响及网络负载。同时，也需要根据应用系统实际的运转情况采取相关的采样策略，来决定采集哪些 Span 数据、多久将缓存的 Span 数据从采集代理传到 Span 数据收集模块、保留多少时长的 Span 数据等，通常可以采取以下优化策略。

1. 在应用线程里只做必要的步骤，其他步骤放到后台其他线程执行

由 9.3.2 节可知，Span 数据采集客户端通常使用代码埋点方法，即在关键代码处创建 Span，并为 Span 打上相关标签或日志信息，随后将这些数据进行序列化，转换成字符串，再发给 Span 数据收集代理模块。这些步骤都会对应用性能造成影响，通常可以将 Span 数据的序列化工作及发送给后端 Span 数据代理模块的工作放到其他线程，即放到和应用无关的线程里执行，以此降低对应用性能的影响。

2. Span 公共不变的数据只需要收集一次

Span 数据通常可能包括和此 Span 有关的主机名、此 Span 所在应用的运行平台、此 Span 所在应用使用的编程语言及版本等信息，这些数据通常只需在和该应用有关的 Span 的第一个 Span 被创建时进行收集，其他时候不需要重复收集，以减少对应用性能的影响。

3. 对 Span 数据进行缓存压缩，批量发给后端

为进一步减少对应用系统性能方面的影响，Span 数据采集代理通常会对创建的 Span 数据进行缓存，集中批量发给 Span 数据收集模块。当然，缓存的数据也不宜过多，否则可能占用过多内存，从而影响应用，也会造成 Span 数据无法快速查看、时效性不足等问题，并且如果应用系统所在服务器发生断电等异常，会导致过多 Span 数据丢失，影响调用链的完整性。通常建议 Span 数据以最晚在 1 分钟内可以被查看为标准来对 Span 数据进行缓存和发送，在发送前也要对 Span 数据进行压缩，以进一步降低对网络带宽的占用。

4. 使用采样策略，有选择地保存调用链相关 Span 数据

如果对每次链路调用的数据都进行收集存储，那构建一套 APM 系统的花费及后续维护费用可能会比应用系统本身还要昂贵，尤其在一个访问量非常大的系统中，全部收集保存调用链数据几乎是不可能的。此外，同一个服务被多次调用所产生的调用链数据，大部分时候是类似的，没有必要每个调用链数据都保存，通常 APM 系统都会使用采样策略，对调用链数据有选择地保存，以减少 APM 系统的建设成本及对应用系统性能的影响。通常，APM 系统会基于两种采样策略对调用链数据进行采样，分别是基于头部的采样策略（Head-based Sampling）和基于尾部的采样策略（Tail-based Sampling）。

1）基于头部的采样策略

基于头部的采样策略是指在调用链开始时，APM 系统就通过相关采样算法来判断是否要对该调用链的所有 Span 数据进行采样，通常采用的判断算法有概率采样（Probabilistic Sampling）和速率采样（Rate Limiting Sampling）。

- 概率采样：APM 系统会设置一个全局概率值（0～1），随后，当第一个 Span 被创建时，Span 数据采集客户端会生成一个 0～1 的随机数，如果该随机数大于这个概率值，则此次调用链数据会被采样；如果该随机数小于这个概率值，则此次调用链数据不会被采样。
- 速率采样：在指定时间内，APM 系统只会采集最大不超过预先设置值的调用链数据，如每秒最多采集 10 个调用链数据，或者每分钟最多采集 1 个调用链数据等。

由上面的描述可知，基于头部的采样策略通常是在 Span 数据采集客户端进行的。目前，大多数 APM 系统都使用这种方式对调用链数据进行采集。

2）基于尾部的采样策略

基于头部的采样策略非常容易实现，但是由于决定是否对调用链进行采样的因素是纯粹依靠概率或速率的，而非由调用链自身的特性决定，所以在实际采样过程中，很可能遗漏一些实际系统异常时产生的调用链数据。我们希望根据调用链的特点来决定是否要对此调用链进行采样，这就需要等待调用链彻底执行完毕，才可以根据执行结果来判断，通常这种等调用链执行完毕再根据其特性来判断是否对其采样的策略称为基于尾部的采样策略，如我们可以根据调用链的执行时间、调用链执行过程中是否出现错误、调用链所有 Span 数据量的大小或其他用户关心的特性作为采集依据。基于尾部的采样策略的优势是可以采集真正关心的数据，但是由于这种方式必须等调用链执行完毕才能判断是否进行采样，所以 Span 采集客户端默认采集所有 Span 数据，待最终通过 Span 数据采集代理发送到 Span 数据收集模块后，才由 Span 数据收集模块进行判断，这也是这种采样策略的劣势，对应用性能造成的影响会比基于头部的采样策略更大，同时 Span 数据收集模块必须等一个调用链所有的 Span 数据都收集全之后，才可以判断是否发送给 Span 数据分析存储模块，所以对 Span 数据收集模块的存储能力也有一定要求。

在实际 APM 系统的应用场景中，我们会使用基于头部的采样策略来默认对所有系统进行采样，对部分核心系统会采用基于尾部的采样策略来进行更为精确的采样。然而，这只是一种实践建议，不是标准答案，具体采取哪种采样策略需要根据实际应用系统的访问量、吞吐量、业务重要程度、应用系统建设成本等各类因素综合考虑。

本 章 小 结

本章首先介绍了 APM 系统的基本概念，随后对 APM 系统的核心技术调用链路跟踪涉及的各类数据结构、名词概念等做了介绍，最后对 APM 系统常用架构、SpanContext 在不同服务调用常用传递方式、如何尽可能无侵入地让业务服务调用时能自动传递 SpanContext，以及如何对 APM 系统进行性能优化等实践经验做了详细介绍。

## 第 10 章

日志监控

日志记录了系统运行的过程，当系统出现问题或故障时，日志通常会记录系统发生问题的经过及问题发生时的上下文信息。运维人员根据日志中的信息可以快速、准确地判断和定位系统出现的问题或故障。如何将日志的报错信息及时、精准地传达给运维人员，催生了最初日志监控的需求。

本章从日志的基本概念讲起，依次介绍了日志的基本概念、日志的作用、常见日志类型及格式、日志规范；随后介绍了日志监控的基本原理和日志监控的常见场景；并按照日志监控的基本步骤逐一介绍了日志的采集与传输、日志解析与监控策略，最后还介绍了常见的日志监控系统。本章结合实际样例，希望展示给读者日志监控技术的各个方面。

▶ 10.1 日志的基本概念

日志通常由程序产生，程序开发者为记录或监控程序执行的过程，会让程序在执行过程中打印相应的执行结果。日志通常会记录程序在什么时间执行了什么动作、在什么时间出现了什么问题等信息。当程序出现问题时，一般可以通过查看日志定位或分析问题的原因。

日志一般包含如下要素：

- 时间（When）：日志信息触发的时间点。
- 地点（Where）：日志信息触发在何处，如服务器、网络设备、应用等。
- 人物（Who）：日志信息触发的具体组件，通常可认为是 Where 的补充信息。
- 事件（What）：触发了什么事件。
- 为什么发生（Why）：发生的原因。
- 怎么样发生（How）：发生的过程。

如图 10-1 所示为日志的基本要素。

图 10-1　日志的基本要素

日志的来源有很多种，常见的有两类，即来自硬件的日志和来自软件的日志。

常见的来自硬件的日志有：服务器日志（如大型机、小型机、PC Server、打印机日志等）、网络设备日志（如路由器、交换机、负载均衡器日志等）、安全设备日志（如防火墙、防病毒、IPS/IDS 系统日志等）。

常见的来自软件的日志有：应用系统日志（Debug、业务流、事件日志）、操作系统日志（如 Linux、Windows、AIX 日志）、数据库日志（如 Oracle、DB2、MySQL、PostgreSQL 日志）、中间件日志（Apache、Weblogic、MQ 日志等）。

10.2　日志的作用

日志的作用非常丰富。从最初的记录用户操作、追踪程序执行过程，到采集运行环境数据、监控系统状态等，日志都扮演着重要的角色。本节将从运维监控、资源管理、入侵检测、取证和审计，以及挖掘分析等几个方面介绍日志的应用场景。

10.2.1　运维监控

运维人员可以通过手机系统中的日志数据，及时发现系统的运行情况。例如，日志中常使用"info""warning""error""critical"或特殊关键字来标注系统运行的状态。通过查找关键字，能够较容易地定位故障原因或了解故障级别。如某 Oracle 数据库中的日志信息如下。

```
ORA-6504 Rowtype-mismatch
```

通过关键字"ORA-6504"定位故障为"宿主游标变量与 PL/SQL 变量有不兼容行类型"。

10.2.2　资源管理

日志记录了计算机组件在某个时刻的运行状态，其中包括性能容量信息。如 RHEL（RedHat Enterprise Linux）/var/log/message 中有类似下面的信息。

```
Mar 22 23:28:02 localhost kernel: Memory: 968212k/1048576k availa
ble (6764k
kernel code,
524k absent, 79840k reserved, 4433k data, 1680k init)
```

该日志信息详细地描述了操作系统实时内存的使用情况。

10.2.3　入侵检测

日志分析常被用于被动攻击的分析和防御，通过对网络日志的实时检测、分析，可以寻找和断定攻击源，从而找到有效的抵御措施，如某 IPS（入侵防御系统）输出日志如下。

```
Mar  8 00:14:15 192.168.33.111 Mar  8 00:14:15 ips IPS:
SerialNum=0113241512089995 GenTime="2019-03-08 00:14:15" SrcIP=2
22.183.132.77 SrcIP6= SrcIPVer=4 DstIP=111.22.111.11 DstIP6= DstIPVer
=4 Protocol=TCP SrcPort=50661 DstPort=80 InInterface=ge1/7 OutInterfa
ce=ge1/8 SMAC=04:c5:a4:e4:cb:37 DMAC=5c:c9:99:63:3b:dc FwPolicyID=3
EventName=HTTP_Weblogic_wls-wsat_远程代码执行漏洞[CVE-2017-3506/10271]
EventID=152524381 EventLevel=3 EventsetName=night SecurityType=安全漏
洞 SecurityID=17 ProtocolType=HTTP ProtocolID=10 Action=RESET Vsysid=
0 Content="URL=;Body_Data=3c 73 6f 61 70 65 6e 76 3a 45 6e 76 65 6c 6f
70 65 20 78 6d 6c 6e 73 3a 73 6f 61 70 65 6e 76 3d 22 68 74 74 70 3a 2f
2f 73 63 68 65 6d 61 73 2e 78 6d 6c 73 6f 61 70 2e 6f 72 67 2f 73 6f 61
70 2f 65 6e 76 65 6c 6f 70 65 2f 22 3e 20 0d 0a 20 20 20 20 20 20 20 20
20 20 3c 73 6f 61 70 65 6e 76 3a 48 65 61 64 65 72 3e 20 0d 0a 20 20 20
20 20 20 20 20 20 20 3c 77 6f 72 6b 3a 57 6f 72 6b 43 6f 6e 74 65
78 74 20 78 6d 6c 6e 73 3a 77 6f 72 6b 3d 22 68 74 74 70 3a 2f 2f 62 65
61 2e 6" CapToken= EvtCount=1
```

通过"HTTP_Weblogic_wls-wsat_远程代码执行漏洞[CVE-2017-3506/10271]""EventLevel=3"等关键字，可及时发现特定的安全事件。

10.2.4　取证和审计

2017 年 6 月 1 日，《中华人民共和国网络安全法》正式实施，其中明确指出"采取检测、记录网络运行状态、网络安全事件的技术措施，并按照规定留存相关的网络日志不少于六个月"，这对日志的保管与分析均提出了更高的要求。在一般情况下，数据中心的机器日志会发送至集中的日志系统，而运维人员的人工操作记录审计通常通过堡垒机实现。

堡垒机的日志详细记录了何时、何地、何人、登录何台服务器做何操作，记录可以是录屏（视频）、录音（音频）、数据文件、字符等。某堡垒机打印日志片段如下。

```
Last login: Sat Mar 30 09:23:53 2019
[support@SDEPEME01 ~]$ cd ..
[support@SDEPEME01 home]$ cd ts
[support@SDEPEME01 ts]$ ls
app  backup  dev  perl5  tmp  ts.env  tsrepo  update
[support@SDEPEME01 ts]$ netstat -ano | grep 18060
tcp6    0    0 127.0.0.1:18060        :::*      LISTEN
off (0.00/0/0)
tcp6    0    0 192.168.33.110:18060   :::*      LISTEN
off (0.00/0/0)
```

这些记录能够有效地还原操作现场，用于取证和审计。

10.2.5　挖掘分析

日志是数据挖掘的基础信息。可通过基础日志检索、降噪、抽样、聚类、回归等手段对数据做预处理，进而录入数据仓库并根据数据模型做关联分析，构成数据立方体、深度挖掘数据价值，如某应用系统打印了如下日志。

```
{18:14:42.223} {SessionFwd_1_1} {TRC} {0} {I} [0] {Transcode =[11
1] UserID
=[user]
IP=[111.22.22.33] ConMrgID=[2] SessionId [123456]} [SessionFwdTh
read.c:586]
```

通过关键字"Transcode =[111]""UserID =[user]"，可知用户 ID 为 user 的用户进行了一个事务操作，再通过查找关键字字典，可知[111]事务为[登录]。

日志中蕴含了用户访问的某些规律性特征，这些规律性特征可以被挖掘并加以利用。绝大部分的日志挖掘研究都是基于这个假设挖掘出了有用的用户访问模式，这些模式被很好地应用到各种场景，可做用户画像和产品推荐。例如，用户在购物网站中浏览了"adidas 篮球鞋"，浏览日志会被记录，系统通过检索分析，通常又会向用户推荐"nike 篮球鞋""篮球"等相关产品。

▶ 10.3　常见日志类型及格式

起初，运维人员常通过在日志中搜索全文来定位所需要的信息；然而，随着日志量和日志种类的增多，为了增加日志的可读性、提高日志分析或处理的效率，需要在日志的生产者和消费者之间约定一个统一的日志格式。

从日志类型上看，常见的日志类型有很多，其格式也各不相同。不同的组织根据不同的日志源或日志内容制定了各式各样的日志格式和记录标准，如 W3C 的 ELF（W3C Extended Log File）、Apache access log、Syslog 等。这些日志格式定义了日志如何构成、如何传输，以及存储和分析的原则。

从日志编码上看，常见的日志编码有二进制编码、ASCII 编码、Unicode 编码、UTF-8 编码等。例如，Windows 系统的事件日志就是二进制编码格式的，虽然二进制编码格式的日志可读性很差，一般需要借助专门的日志阅读器才能打开（Windows 的事件日志阅读器），但是二进制编码格式高效的存储占用率和解析日志时更少的资源消耗，使得日志文件对存储空间的占用更小、日志处理也更加高效，因此仍被广泛地应用。ASCII 编码格式和 Unicode 编码格式的日志因为其良好的可读性，在 Web Server、防火墙和各类应用系统中被广泛使用。此外，若应用系统在日志中输出中文，UTF-8 也是中文日志的常用编码。

从日志结构类型和格式上看，不同的厂商或不同的设备均对日志有不同的要求，分别适用于各自的日志场景需求，本节将依次介绍几种常见的日志类型和格式。

10.3.1　W3C Extended Log File 格式

W3C Extended Log File 格式是 W3C 发布的扩展日志文件格式。它是微软 IIS 的默认日志格式，为 ASCII 编码，其基本日志结构如下所示。

```
Version: <integer>.<integer>
Fields: [<specifier>...]
Software: string
Date:<date> <time>
Remark: <text>
```

Version 代表当前使用的版本。

Fields 定义了日志中所需要的字段。

Date 表示当前日志条目被添加的时间。

Remark 表示日志注释。

以上字段在日志中均以#开头，表示日志的结构说明；其中，Version 和 Fields 字段需要放在日志的最前面，日志的详细内容跟在结构说明之后，样例如下所示。

```
#Version: 1.0
```

```
#Date: 12-Jan-1996 00:00:00
#Fields: time cs-method cs-uri
00:34:23 GET /foo/bar.html
12:21:16 GET /foo/bar.html
12:45:52 GET /foo/bar.html
12:57:34 GET /foo/bar.html
```

在上述样例中，Fields 中定义了 3 个字段，time、cs-method 和 cs-uri，以空格隔开，在日志详情中，每条日志分别记录 3 个字段，依次对应 time、cs-method 和 cs-uri。

10.3.2 Apache access log

Apache 的 access log 记录了服务器处理的所有请求。CustomLog 指令可以控制 access log 的位置和内容；LogFormat 指令可用于定义和简化日志内容。

```
LogFormat "%h %l %u %t "%r" %>s %b" common
CustomLog logs/access_log common
```

%h 代表远端主机的 IP，也就是发起请求的服务器。

%l 代表远端请求的用户名称，此处为短横线则表示当前字段不可用。

%u 表示请求的用户名，并且经过了 HTTP 认证。

%t 表示收到请求的时间。

%r 表示用户的请求方法（GET）、请求资源（/apache_pb.gif）和请求协议（HTTP/1.0）。

%s 表示状态码，表示请求返回的状态，200 表示返回正常。

%b 表示返回给客户端的数据对象大小，单位为 bytes。

```
127.0.0.1 - frank [10/Oct/2000:13:55:36 -0700] "GET /apache_pb.gi
f HTTP/1.0"
200 2326
```

上面即为 Apache access log 的日志样例，其中，127.0.0.1 代表远端主机的 IP；-表示远端请求的用户名称不可用；frank 表示请求用户名；[10/Oct/2000:13:55:36 -0700]表示收到请求的时间；"GET /apache_pb.gif HTTP/1.0"代表用户的请求方法是 GET、请求的资源是/apache_pb.gif、请求协议是 HTTP/1.0；200 表示返回码；2326 表示返回给客户端数据的大小是 2326 bytes。

10.3.3 Syslog

Syslog 最早在 20 世纪 80 年代由 Sendmail project 的 Eric Allman 发布，最初

只为了收发邮件，后来慢慢地成了 Unix 及类 Unix 系统的标准日志记录格式，再后来也逐渐被大部分网络设备厂商支持。2001 年，国际互联网任务工程组（the Internet Engineering Task Force）制定了 RFC 3164——*The BSD Syslog Protocol*，并将其作为 Syslog 的第一个标准，2009 年 RFC 5424 发布，也就是一直沿用至今日的 Syslog 标准。因为 Syslog 简单且灵活的特性，所以其不仅限于 Unix 类主机的日志记录，任何需要记录和发送日志的场景，都可能使用 Syslog。如图 10-2 所示，为 Syslog 的基本结构。

图 10-2　Syslog 的基本结构

Syslog 的基本结构分 3 个部分，PRI、HEADER，以及 MSG，总长度不能超过 1024 字节。

1. PRI

PRI 部分包含 Facility 和 Severity，代表日志的来源及严重程度。

Syslog Facility 解析如表 10-1 所示。

表 10-1　Syslog Facility 解析

设　施	设施码	描　述
kern	0	内核日志消息
user	1	随机的用户日志消息
mail	2	邮件系统日志消息
daemon	3	系统守护进程日志消息
auth	4	安全管理日志消息
syslog	5	系统守护进程 syslogd 的日志消息
lpr	6	打印机日志消息
news	7	新闻服务日志消息
uucp	8	UUCP 系统日志消息
cron	9	系统始终守护进程 crond 的日志消息
authpriv	10	私有的安全管理日志消息
ftp	11	ftp 守护进程日志消息
—	12～15	保留为系统使用
—	16～23	保留为本地使用

Syslog Severity 解析如表 10-2 所示。

表 10-2　Syslog Severity 解析

级　　别	级别码	描　　　述
emerg	0	系统不可用
alert	1	必须马上采取行动的事件
crit	2	关键事件
err	3	错误事件
warning	4	警告事件
notice	5	普通但重要的事件
info	6	有用的信息
debug	7	调试信息

2. HEADER

HEADER 部分包含一个时间戳和发送方的主机名或 IP，时间戳部分是格式为"mmm dd hh:mm:ss"的本地时间；主机名部分需要注意不能包含任何空格，时间戳和主机名后各自跟一个空格。

3. MSG

MSG 同样包含两个部分，即 TAG 和 Content。TAG 部分是可选的，MSG 部分一般包括生成消息的进程信息（TAG field）和消息正文（Content field）。TAG field 一般不超过 32 个字符，TAG 与 Content 之间的间隔用非字母表字符隔开，一般用":"或空格隔开。

```
<30>Oct 9 22:33:20 hlfedora auditd[1787]: The audit daemon is
exiting.
```

在以上的样例中，"auditd[1787]"是 TAG 部分，包含了进程名称和进程 PID。TAG 后通过冒号隔开的"The audit daemon is exiting."就是 Content 部分，Content 的内容是应用程序自定义的。

▶ 10.4　日志规范

不同的设备制造商、系统开发商均定义了日志规范，这些日志规范广泛应用在厂商各自的产品中，如应用在操作系统、网络设备、中间件等产品中；这些大多属于非应用系统。然而，在数据中心的实际运维工作中，应用系统、应用软件的种类更加繁杂，它们在运行时产生的日志不仅能及时反映系统的运行状况，也蕴含了大量的业务信息。如何快速定位、监控、分析这些日志，则需要对系统开发者进行日志打印的约束。因此，从系统开发阶段起，对应用系统的开发者制定日志规范是十分必要的。

本节对应用日志规范进行简要介绍，并介绍日志轮转和爆发抑制的相关技术原理。

10.4.1 应用日志打印规范

1. 要素规范

应用日志包括应用程序运行时发生的一个事件的完整信息，一个记录对应一个事件。在 10.1 节中，我们介绍了日志的基本要素，即时间、地点、人物、事件、原因和过程。

一条好的日志记录应该包含以上 6 个要素，在实际记录过程中，每个要素中也可做出适当的删减和补充，如在 Who 要素中，通常还可以加上身份认证服务提供者的名字或安全域的名字；在跟业务有关的日志中一般还会附加事务 ID 作为唯一标识；在 What 要素中，一般还会加上 status 或 level 字段，status 用来表示一个动作的成功或失败，level 则用来表示事件的严重程度，如 FATAL、ERROR、WARN等；在 Where 要素中，一般还根据网络的关联性补充相关信息，如 IP、主机名，甚至补充 CDN 转换后的 IP 等；在 When 要素中，一般还可以规定采用的时区（如GMT+8）等。

2. 分隔规范

每个要素对应日志中的一个字段，一个字段只包含一个要素。字段之间按顺序排列后，需要对要素进行分隔和区分，要素之间一般通过分隔符（如"|"、空格等）来区分。如果有字段的值为空，则将前后两个分隔符相连，以保证每个字段在记录中相对位置固定。不同的日志记录之间通过换行符区分。在一般情况下，Windows 中的换行符是两个字符\r\n；UNIX 和 Linux 中的换行符是一个字符\n。

3. 内容规范

应用日志是与应用系统运行维护有关的日志，包括但不限于程序的启动和停止、系统间交互的相关事件、服务调用及消息处理相关事件等。常见的有如下几类：业务操作类、运维维护类和安全审计类等。

业务操作类，包括但不限于业务登录及登出、业务指令、数据维护、业务处理及查询、数据导出等操作。业务日志记录范围一般由需求规格说明书指定。

运维维护类，包括但不限于程序的启动和停止、系统间交互相关事件、服务调用及消息处理相关事件等。

安全审计类，包括对重要事件（包括用户变更、用户权限变更内容或变更操作、业务流转记录等敏感数据的操作等）进行记录。记录的内容应至少包括事件日期、时间、发起者信息、类型、描述和结果等。对于信息安全等级保护级别在三级以上的系统，还应保证无法单独中断审计进程等功能。

4. 保存规范

日志一般不应加密保存，系统中的业务敏感信息应禁止保存在日志中，可根据实际情况进行必要的加密或替换处理（如密码信息打印为"***"），从而避免被其他用户直接读取。同时，禁止使用 DEBUG 以上级别打印敏感信息。部分极端敏感信息（如密码）禁止直接输出到日志。

日志命名一般采用固定模式来提升日志分析的效率，如<系统名>-<模块名|组件名|进程名>-<日期>-<序号>.log。

```
tbs-dqs-20190619-0.log
```

日志的保存时间应满足审计要求，如果审计部门、业务部门未有明确规定，日志一般至少保存 3～6 个月。用于抗抵赖性的日志，应永久保留，以便事后审计核查。

10.4.2 日志的轮转归档

随着日志打印得越来越多，对存储资源的消耗也越来越大，然而，服务器空间是有限的，这些日志一来会极大地占用服务器的存储空间，二来日志的分析、搜索等处理过程也会随着日志文件的增多而增大开销。因此，日志轮转归档十分有必要。

日志轮转，通常也叫日志的切割，是为了防止日志文件过大而将日志文件切割、压缩并归档，同时再创建一个新的空文件供应用程序继续打印日志的过程。日志归档的整个过程对应用系统是无感的。

常见的日志轮转有两种途径，一种是通过外部脚本将轮转过的日志移动至外部存储空间，如 FTP 服务器、NBU 备份服务器等；另一种是应用系统自身通过开发日志归档模块来实现日志轮转功能。

通常基于时间的轮转或基于空间的轮转来判断日志文件什么时候需要轮转。

（1）基于时间的轮转，就是日志轮转有一个固定的周期，如每小时、每天、每周等。

（2）基于空间的轮转，就是基于日志文件的大小，当日志文件增大到一定大小时，如 100MB、1GB 等，则进行轮转动作。

在实际开发中，为提升日志搜索和分析的效率，大部分情况下会同时使用基于时间和基于空间的判断标准。

10.4.3　日志的爆发抑制

1. 日志爆发

随着系统复杂度和业务量的提升，日志打印的条目数量也会显著提升。在通常情况下，记录一个业务会输出多个日志条目，即在一个业务过程中，通常调用多次输出日志的方法，因此日志的数据量会随系统复杂度的升高而增多。

为了减少日志打印的数据量，开发人员和运维人员在一般情况下会对日志进行分级，并制订不同的打印策略。在正常情况下，等级较低的、较为详细的日志信息可以少打印或不打印，等级较高、能反应系统功能是否正常的日志信息默认打印。不同等级的日志打印通过配置文件，可随时开启或关闭。如在系统调试阶段，运维人员经常会打开 DEBUG 或 INFO 等级日志，用来辅助问题排障；在生产运行阶段，运维人员则会关注更高等级的日志信息，INFO 和 DEBUG 等级的日志通常会被关闭。

日志打印等级表如表 10-3 所示。

表 10-3　日志打印等级表

日志等级	描　　述
INFO	系统正常的状态、通知消息等
DEBUG	更详细的日志，可用来帮助系统排障
WARN	一些可能对系统有害的信息
ERROR	部分功能已经不正常，但系统依然可用
CRITICAL	功能已经异常，严重的告警
FATAL	系统已不可用

在日志爆发的时候，即使只打印高等级日志，也会出现短时间内日志输出量暴涨的情况。这时，可以通过预先配置日志轮转和归档规则，及时将已归档的日志压缩或转移至其他存储资源上，有效缓解因日志激增带来的存储压力。

2. 日志告警的爆发

在监控系统中，有时会遇到错误日志的爆发，即短时间内出现海量日志均匹配到目标监控策略。例如，1 分钟内打印了 10 万条带有"ERROR"关键字的日志。显然，给运维人员发送 10 万次告警通知是不现实的。

在监控系统中，一般会配备告警聚合功能，即将相同、相似的告警合并为一条告警。例如，8:00—8:30 出现了 1 万条 ERROR 日志，则可以合并为一条日志告警。在 8:00 第一时间通知运维人员，并补充告警首次出现时间（8:00）。随后，随着告警的重复出现，监控系统则不断更新这条告警的末次出现时间和告警次数，直到 8:30 末次告警出现时间更新为 8:30 和告警次数更新为 1 万条。这样就可以有效地抑制日志告警的爆发。

10.5　日志监控基本原理

目前，成熟的日志监控系统有很多，根据监控方法的不同，主要分为两类：一类是不大量传输日志源文件，通过前置日志告警判断组件，在日志源端处理日志并匹配告警规则，仅向外传输告警信息的监控方法，简称前置式日志监控；另一类是大量收集日志源文件并集中存储，通过高性能的日志搜索引擎轮询日志、匹配告警规则后再上报告警信息的监控方法，简称集中式日志监控。

下面将分别介绍两类日志监控的原理，并介绍日志监控系统建设的基本阶段。

10.5.1　前置式日志监控

前置式日志监控方法常见于主流的监控系统，即通过前置特定的 agent 或其他日志监听组件监听日志源文件。agent 或组件在运行过程中，实时匹配日志监控策略，当匹配到预置的监控策略（特定的关键字，如 "error" "404"）时，则根据日志监控策略产生对应的指标信息或告警信息。产生的告警信息被主动推送至后端 server，或者等待后端 server 的轮询消费。在 Tivoli 系统中，Tivoli 通过在日志产生服务器中安装 agent，实时监听日志并匹配告警触发规则，向告警数据库发送告警信息。

前置式日志监控通过前置 agent 将大量日志处理工作分散到日志源端，仅传输处理后的告警消息（或精简后的通知消息）。因此，网络上不再大量传输原始日志。从告警传输的效率来看，前置式日志监控传输效率更高，监控系统后端的开销也相应更小；但由于删减了日志的原始信息，运维人员在接收告警消息后，通常还需要查看日志原始文件、结合上下文信息（如告警时间点的前后 5 分钟内的服务器日志等），才能更好地处理事件。运维人员往往需要登录服务器获取原始日志文件或借助其他系统工具获取足够的上下文信息。

同时，日志来源的种类越来越丰富，对跨种类日志分析的需求越来越多。如应用日志和操作系统日志关联、操作系统日志和网络设备日志关联、网络设备日志和安全设备日志关联等。因此，前置式日志监控越来越难满足运维人员关联日志并做日志分析的需求，集中式日志监控则可以较容易地实现关联分析。

10.5.2 集中式日志监控

随着日志种类和来源类型的增多，日志通常需要进行跨日志种类或跨数据来源的关联分析和关联监控。如一台服务器的 WARN 报错可能不重要，但若十台服务器同时发出 WARN 报错，则可能暗含了其他更严重的报错。同时，收集多源异构的日志告警本身就是一件极其消耗时间的事情，对大量异构日志告警做监控分析也是一件非常有挑战性的事。

在前置式日志监控中，运维人员需要针对不同的日志配置不同的监控策略，一方面在前置端配置监控策略时，由于彼此分隔，容易造成较多的配置冗余；另一方面，跨来源的日志监控难以实现，而集中式日志监控可以很好地解决这些问题。

集中式日志监控，顾名思义就是通过收集原始日志，对日志集中存储并集中监控的日志监控方法，常见于日志管理或分析系统中，如开源的 ELK、商用的 splunk、日志易等。一般日志管理或分析系统均有日志采集、日志解析、日志数据库和日志搜索引擎等模块，其中，日志监控功能主要涉及三个阶段：日志采集、日志解析和告警触发/通知，如图 10-3 所示。

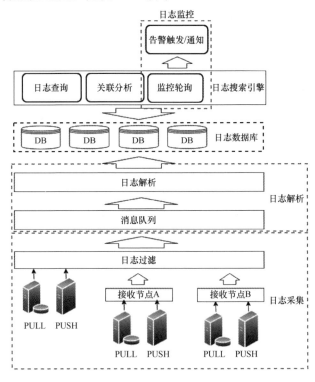

图 10-3　集中式日志监控系统示意图

日志采集阶段主要用于监听并收集原始的日志文件，然后将日志数据发送至后端服务器存储。日志采集通常有两种方式，一种是基于日志采集 agent 的 PULL 方式，即在日志源上安装日志采集 agent 并配置日志监控路径，当日志文件写入信息时，将日志信息发送至日志过滤节点或代理接收节点。另一种是基于日志源主动发送日志数据的 PUSH 方式，常见的为日志源以 Syslog 的形式主动向外发送日志信息，这种方式常用于网络设备、安全设备等。在日志采集阶段一般会同时配置日志过滤规则，即当原始日志量过大时，为减轻后端服务器处理压力，可有针对性地筛选部分日志发往后端；规律规则通常支持正则表达式。

在日志采集阶段，日志监控系统通常会和代理节点搭配使用。代理节点常用于多区域的网络部署环境中，区域之间相互隔离，如多数据中心、生产环境与灾备环境等；为便于日志集中监控与管理，通常在每个网络区域内设置一个日志接收的代理节点，用于接收区域内的日志信息，代理节点在收到日志后再将其转发至后端集中的日志处理节点，从而实现日志汇聚。更多关于日志拉式采集（PULL）相关内容将在 10.7.1 节介绍。

在日志解析阶段，开始对收集的日志数据进行数据预处理操作，如日志拆分、字段解析、关键字提取等。日志的解析规则通常基于正则表达式配置，解析后的日志将被送至日志数据库集中存储。消息队列可用于日志量过大的场景，通常以 kafka 实现，以保证日志消息不丢失。

在日志监控阶段，基于日志系统的强大搜索引擎对海量日志进行定时轮询，如 splunk 的 indexer、ELK 的 elasticsearch 等。轮询时间通常以分钟级配置（如每 5 分钟监控所有日志中是否出现 error 关键字），当匹配到目标关键字（如 error）时，调用告警通知模块及时通知运维人员。

10.5.3　日志监控的基本过程

建设高效的日志监控系统，一般需要经过四个阶段。

阶段一：确立日志规范。确定每条日志需要包含的基本要素信息（日志规范在 10.4 节中已做出详细介绍）。日志的结构应统一且便于快速提取关键信息，如严格遵照分隔规范或运用键值对。同时，日志的打印应遵循等级原则，防止日志爆发（已在 10.4.3 做出详细介绍）。在集中式日志监控的场景中，还需要在前置 agent 段配置日志过滤器，一方面对敏感数据进行脱敏处理，另一方面配置过滤规则以精简日志传输量，节约网络流量或日志监控系统的 license 开销。

阶段二：确立监控系统部署方式和数据收集模型。具体涉及：①选择数据收集端 agent，要支持日志源的数据采集、日志解析及 agent 自身的高可用性（能应对目标设备网络连接失败、日志解析等情景）；②系统部署选择时下流行的 SAAS 部署模式或本地部署模式，一般取决于数据是否涉密、基础设施是否完善等条件；③优化日志数据，在日志的传输和解析阶段对日志数据进行优化，特别是对集中式日志监控系统来说，原始日志的传输对资源消耗极大，如何提取压缩原始数据、提取有效信息、丢弃无用信息是十分重要的，这对日志的解析和提取技术提出了要求；④在集中式日志监控系统中，还需要明确日志保存的生命周期，即日志监控系统中原始数据的保存周期，一般分为热数据、冷数据、冻结数据和删除数据；⑤根据访问人员角色，明确数据的访问权限。

　　阶段三：收集日志数据。日志的生产者种类繁多，不同的日志生产者基于各自标准产生了海量日志（在 10.3 节和 10.4 节中已做出介绍），包括基础设施日志、网络日志、应用日志等，好的日志监控系统应该能兼容各种类型的日志生产者。

　　阶段四：配置监控策略和告警触发。

　　在前置式日志监控系统中，通常在 agent 端配置正则表达式来匹配要监控的目标关键字；在集中式日志监控系统中，由于日志来源多、类型多，通常需要运用更复杂的搜索甚至全局搜索方案。匹配告警后所进行的触发动作，一般通过对接通知系统或监控事件总线的方式快速通知运维人员。

10.6　日志监控的常见场景

　　本节将介绍几种常见的日志监控场景，结合具体样例，希望给读者介绍日志监控在不同应用场景中发挥的作用和需要考虑的要点。

10.6.1　关键字监控

　　关键字监控是最常见的监控场景，一般基于正则表达式，通过在监控的日志中搜索符合监控策略的关键字，如果匹配目标关键字则触发告警，常见的场景如下。

　　正逻辑，如果出现A关键字则报警。
　　反逻辑，如果不出现A关键字则报警。通常限定时间窗口，如每5分钟轮询一次日志，如果不出现A关键字则告警。
　　且逻辑，如果同时出现A和B关键字则告警。

　　在 Linux 系统或一些网络设备的 Syslog 中，Severity 字段是打印日志的级别，不同级别的日志代表不同的重要程度；在通常情况下系统都会直接监控高等级的关键字，如 "emerg" "alert" "crit" "err" 等。

在监控应用系统的日志时，监控关键字一般会选取应用系统对应数据字典中的关键字，如在前文提到的 Apache access log 中，对状态码做出了明确的定义，如下所示。

```
100 ;   Continu
101 ;   Switching    Protocols
200 ;   OK
201 ;   Created
202 ;   Accepted
203 ;   Non-Authoritative    Information
204 ;   No Content
205 ;   Reset Content
206 ;   Partial Content
300 ;   Multiple Choices
301 ;   Moved Permanently
302 ;   Found
303 ;   See Other
304 ;   Not Modified
305 ;   Use Proxy
307 ;   Temporary Redirect
400 ;   Bad Request
401 ;   Unauthorized
402 ;   Payment Required
403 ;   Forbidden
404 ;   Not Found
405 ;   Method Not Allowed
406 ;   Not Acceptable
```

部分状态码直接反映了系统的服务状态，如 404、403 等，这些都是监控系统常见的监控关键字。

随着监控的精细化，还可以根据关键字出现的次数来判断告警。

如果最近5分钟出现3次及以上A关键字，则告警。

还可以对监控的字段进行计算处理，满足告警阈值的则触发告警。

如果最近5分钟出现A关键字和出现B关键字的次数总计大于3次，则告警。

10.6.2　多节点日志监控

多节点日志监控常见于集群部署的应用日志监控，如当需要监控的日志分布在多台服务器甚至分布在不同的网络环境下的多台服务器时，就需要处理多节点情况下的日志监控。

在前置式日志监控系统中，一般通过统一下发监控策略，将监听的日志路径、关键字等下发至每台目标服务器，当任意一台服务器触发告警时，均可上报告警信息。

在集中式日志监控系统中，同一个模块收集的日志通常会放在同一个索引内（或打上共同的标签）。当执行监控任务时，指定搜索同一个索引，即可监听索引内的所有服务器。如下所示，在 splunk 中可通过 SPL 语句指定搜索的 index 为 app，选择搜索 app 索引且 keyword 为 "error" 的全部日志。

```
Index=app  keyword=error
```

同样地，对多数据中心部署的应用来说，只需要将不同数据中心的日志源合并为一个日志索引，监控任务针对索引来配置即可。即使后期集群扩展或网络环境变动，只要将需要监控的日志定义为同一个日志索引即可，无须改动监控策略。

10.6.3 应用系统性能监控

上文中提到，日志的打印数量和业务繁忙程度紧密结合。在通常情况下，每个日志条都会打印业务事务的 ID 或处理消息的 ID，这些 ID 数量的多少直接反映了系统处理的能力和性能。那么，提取日志中的事务 ID 或消息 ID，并根据每分钟的 ID 数量做出时序图，可以大致看出业务在一天当中各时段的繁忙程度，如图 10-4 所示。

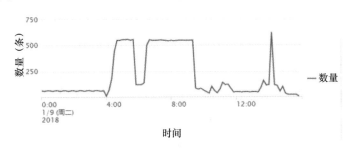

图 10-4 某业务系统消息发送量时序图

在图 10-4 中，可以看到在每日的早上和中午，消息发送数量到达顶峰，结合业务场景分析得知是业务市场开市前，系统下发消息为开市做准备。

在图 10-5 中，提取业务日志中的业务 ID，并按照每 10 分钟业务 ID 数量做出时序图，可以看出一天中业务量的时序分布。例如，12:00—13:30 为午间休市时间，业务量显著下降。

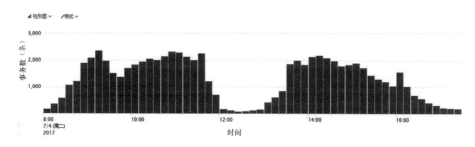

图 10-5　某业务系统处理业务量时序图

在图 10-6 中，某些日志中会直接打印事务处理的平均耗时数据，提取耗时字段并做时序分析，可以看出一天中的最繁忙的时间在 11:00—11:30 和 16:00 前后。通过对耗时时间配置监控，如超过 30000（单位：毫秒），一旦耗时超过 30000 毫秒，则立即通知运维人员。

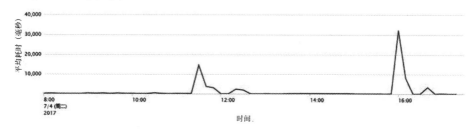

图 10-6　某业务模块事务平均耗时时序图

有些业务系统会在不同模块的日志中打印同一个事务的处理耗时，那么统筹各个节点的日志后则可以计算出该模块的平均事务处理耗时。在图 10-7 中，事务依次经过 Session Forward 等 4 个模块处理后再返回用户终端，通过日志中的耗时信息，可以直观地看到各个模块的事务处理耗时。

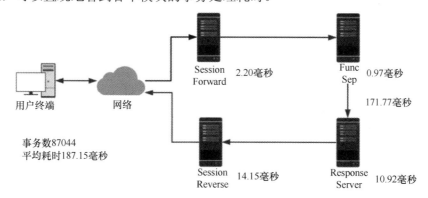

图 10-7　某业务系统事务处理耗时图

10.6.4　应用系统业务量异常监控

挖掘日志中不同的字段，可以分析系统当前的运行状态。若大量收集历史运行状态数据并计算均值，则可以根据历史数据的均值来判断当前业务量是否正常，即基于业务量历史均值的监控。

基于历史均值的监控，通常需要设定当前值与历史均值的差值阈值，如当差值超过历史均值30%时，则判定为异常，立即通知运维人员或业务人员。

从图10-8 中可以看出，在13:30 业务量比历史均值有显著增加，即出现了业务量的激增，需要及时通知相关人员处理。

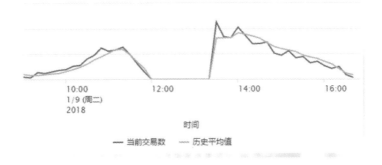

图 10-8　某系统当前业务量与历史均值

10.6.5　安全监控与异常 IP 自动封禁

在数据中心的日志监控中，安全设备的日志非常重要；大多安全设备的日志可以反映攻击者或疑似攻击者的来源 IP 及攻击行为。通过汇总分析安全设备告警日志，可实时抽取攻击日志进行累计记分，对达到评分阈值的攻击源 IP 实施封禁，封禁时长可配置调整，从而形成安全事件从检测、分析到处置的闭环管理。

如图 10-9 所示，某 IPS 设备日志提供了攻击者的 IP 及攻击行为——"HTTP SQL 注入攻击"，一般会触发关键字监控策略，监控系统会立即通知运维人员对该 IP 进行封禁。

然而，有时来源 IP 的攻击行为并不明显，只进行了非高危动作，即在日志中打印的事件级别并不高，若通过配置全部攻击行为关键字来触发告警，则可能产生大量的误告警而造成 IP 误封，这时就需要对 IP 的危险程度进行判断，即需要结合日志监控系统的计算能力对 IP 的危险程度进行衡量，有时还需要根据业务需求设置白名单，因此，自动封禁系统的核心配置就是封禁白名单和封禁评分策略，均可动态配置调整。封禁评分简单说来就是对来源 IP 进行打分，对超过一定分数的 IP 进行封禁。例如，WAF 设备的防护日志会打印事件的类型（见表 10-4），若某 IP 在一定时间范围内（如最近 24 小时），监测到了类型 1 的 WAF 设备的 2 次 SQL 注入攻击和 1 次 XSS 攻击，则该 IP 记 30×2+20×1=80 分。在一般情况下，会对 IP 计分设置阈值，如对 24 小时内超过 100 分的 IP 进行封禁。

_time	0	src	rc_port	app	signature	priority	dest	dest_port
2017/07/07 19:27:34		218.92.145.98	27794	ips	HTTP_SQL 注入攻击	3	192.168.33.10	80
2017/07/07 19:27:31		218.92.145.98	47957	ips	HTTP_SQL 注入攻击	3	192.168.33.10	80
2017/07/07 19:27:28		218.92.145.98	48187	ips	HTTP_SQL 注入攻击	3	192.168.33.10	80
2017/07/07 19:27:25		218.92.145.98	41094	ips	HTTP_SQL 注入攻击	3	192.168.33.10	80
2017/07/07 19:27:21		218.92.145.98	56968	ips	HTTP_SQL 注入攻击	3	192.168.33.10	80
2017/07/07 19:27:18		218.92.145.98	62703	ips	HTTP_SQL 注入攻击	3	192.168.33.10	80
2017/07/07 19:27:13		218.92.145.98	64554	ips	HTTP_SQL 注入攻击	3	192.168.33.10	80
2017/07/07 19:27:10		218.92.145.98	29042	ips	HTTP_SQL 注入攻击	3	192.168.33.10	80
2017/07/07 19:27:05		218.92.145.98	34264	ips	HTTP_SQL 注入攻击	3	192.168.33.10	80
2017/07/07 19:27:01		218.92.145.98	29750	ips	HTTP_SQL 注入攻击	3	192.168.33.10	80

图 10-9　某 IPS 设备日志

表 10-4　某 WAF 攻击行为打分标准（部分）

攻击类型	分值示例
WAF 类型 1 检测到 XSS 攻击	20 分/次
WAF 类型 1 检测到 SQL 注入	30 分/次
WAF 类型 2 检测到 Java 攻击	30 分/次
WAF 类型 2 检测到 SQL 注入攻击	35 分/次
IPS 检测到代码注入	30 分/次
蜜罐检测到后门程序	50 分/次

10.7　日志采集与传输

在一般情况下，日志生产于众多服务器或设备，运维人员经常会遇到以下问题：①日志太多且分布分散，难以集中查看；②分析问题需要互相关联，很难对日志进行多维度的关联分析；③登录目标设备查看日志增加了操作风险。因此，大多数数据中心要么通过设置集中的日志存储分析系统，通过集中收集各类日志数据，达到日志集中查询与监控的目的；要么通过在前置 agent 上设置匹配规则，仅将告警日志上报，在后端汇集告警日志后再做集中处理。

目前，大多系统通过"拉"或"推"的方式采集日志。

10.7.1 拉式采集（PULL）

"拉"的方式是指系统先在目标服务器端安装特定的代理（agent），一般代理在收集到指定的日志后，经过一定处理，将相关信息保存在本地并等待服务器端的轮询消费，后端通过定时轮询主动去 agent 端拉取日志。一些常见的日志监控系统如 ELK、splunk 等均采用拉的方式获取需要监控的指标。在部署日志 agent 前，一般需要明确以下信息。

（1）日志来源：日志的生产者，如网络设备、操作系统、安全设备、应用等。不同的日志生产者一般对应不同的日志分析规则。

（2）日志位置：日志的详细位置描述，一般包含主机名/设备名、IP、文件路径、文件名等。

（3）日志格式：日志的格式信息，通常需要结合日志样例表明日志的基本结构（已在 10.3 节和 10.4 节中做出详细介绍）。不同的日志格式通常需要配置不同的日志分析规则来提高日志分析和监控的效率。

（4）日志容量：评估需要采集的日志容量，如每天的生产量。该数据通常用于计算集中式日志监控系统的 license 开销；同时也有助于评估日志监控系统的资源开销。

（5）日志轮转：由于集中式日志监控需要收集日志原文，因此需要约定历史日志的保存期限；在保证需求的前提下，有效提升存储效率。

10.7.2 推式采集（PUSH）

"推"的方式是指设备主动向日志记录系统推送日志数据。常见的日志推式采集大多是基于 Syslog 机制来实现的。

类 UNIX 操作系统一般都设计有 syslogd 进程，syslogd 是一个系统的守护进程，用于解决系统日志记录、分发等问题。syslogd 通过使用 UNIX 域套接字（/dev/log）、UDP 协议 514 端口（syslog-ng、rsyslog 支持 TCP 协议）或特殊设备/dev/klog（读取内核消息）从应用程序和内核接收日志记录。如图 10-10 所示，Syslog 既可以记录在本地文件中，也可以通过网络发送到接收 Syslog 的服务器，接收 Syslog 的服务器可以对来自多个设备的 Syslog 消息进行统一存储，或者解析其中的内容做相应的处理。一般服务器会配置默认的 Syslog 发送地址，即 Logbase

的监听地址，将 Syslog 集中汇集后可方便地进行检索、监控或分析等。

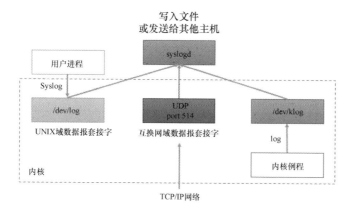

图 10-10　syslogd 的发送模式

有些产品的 agent 也可以主动将数据推送到后端服务器，如 splunk 通过在目标应用服务器中安装 splunk-forwarder 来监听特定路径下的日志，并通过特定端口（一般是 9997 端口）集中发送给 splunk-index。ELK 日志分析系统一般会在目标服务器上安装 Filebeat，再将 Filebeat 监听到的日志转发给 Logstash，最终进入 elasticsearch 实现日志集中检索和监控。

"推"是一种建立在客户服务器上的机制，就是由客户服务器主动将信息发往日志服务器端的技术。同"拉"技术相比，最主要的区别在于"推"是由客户机主动向日志服务器发送信息的，而"拉"则是由日志服务器主动向客户服务器请求和索取信息的。"推"的优势在于日志信息获取更加主动和及时。

10.7.3　日志过滤

采集日志的目的是有效利用日志，在通常情况下，收集的日志体量庞大且格式多样，只有在海量的日志中进行过滤和筛选，才能真正地实现日志的高效利用。

日志过滤在运维工作中十分常见，一方面，过滤掉无用的日志会提升日志分析人员的分析效率，提升日志分析系统或监控系统的处理性能；另一方面，对于某些商业日志分析（监控）工具（如日志易、splunk）而言，过滤掉无用的日志可以有效减少无效日志对 licenses 的占用，有效降低运维成本。

常见的日志管理系统中均有日志过滤的功能组件，如在 ELK 日志监控体系中，Logstash 拥有多种过滤插件，如 Grok、Date、Json、Geoip 等，其中最为常用的是 Grok 正则表达式过滤。在 splunk 中，splunk-index 在日志收入本地数据库之前，也可配置正则表达式，只收入符合特定表达式规则的日志，其余日志则作丢弃处理。

10.8 日志解析与日志监控策略

在采集到日志后，如何准确快速地找到我们需要的信息是关键。要进行日志监控，就需要先对日志进行解析。日志解析的核心就是各类日志分析工具和正则表达式的使用。下面将分别介绍常用日志解析工具、正则表达式，以及日志监控策略相关技术方法。

10.8.1 日志解析工具

1. GREP

GREP 最初是一个 UNIX 的命令行工具，用于匹配文件内容包含指定字符串或范本样式的条目，并打印匹配到的行或文本，在服务器端常被用来快速分析日志内容、日志排错等场景，其格式如下所示。

```
grep [options][字符串][文件名]
```

GREP 常用参数如表 10-5 所示。

表 10-5　GREP 常用参数

参　数	描　述
-c	只输出匹配行的计数
-I	不区分大小写（只适用于单字符）
-h	查询多文件时不显示文件名
-l	查询多文件时只输出包含匹配字符的文件名
-n	显示匹配行及行号
-s	不显示不存在或无匹配文本的错误信息
-v	显示不包含匹配文本的所有行

-c 用于匹配/etc/passwd 中包含 nologin 字符串的行并打印，有 26 个匹配行，如下所示。

```
# grep -c nologin /etc/passwd
26
```

-i 匹配/etc/passwd 中含有 DNS/DNs/Dns/dns/Dns 等的行并打印，如下所示。

```
# grep -i dns /etc/passwd
avahi:x:70:70:Avahi mDNS/DNS-SD Stack:/var/run/avahi-daemon:/
sbin/nologin
```

-v 匹配/etc/passwd 中不包含 nologin 的行并打印，如下所示。

```
# grep -v nologin /etc/passwd
root:x:0:0:root:/root:/bin/bash
support:x:1002:1002::/home/support:/bin/bash
```

2. AWK

AWK 是一个强大的文本分析工具，拥有自己的语法，可用于较复杂的日志分析。输入数据可以是标准输入、文件、或其他命令的输入。它逐行扫描输入，寻找匹配的特定模式行，在匹配行上完成操作并打印，其格式如下所示。

```
awk [options] 'script' var=value file(s)
```

或

```
awk [options] -f scriptfile var=varlue files(s)
```

AWK 常用命令选项如表 10-6 所示。

表 10-6　AWK 常用命令选项

命令选项	描　　述
-F fs or --field-separator fs	指定输入文件折分隔符，fs 是一个字符串或一个正则表达式，如-F" "
-v var=value or --asign var=value	为 awk_script 设置变量
-f scripfile or --file scriptfile	从脚本文件中读取 AWK 命令

打印/etc/passwd 第一个域如下所示。

```
# awk  -F ':'  '{print $1}'
root
daemon
bin
```

统计/etc/passwd：文件名、每行的行号、每行的列数、对应的完整行内容如下所示。

```
# awk  -F ':'  '{print "filename:" FILENAME ",linenumber:" NR ",
columns:" NF "
,linecontent:"$0}' /etc/passwd
filename:/etc/passwd,linenumber:1,columns:7,linecontent:root:x:0:
0:root:/root:/bin/bash
```

```
    filename:/etc/passwd,linenumber:2,columns:7,linecontent:bin:x:1:
1:bin:/bin:/sbin/nologin
    filename:/etc/passwd,linenumber:3,columns:7,linecontent:daemon:x:
2:2:daemon:/sbin:/sbin/nologin
    filename:/etc/passwd,linenumber:4,columns:7,linecontent:mail:x:8:
12:mail:/var/spool/mail:/sbin/nologin
```

3. SED

SED 功能与 AWK 类似，是一个十分好用的编辑器，主要用来自动编辑一个或多个文件、简化对文件的反复操作、编写转换程序等，其格式如下所示。

```
sed [options] 'command' {script-only-if-no-other-script} [input-
file]
```

SED 常用参数如表 10-7 所示。

表 10-7　SED 常用参数

参　数	描　述
-n	silent 模式，只打印经过 sed 特殊处理行
-e	指令列模式上进行 sed 动作编辑
-f	将 sed 的动作写在文件内
-r	预设基础正规表示法语法
-i	直接修改读取文件内容，不在屏幕上打印

删除/tmp/passwd 第一行示例如下。

```
# sed '1d' /tmp/passwd
```

在/tmp/passwd 最后一行直接插入"END"示例如下。

```
# sed -i '$a END' /tmp/passwd
```

4. Head/Tail

Head 命令用于查看具体文件的前几行内容，Tail 命令用于查看文件的后几行内容。它们是用来显示开头或结尾某个数量的文字区块的命令，其格式如下所示。

```
head [-n] file
tail [+/-n] [options] file
```

查看动态刷新的文件如下所示。

```
# tail -f /var/log/messages
匹配Linux操作系统/etc/passwd前10行中含有"nologin"的行
# head -n 10 /etc/passwd | grep nologin
```

```
bin:x:1:1:bin:/bin:/sbin/nologin
daemon:x:2:2:daemon:/sbin:/sbin/nologin
adm:x:3:4:adm:/var/adm:/sbin/nologin
lp:x:4:7:lp:/var/spool/lpd:/sbin/nologin
mail:x:8:12:mail:/var/spool/mail:/sbin/nologin
uucp:x:10:14:uucp:/var/spool/uucp:/sbin/nologin
```

5. Mtail

Mtail 是一个用于从应用程序日志中提取指标，并导出到时间序列数据库，以进行警报和仪表板显示的日志解析工具。它实时读取应用程序的日志，并且通过解析脚本、实时分析，最终生成时间序列指标。解析脚本格式如下所示。

```
COND {
  ACTION
}
```

示例：在下面的解析脚本中，error_count 是一个变量值，脚本表示匹配日志文件中"ERROR"出现的次数，当匹配到一次时则加 1，即统计日志中包含 ERROR 字串的行数。

```
counter error_count
/ERROR/ {
  error_count++
}
```

6. Logstash

Logstash 是一个数据收集处理引擎，包含"input(输入)—filter(筛选)—output(输出)"三个阶段的处理流程。

在输入方面，Logstash 支持动态地采集、转换和传输数据，不受格式或复杂度的影响。利用 Grok（Grok 是一个可通过预定义的正则表达式，来匹配分割文本并映射到关键字的工具，原理与 Mtail 类似，此处不再单独介绍）从非结构化数据中派生结构。例如，从 IP 地址解码地理坐标，匿名化或排除敏感字段并简化整体处理过程等。早期的 ELK 架构中使用 Logstash 收集、解析日志，但是由于 Logstash 对内存、CPU、IO 等资源消耗比较高，其采集日志的职能逐步被轻量级的采集套件 Beat 取代，Logstash 则更加聚焦于数据解析与筛选。

在筛选方面，Logstash 支持实时解析和转换数据。在数据从源传输到存储库的过程中，Logstash 过滤器能够解析各个事件，识别已命名的字段以构建结构，并将它们转换成通用格式，以便进行更强大的分析和实现商业价值。Logstash 能够动态地转换和解析数据，不受格式或复杂度的影响。

在输出方面，Logstash 提供众多输出选择（如 elasticsearch、CSV、file、kafka、websocket 等），可以将数据发送到指定的地方，并且能够灵活地解锁众多卜游用例。如图 10-11 所示为 Logstash 架构图。

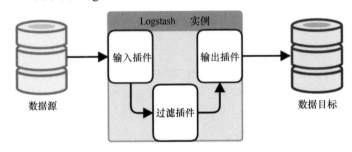

图 10-11　Logstash 架构图

7. SPL

SPL 是一种基于 splunk 的日志分析语言，提供了 140 多种命令，可在同一个系统内进行日志搜索、关联、分析和可视化。SPL 可通过命令的组合或结合正则表达式，轻松地在海量数据中找到所需要的数据。

示例：搜索所有来自主机名包含"APP"的日志。

```
Index=* AND Host=*APP*
```

示例：关键字包含"ERROR"的日志。

```
Index=* AND "ERROR"
```

10.8.2　正则表达式

绝大多数日志分析系统均基于正则表达式匹配字符串。正则表达式的概念来自神经学。在最近的 60 年，正则表达式逐渐从模糊而深奥的数学概念，发展成计算机各类工具和软件包应用中的主要功能。

正则表达式是对字符串操作的一种逻辑公式，就是用事先定义好的一些特定字符，以及这些特定字符的组合，组成一个"规则字符串"，这个"规则字符串"用来表达对字符串的一种过滤逻辑。正则表达式已经在很多软件中得到广泛的应用，包括类 UNIX 操作系统、PHP、C#、Java 等开发环境，以及在很多应用软件（日志易、splunk、ELK）中，都可以看到正则表达式的身影。

下面简要介绍正则表达式的基本概念。

1. 元字符

常用的元字符如表 10-8 所示。

表 10-8　常用的元字符

字　　符	说　　明
.	匹配除换行符外的任意字符
\w	匹配字母、数字、下画线或汉字
\s	匹配任意的空白符
\d	匹配数字
\b	匹配单词的开始或结束
^	匹配字符串的开始
$	匹配字符串的结束

例如，匹配以 1 开始的字符串可表述为：^1。

2. 字符簇

使用[]将需要匹配的字符括起来的方法称为字符簇。

例如，[a-z]、[A-Z]、[aeiouAEIOU]、[.?!]等。

3. 限定符

常用的限定符如表 10-9 所示。

表 10-9　常用的限定符

字　　符	说　　明
*	重复零次或更多次
+	重复一次或更多次
?	重复零次或一次
{n}	重复 n 次
{n,}	重复 n 次或更多次
{n,m}	重复 n 到 m 次

例如，匹配 QQ 号码（5~12 位的数字），可表述为：\d{5,12}。

4. 转义符

当需要查找^或$，而该字符自身为元字符时，可以使用\来取消这些字符的特殊意义。

例如，C:\\Windows\\System32 匹配 C:\Windows\System32。

5. 选择符

当有多种条件时，可使用|将各条件分割开，标示"or"的关系。

例如，匹配首尾空白字符的正则表达式为：^\s*|\s*$。

6. 反义符

匹配不包含某字符或某字符串的字符串，常见反义符举例如表 10-10 所示。

表 10-10　常见反义符举例

字　　符	说　　明
\W	匹配任意不是字母、数字、下画线、汉字的字符
\S	匹配任意不是空白符的字符
\D	匹配任意非数字的字符
\B	字符边界匹配符，通常用于匹配（定位）字符串开头或结尾的位置，或者匹配（定位）字符和非字符之间的位置
[^abcd]	匹配除 abcd 这几个字母外的任意字符

例如，匹配首尾空白字符的正则表达式为：^\s*|\s*$。

7. 注释符

正则中使用(?#comment)来包含注释。

例如，2[0-4]\d(?#200-249)|25[0-5](?#250-255)|[01]?\d\d?(?#0-199)。

8. 正则表达式举例

（1）校验普通电话、传真号码：可以"+"或数字开头，可含有"–"和" "。

```
/^[+]{0,1}(\d){1,3}[ ]?([-]?((\d)|[ ]){1,12})+$/
```

\d：用于匹配从 0 到 9 的数字。

"?"元字符规定其前导对象必须在目标对象中连续出现零次或一次。

可以匹配字符串：+123 -999 999；+123-999 999；123 999 999；+123 999999 等。

（2）验证身份证号。

```
^[1-9]([0-9]{16}|[0-9]{13})[xX0-9]$
```

可以匹配 15 或者 18 位的身份证号。

（3）验证 IP。

```
^(25[0-5]|2[0-4][0-9]|[0-1]{1}[0-9]{2}|[1-9]{1}[0-9]{1}|[1-9])\.
(25[0-5]|2[0-
4][0-9]|[0-1]{1}[0-9]{2}|[1-9]{1}[0-9]{1}|[1-9]|0)\.(25[0-5]|2[0
```

```
-4][0-9]|[0-1]{1}[0-9]{2}|[1-9]{1}[0-9]{1}|[1-9]|0)\.(25[0-5]|2[0-4]
[0-9]|[0-1]{1}[0-9]{2}|[1-9]{1}[0-9]{1}|[0-9])$
```

10.8.3　日志监控策略

有了正则表达式，我们就可以快速对日志的要素进行解析。如何从海量的解析好的日志中进一步提取人们关注的信息，将运维人员关注的关键信息第一时间推送至相关人员处，则需要配置日志监控策略。下面将逐一介绍日志监控策略的基本要素：日志路径、监控时间、监控关键字、告警级别、触发逻辑。

1. 日志路径

日志路径指明了监控的日志存放的具体位置，通常包含服务器名、IP 地址、日志存放路径等信息。

2. 监控时间

监控时间即什么时间对日志进行监控。常见的如 5×24 小时监控、7×24 小时监控等。常通过 Cron 表达式来进行时间判断。

例如，每天上午 10:15 触发。

```
0 15 10 * * ? *
```

再如，每 5 分钟触发一次。

```
0 0/5 * * * ? *
```

在实际监控中，有时也会需要较为复杂的时间计算规则，如是否为工作日、节假日、交易日、每个月最后一个工作日等。

3. 监控关键字

监控关键字即检测当日志中出现某个指定的关键字时则发出告警，如 error、critical、fatal 等。

在某些情况下，也会进行全词匹配监控，即当日志文件打印了任意字符（有更新）时，则发出告警。

在下面的例子中，当检测日志中出现 severity="CRITICAL"或 severity="FATAL"关键字时，则触发告警。

Tivoli 系统日志监控策略样例如下。

```
REGEX JmxNotifications-log__Critical<br/>
(.*(severity=\"CRITICAL\"|severity=\"FATAL\").*) <br/>msg $2<br/
>detail $1 CustomSlot1
```

4. 告警级别

日志监控需要指定告警触发的级别，常见的级别有以下几种，告警级别按照严重程度由低到高排列，如表 10-11 所示。

表 10-11　告警严重程度举例

告警级别	严重程度
0	正常
1	通知
2	无碍
3	警告
4	次级严重
5	严重

5. 触发逻辑

常见的触发逻辑有三种，即正逻辑、反逻辑和复杂逻辑。

正逻辑，即当检测到某个特定关键字时就告警。反逻辑，即检测不到某个特定关键字就告警。复杂逻辑包括如同时检测到多个特定关键字就告警（A&B）；一段时间内检测到 5 次关键字才告警；出现 A 且不出现 B 才告警等。

当监控系统匹配到对应的关键字和触发逻辑时，一般会产生一个告警事件或触发一个对应的动作（action）。这通常需要提前配置，常见的动作有发送短信、发邮件给相关的运维人员，抑或执行某个脚本等。

告警事件通常会发送至告警总线或监控总线，从而方便运维人员进行统一的监控和管理。

10.9　常见日志监控系统

日志监控系统产品有很多，除自研日志系统外，像 ELK、Splunk 都是常见且成熟的日志监控系统，ELK 是当下流行的开源系统，提供了完善的解决方案；Splunk 则是成熟的日志分析产品，也拥有丰富的实践案例；下面分别介绍这两种系统的基本架构和工作原理。

10.9.1　基于 ELK 的日志监控

ELK 是 Elasticsearch、Logstash、Kibana 三大开源框架的首字母大写，市面上也将其称为 Elastic Stack。其中，Elasticsearch 是一个基于 Lucene 的、通过 Restful

方式进行交互的分布式近实时搜索系统框架。

ELK 使用 Elasticsearch 作为底层支持框架。Logstash 是 ELK 的中央数据流引擎，用于从不同目标（文件/数据存储/MQ）收集不同格式数据，经过过滤后支持输出到不同目的地（文件/MQ/redis/Elasticsearch/kafka 等）。Kibana 可以将 Elasticsearch 的数据通过友好的页面展示出来，提供实时分析的功能。

对应数据分析的不同阶段，ELK 架构可分为以下四层。

（1）数据采集层，通过 Beats 套件采集信息。

（2）数据解析层，提供数据的清洗、解析和过滤等功能。通常通过 Logstash 实现此功能。

（3）数据分析层，主要提供数据检索引擎、规则引擎、性能分析、链路追踪及异常诊断等功能。通常通过 Elasticsearch 来实现此功能。

（4）数据展示层，主要通过前端对数据进行展示，包括动态链路追踪、静态链路展示、大盘展示及索引、数据管理等功能。通常通过 Kibana 来实现此功能。

如图 10-12 所示，Filebeat（面向日志数据）和 Matricbeat（面向硬件指标）负责采集数据，当应用系统产生日志时，Filebeat 会自动读取新增日志，并将日志打标签后发往 Logstash。Logstash 根据配置的规则自动对日志进行筛选。通过 Logstash 筛选的日志会被发送到 Elasticsearch。Elasticsearch 承担了数据的存储和查询等功能。其中，Logstash 和 Elasticsearch 集群原生支持负载均衡和高可用。

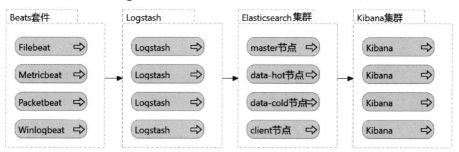

图 10-12　ELK 数据流向图

在日志监控场景下，通常会在 Elasticsearch 中配置全局的定时查询语句，通过 Elasticsearch 的定时查询检测关键字（如每 5 分钟检索全局 error 关键字），当检测到目标关键字时，可将关键字信息上报至告警总线，并及时通知运维人员。

10.9.2　基于 Splunk 的日志监控

Splunk 是大数据领域第一家在纳斯达克上市的公司，Splunk 提供了一个机器数据的搜索引擎。Splunk 可收集、索引和利用所有应用系统、服务器和设备（物理、虚拟和云中）生成的机器数据，轻松在一个位置搜索并分析所有实时和历史数据。使用 Splunk 可以处理机器数据，从而协助解决系统问题、调查安全事件等，避免服务性能降低或中断，以较低成本满足系统的各类运行要求。

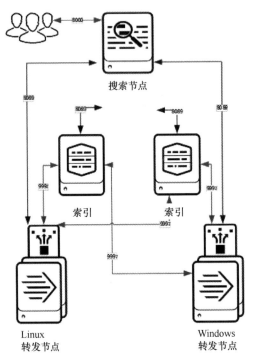

图 10-13　Splunk 架构示意

Splunk 支持在所有主流操作系统上运行，可以实时从任何源索引任何类型的机器数据，可以接收指向 Splunk 服务器的 Syslog（包括安全设备、网络设备）、实时监视日志文件，甚至实时监视文件系统或 Windows 注册表中的更改等，还支持通过自定义脚本获取系统的指标。Splunk 的采集适配范围覆盖了几乎所有类型的机器数据；此外，Splunk 还有海量的插件，可提供丰富的扩展功能，运维人员无须单独编写或维护任何特定的分析器或适配器就能采集不同类型的数据。

Splunk 主要由三个部分组成，分别是 Search Head、Indexer 和 Forwarder，Splunk 架构示意如图 10-13 所示。

Search Head 主要用于提供搜索、数据分析和展示的界面。用户通过浏览器直接访问 Search Head 的 Web 界面来查看报表和运行相关搜索语句。Splunk 集成了非常方便的数据可视化和仪表盘功能，并提供了强大的数据搜索语句——SPL 语句，以支持运维人员对机器数据的各种处理操作。可以通过 UI 方便地对 SPL 执行的搜索结果进行可视化分析，以及数据导出等操作。

SPL 语句举例如下。

```
index=app keyword=error
```

上述 SPL 语句表示：搜索 index 是 app 的且关键字是 error 的所有日志。

从功能上看，Search Head 类似于 ELK 的 Kibana，提供了所有的客户端和可视化的功能。此外，Search Head 在运行搜索和报表命令时，为提高搜索效率，会根据相关条件分发搜索命令到每台 Indexer，在获取相应数据后再合并搜索结果，最终汇总计算。这部分功能类似于 ELK 的 Elasticsearch 的功能。

Indexer 提供数据的存储和索引，并处理来自 Search Head 的搜索命令。

Forwarder 负责数据接入，类似于 ELK 中的 Filebeat。Splunk Forwarder 实时将增量数据通过负载均衡方式发送至 Splunk Indexers 进行存储，Indexers 在收到数据后，会将数据保存在指定的目录下，并根据数据类型标记为不同的 sourcetype、source、host 等参数，方便运维人员搜索或分析。

在日志监控场景下，Splunk 与 ELK 相似，通过配置定时查询语句（如每 5 分钟检索全局 error 关键字），与 ELK 不同的是，Splunk 集成了更多的告警触发动作，可以直接对接邮件或自定义脚本等。通过自定义脚本，Splunk 可执行自定义 action，如将关键字信息上报至告警总线。

本 章 小 结

本章从日志的基本概念讲起，依次介绍了日志的概念和常见的应用场景；随后介绍了几种常见的日志类型及格式，包括 W3C ELF、Apache access log 及 Syslog；并进一步介绍了一系列日志的要求规范，如打印规范、轮转归档规范及爆发抑制等。

在众多日志监控系统中，本章归纳了两种基本的日志监控原理，即前置式日志监控和集中式日志监控；并介绍了两种日志监控系统的基本工作原理。随后，结合常见的日志监控场景，详细介绍了包括关键字监控、多节点日志监控、应用系统性能监控、应用系统业务量异常监控及安全监控等日志监控场景，以期给读者详细展示日志监控广泛的应用场景。

接着，按照日志监控的各个阶段，即日志采集与传输、日志解析与监控策略，逐一介绍了设计中要考虑的要点，包括日志的传输方式、日志的解析工具、正则表达式、日志监控策略要素等。

最后，介绍了两种当下较为流行的日志监控系统，希望结合实际系统，展示日志监控系统的各个方面。

第11章

智能监控

目前，市面上的多数 App 都拥有智能推荐功能，基于用户需求向用户推荐真正有价值的信息，如购物网站推荐用户心仪的商品、视频网站推荐用户喜欢的视频。任何推荐不是凭空而来的，用户的性别、年龄、消费能力、喜好、目的等都是推荐的重要依据。

智能监控的核心源于监控数据，日常各类监控软件产生了大量数据，但这些监控数据在大多数企业中往往产生不了过多的价值，仅用于应对审计工作。如何利用好这些运维大数据，其关键在于选择适合的算法，就像购物网站为用户画像一样，我们可以基于监控大数据为各类运维场景画像。运维工作就是故障发现（Do）、故障定位（Check）、故障处置（Act）和故障规避（Plan）的 PDCA 持续改造的过程。使用这些运维场景的画像回馈日常运维，与其他运维系统如 CMDB、ITIL、自动化平台等产生联动提升运维品质，提高运维效率，才是智能监控的价值所在，如图 11-1 所示为关于 AIOps 的思考模型。

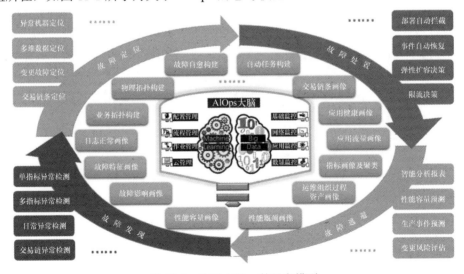

图 11-1　关于 AIOps 的思考模型

11.1 智能监控概述

11.1.1 Gartner AIOps

AIOps（Artificial Intelligence for IT Operations）代表运维操作的人工智能，是谈智能监控逃不开的话题，它是由 Gartner 于 2016 年定义的新类别，至今已在全球顶级互联网与电信企业中有较多落地实践。

Gartner 认为，AIOps 平台是结合大数据、人工智能或机器学习功能的软件平台，用来增强和部分取代广泛应用的现有 IT 运维流程和事务，包括可用性和性能监控、事件关联和分析、IT 服务管理及运维自动化。数据源（Data Sources）、大数据（Big Data）、运算（Calculations）、分析（Analytics）、算法（Algorithms）、机器学习（Machine Learning）、可视化（Visualization）是 AIOps 的数据依赖。AIOps 常被看作对核心 IT 功能的持续集成（Continuous Integration）、持续交付（Continuous Delivery）、持续部署（Continuous Deployment），即 DevOps 的延续，如图 11-2 所示为 Gartner AIOps 模型。

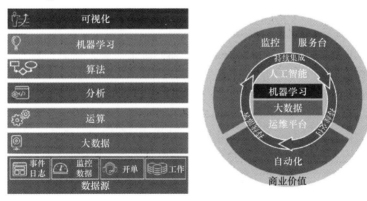

图 11-2 Gartner AIOps 模型

11.1.2 NoOps

2011 年，Forrester 发布 "扩大 DevOps 至 NoOps"（Augment DevOps With NoOps）的报告，其中提到"DevOps 很好，但是云计算将迎来 NoOps"。德勤（Deloitte，德勤会计师事务所是世界四大会计事务所之一）咨询的负责人、云业务 CTO Ken Corless 将 NoOps（No Operations）称为"DevOps 山的顶峰"。Microsoft Azure 全球基础架构副总裁 Rene Head 说，这样一个几乎没有实际运维的环境可以提供更快、更无摩擦的开发和部署体验，意味着对新功能和服务的业务请求来说，有更好的周转时间。

如今，整个 IT 领域变得越来越复杂，云和微服务的出现完美地解决了这些复杂的问题。NoOps 的目标是定义一个过程，无须将 Dev（研发）与 Ops（运营）结合起来，通过设计将所有东西合理部署，无须人工操作。这就是 NoOps 的承诺，它是一种新兴的 IT 趋势，正推动一些组织超越 DevOps 提供的自动化，进入无须运维的基础架构环境，而智能的"监"与"控"在 NoOps 中起到了举足轻重的作用。

11.1.3 智能监控实施路径

由高效运维社区、AIOps 标准工作组发起，数据中心联盟、云计算开源产业联盟指导，根据国内著名 AIOps 学者、互联网领军企业、AIOps 技术集成商等联合发布的《企业级 AIOps 实施建议》白皮书中指出：AIOps 是对我们平时运维工作中长时间积累形成的自动化运维和监控等能力的规则配置部分进行自学习的"去规则化"改造，最终达到终极目标——"有 AI 调度中枢管理的，质量、成本、效率三者兼顾的无人值守运维，力争所运营系统的综合收益最大化"。AIOps 的目标是，利用大数据、机器学习和其他分析技术，通过预防、预测、个性化和动态分析，直接和间接地增强 IT 业务的相关技术能力，实现所维护产品或服务的更高质量、成本合理及高效支撑。

该白皮书中提到 AIOps 的建设并非一蹴而就的，通常可以针对企业某块业务逐渐完善优化，随后逐渐扩大 AIOps 的使用范围，最终形成一个智能运维的流程。该白皮书中对 AIOps 能力分级可描述为如下 5 个阶段，如图 11-3 所示。

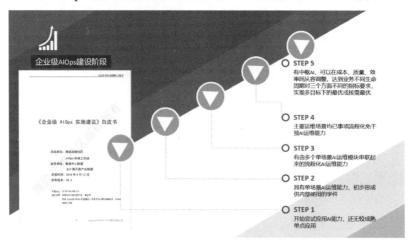

图 11-3　《企业级 AIOps 实施建议》白皮书及能力分级的 5 个阶段

比较业界提出的各类概念，该白皮书很好地给出了企业实现 AIOps 的实施路径和实现方向，其中提到了效率提升、质量保障、成本管理、AIOps 实施及关键技术。本书后续将就监控数据治理、监控动态基线、监控自愈浅述工作中的部分案例与心得。

11.2　监控数据治理

参照 Gartner 的 AIOps 模型，可将数据分层为：Data Sources、Big Data、Calculations、Analytics、Algorithms、Machine Learning、Visualization。我们对数据进行采集、梳理、清洗、结构化存储、可视化管理和多维度分析，数据分层中越往上，价值就越高。

由于监控的专业性，没有任何监控软件能完成所有的监控任务和需求，在集中监控平台中存在着各类监控软件的数据，被监控纳管的模块与模块间、系统与系统间、业务与业务间、监控系统与监控系统间的数据存在天然的"竖井"或"孤岛"。笔者认为，搭建 AIOps 系统就是要破除数据"竖井"，使得零散的数据变为可统一调用的数据；数据从没有或很少组织变成企业范围的综合监控数据；数据从混乱状态到井井有条的一个过程。这个过程也不是"一锤子买卖"，是一个从无到有、从浅到深、从粗到精的持续改善的过程。

11.2.1　大数据平台选型

我们以某监控大数据平台项目为例，项目由开源大数据管理平台 Ambari 搭建，Ambari 是 Apache 软件基金顶级项目，它是一个基于 B/S 架构的 Hadoop 生态管理工具，用于安装、配置、管理和监视整个 Hadoop 集群环境，支持 Hadoop HDFS、Hadoop MapReduce、Hive、HCatalog、HBase、ZooKeeper、Oozie、Pig 和 Sqoop。

Ambari 通过一步步的图形化安装向导方式简化 Hadoop 集群部署与组件管理。预先配置好关键的运维指标（Metrics），可以直接查看 Hadoop Core（HDFS 和 MapReduce）及相关组件（如 HBase、Hive 和 HCatalog）的健康状态。支持作业与任务执行的可视化，能够更好地查看组件之间的依赖关系和性能资源消耗，用户界面非常直观，用户可以轻松有效地查看信息并控制集群。Ambari 产品是由 Apache 软件基金会维护的，完全开源。

11.2.2　大数据平台设计

监控大数据平台解决数据生命周期管理的问题，从接入（生成）、计算、存储、分析、分享、归档到清除（消亡），是数据处理及存储能力的体现，如图 11-4 所示。

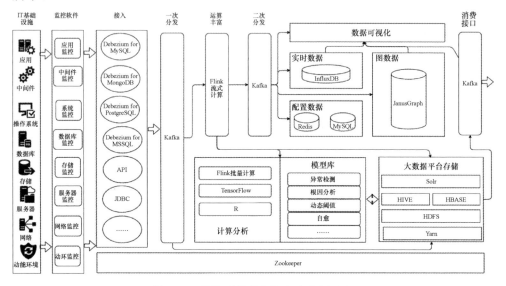

图 11-4　监控系统数据接入大数据平台

（1）源数据（Data Sources）来自项目中企业的各类监控及运维系统，包括 CMDBuild CMDB、天旦 BPC 应用性能监控、ELK 开源日志监控、Splunk 日志监控、Tivoli ITM IT 基础监控、Zabbix IT 基础监控、IBM System Director 小型机监控、IBM TPC 存储监控、新华三 U-Cloud 网络监控。

（2）结构与非结构化的数据通过数据处理接口（ETL）汇聚到 Kafka 做一次分发，完成原始数据接入。本项目使用的 Debezium 是一个开源项目，为捕获数据更改（Change Data Capture，CDC）与 Kafka 配合，实现了持久性、可靠性和容错性，另外，拥有标准可靠的原始接口，如 Zabbix 通过 binlog 方式进行汇聚、OMNIbus 事件通过 JDBC 方式进行集成等。

（3）Kafka 在平台中还有一个重要的功能，作为 OMNIbus 的一个缓冲区，抑制告警。拥有 OMNIbus 经验的人都知道，它是一个基于 Sybase 的内存数据库，能以最高效率的路由接入数据，但如果遇到告警风暴则非常致命，我们无法截断告警风暴，引入 Kafka 设置 15～30 秒的事件缓冲时间，可以有效地在事件汇聚中自动阻断告警风暴，事件通知方也几乎不会感觉到告警延迟。

（4）选用 Flink 批量计算框架来实现历史数据的分析，如动态阈值、根因分析等，也结合 Flink 流式计算框架进行实时数据与动态基线的异常检测等。

（5）要将不同类型的数据录入合适的存储仓库中，如性能容量数据录入 HBASE 和 InfluxDB，HBASE 是结构化数据的分布式存储系统，主要存储实时采集的各类被监控设备的性能数据，为后续实现动态基线的计算奠定基础；InfluxDB 时序数据库为报表提供数据，能够极大地提高报表的查询效率，提升用户体验。使用 Redis 缓存使用率较高的配置数据，如 Zabbix 的主机信息、监控项信息等缓存，以提高数据读取速度。MySQL 会存储所有的配置信息。JanusGraph 图数据库存储根因分析中产生的根因树相关关系类数据。

（6）其他运维系统可以将 Kafka 消费监控大数据平台产生的各类数据和模型应用于生产运维中。

11.2.3　监控运维数据治理

1. CMDB 配置管理数据

针对 CMDBuild 配置管理库，CMDB 数据接入大数据平台如图 11-5 所示。

（1）定时同步获取 CMDB 资源数据和关系数据至 Kafka。

（2）消费 Kafka 中资源和关系数据，同步到智能运维项目中的数据存储中。

（3）消费 Kafka 中资源和关系数据进行根因分析、异常检测及动态基线计算。

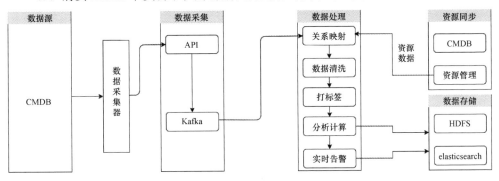

图 11-5　CMDB 数据接入大数据平台

2. Zabbix IT 基础监控数据

针对 Zabbix 监控系统，Zabbix 数据接入大数据平台如图 11-6 所示。

（1）开启 Zabbix Server MySQL 数据库 binlog 配置。

（2）在 Zabbix Server 所在服务器上安装 Debezium for MySQL，采集 Zabbix server 数据库产生的 binlog 文件。

（3）数据处理器消费 Kafka 中的数据，对数据进行关系映射、数据清洗、打标签、分析计算、实时告警等操作。

（4）最终将性能数据和产生的告警数据分别存储在 HDFS 和 elasticsearch 里。

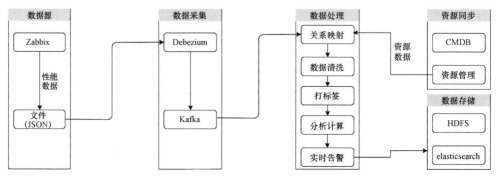

图 11-6　Zabbix 数据接入大数据平台

3. U-Cloud 网络监控数据

针对 U-Cloud 网络监控，通过定制采集器定时调用 U-Cloud API 接口获取网络性能数据，送入 Kafka 中供数据处理器进行消费，对数据做关系映射、数据清洗、打标签、分析计算、实时告警等操作，最后将数据同时存储在 HDFS 和 elasticsearch 里，如图 11-7 所示。

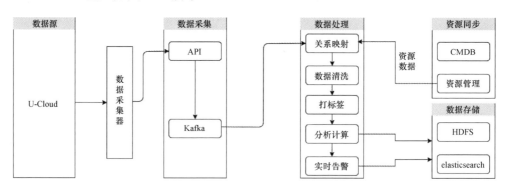

图 11-7　U-Cloud 数据接入大数据平台

4. OMNIbus 告警数据

针对 OMNIbus 事件平台，通过使用 Kakfa 的方式接收集中告警平台的告警数据，再统一供数据处理器消费，进行关系映射、数据清洗、打标签、分析计算、实时告警，最后将数据同时存储在 HDFS 和 elasticsearch 里，如图 11-8 所示。

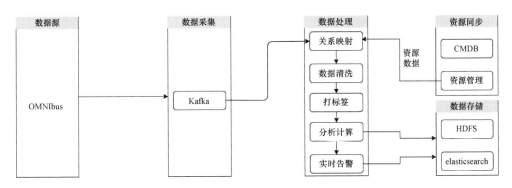

图 11-8　OMNIbus 事件平台数据接入大数据平台

▶ 11.3　监控动态基线

2019 年 7 月 30 日至 8 月 1 日，某企业发生了一次事故：该企业的某重要业务模块需要调用企业内短信平台发送业务类短信通知，由于业务量激增，短信平台队列堵塞，而该企业的监控告警也是对接该短信平台的，故所有监控告警也无法发送，多起生产事件通知延误。如下是该短信平台主备两台服务器的资源使用情况，请关注报表中主服务器资源使用情况，如图 11-9 所示。

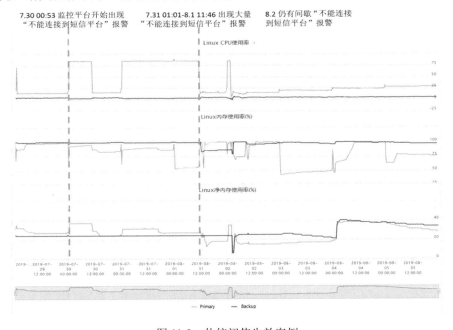

图 11-9　传统阈值失效案例

虚线间区域为事故发生时间段，根据图 11-9 的实时资源报表展示，事故期间，Linux 内存使用率和 Linux 净内存使用率均处于正常状态。Linux CPU 使用率在事故期间长时间冲高并维持在 77%左右，在该企业的 CPU 监控告警阈值为超过 80% 则告警，所以监控系统针对该类监控无法生成告警。同理，如果该服务器上的短信业务系统异常宕机，CPU 资源释放并跌落到如 10%时，通过传统阈值也是无法发现异常的。那么我们应该如何应对这种情况呢？

传统的资源使用阈值一般为固定值，如 80%，在时序报表中表现为一条直线。所谓的动态阈值就是根据资源历史时序性指标使用情况通过统计学的方式，生成基于每个时间点的时序性动态基线，在时序报表中常表现为一条曲线，它反映了过去一段时期的指标趋势，我们可以基于动态基线检测资源异常情况并生成告警。

11.3.1 动态阈值设计与计算

在介绍动态阈值前有必要先了解如下几个概念。（注：由于篇幅有限，详细内容请大家自行查阅相关资料。）

1. AIC

Akaike Information Criterio（AIC），赤池信息量准则是衡量统计模型拟合优良性的一种标准，由日本统计学家赤池弘次创建，AIC 建立在熵概念的基础上，可衡量所估计的模型的复杂度和模型拟合数据的优良性。

2. SPC

Statistical Process Control（SPC），统计过程控制是一种借助数理统计方法的过程控制工具，用于趋势检测，判定性能数据趋势异常，如以 5 分钟为采样间隔，在 1 小时内采集的实时数据连续 6 个采样点递增或递减，则判定为异常（SPC 常用判定为异常的准则：连续 6 个采样点递增或递减）。

3. 3σ

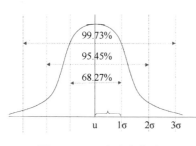

图 11-10 正态分布曲线

正态分布，也称常态分布，是在数学、物理及工程等领域都非常重要的概率分布，表现为两头低、中间高，左右堆成的钟形曲线，如图 11-10 所示。

3σ 用于偏移幅度异常检测，实时性能容量与动态基线出现偏移，如偏移一个 σ 则触发 warning 级别告警，偏移两个 σ 则触发 critical 级别告警，偏移三个 σ 则触发 fatal 级别告警。

4. ARIMA

ARIMA（Auto-Regressive Integrated Moving Average model，差分整合移动平均自回归模型），又称整合移动平均自回归模型，是时间序列预测分析方法之一，可作为性能数据预测的算法。

传统阈值的设置根据设备运行过程测量值给出一个固定阈值，固定阈值通常是不变的。动态阈值随着设备资源使用情况而变，具体变化表现在不同的时间点资源使用情况不同，阈值也不同。动态阈值计算方式是对设备运行时间的横切，如连续 30 天内的 1 点钟、2 点钟、3 点钟，每个时间点有 30 个数据，通过对这 30 个数据噪声过滤处理后，结合概率分布算法、区间取数法、AIC 准则运算后得出该时间点的上下基线，上下基线结合 3σ 等计算出告警阈值，如图 11-11 和图 11-12 所示。

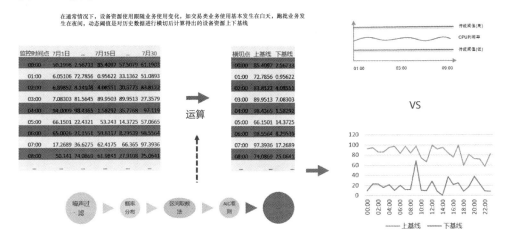

图 11-11　传统阈值与动态阈值

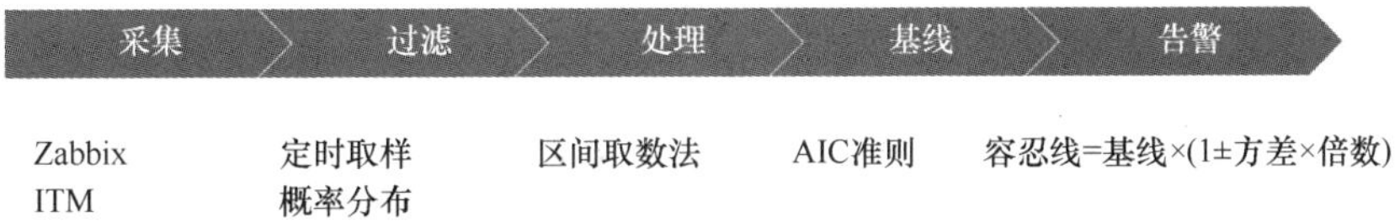

采集	过滤	处理	基线	告警
Zabbix ITM	定时取样 概率分布	区间取数法	AIC准则	容忍线=基线×(1±方差×倍数)

图 11-12　动态阈值计算流程

从 Zabbix、ITM 监控系统中定时获取一段周期的性能数据（如 30 天内每 15 分钟一个采样点），将取到的样本数据应用区间取数法分成多个数据组（如 30 天内 00:00 的 CPU 性能有 30 个数据，置信度按 0.8 计算，那可信赖数据为 24 个数据，然后从最早一天做窗口滑动，每次取 24 个数据，分成 6 组），计算每个数据组的方差，以方差为标准应用 AIC 准则，找到最佳的数据组，该数据组的最大值、最小值分别为上基线、下基线，这个数据组的方差为偏移单位。上容忍线就是上基线+N 倍偏移单位，下容忍线就是下基线-M 倍偏移单位。

另外，批量计算程序从 Hbase 中获取性能数据，由于生产过程中数据有大量噪声点，我们需要经过假日数据剔除、峰值数据剔除、变更数据剔除、人工定制剔除等规则降噪。

11.3.2 基于动态阈值异常检测

在项目中，我们使用 3σ 检测资源的幅度异常，SPC 判定规则中 7 点法（连续 7 个点位于中心线的同一侧，说明数据的控制中心偏离了原来的预期，需要做出相应的调整）和 6 点法（连续 6 个点上升或下降，数据持续变化反应零件的单向趋势，这对正态分布来说是非常不合理的现象，因此要考虑异常的可能性）在实际应用中比较可靠。如图 11-13 为基于动态阈值的异常检测判定方法流程图。

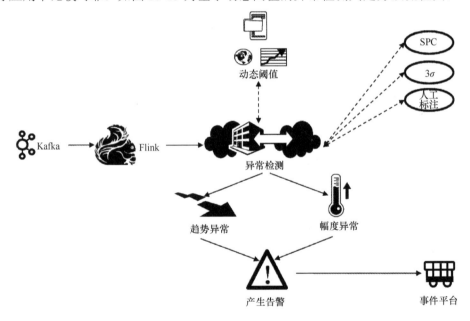

图 11-13　基于动态阈值的异常检测判定方法流程图

11.3.3 监控动态阈值案例

图 11-14 是 Linux 服务器 CPU 使用率动态阈值，实际值曲线为服务器实际 CPU 使用率，浅灰色区域为动态阈值上下限间的资源正常区域，预测值曲线是资源预

测数据。

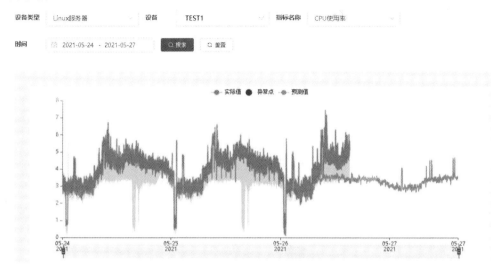

图 11-14　Linux 服务器 CPU 使用率动态阈值

图 11-15 是 Linux 净内存使用率动态阈值俘获异常情况，在异常点标示时段，服务器上运行的 4 个进程异常宕机。

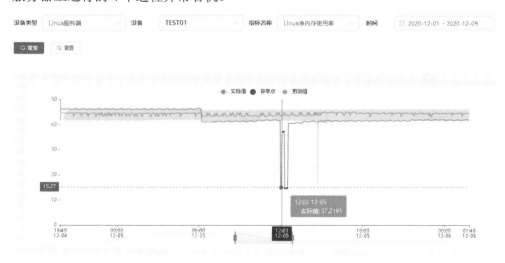

图 11-15　Linux 净内存使用率动态阈值俘获异常情况

单个进程对整台服务器的资源影响不一定大，监控服务器的总体资源情况不能清晰地反映进程状态。动态阈值还可以有更高的颗粒度，如配置单个进程的资源使用情况。异常点标示的***-process-launcher 进程 CPU 使用率突然冲高，需要持续关注相关业务情况，如图 11-16 所示为进程 CPU 使用率动态阈值俘获异常情况。

图 11-16　进程 CPU 使用率动态阈值俘获异常情况

11.4　监控自愈

如图 11-17 所示，在监控的几个阶段中，监控自愈就是故障止损过程中的实现方法，通过监控感知并自动修复故障。

图 11-17　监控的几个阶段

11.4.1　什么是自愈

关于监控自愈，不同企业有不同的定义，综合不同企业的监控自愈关键字，总结如图 11-18 所示。

通过自动化处理来节省人力投入，通过预设定的恢复流程让恢复过程更可靠，通过并行分析实现更快的故障定位和恢复，最终减少业务损失的风险。（腾讯-蓝鲸）

什么是监控自愈？

图 11-18　什么是监控自愈

通过自动化、智能化处理故障，节省人力投入，通过预设定的处理流程和智能化判断策略，提高故障处理的可靠性，同时降低故障时间，为业务可用性保驾护航。（百度云）

Use the Action tab to send a command to a managed system or a message to the universal message console view when the situation becomes true. You might want to log information, trigger an audible beep, or stop a job that is over using resources.（当情境发生时，使用 Action 选项卡将命令发送到托管系统或将消息发送到通用消息控制台视图。您可能希望记录信息、触发告警或停止资源的作业。）（Tivoli）

1. 监控自愈

监控软件是故障告警的触发器，不少监控软件也自带自愈模块，如 Tivoli ITM/ITCAM、Zabbix 等。当某类事件发生后，Zabbix 可以通过 Actions 模块针对 Target list（执行动作的设备）执行某 Type（执行动作的类型）的 Commands（执行动作的具体内容），Execute on（执行动作的位置）为 Zabbix agent、Zabbix server（Proxy）或 Zabbix server，如图 11-19 所示。

2. 自动化

当然，也不是所有的监控软件都包含监控自愈模块，传统监控软件提供的自愈模块仅能做简单的命令和脚本调用，自愈操作的逻辑只能通过编写脚本控制，无法实现复杂操作。

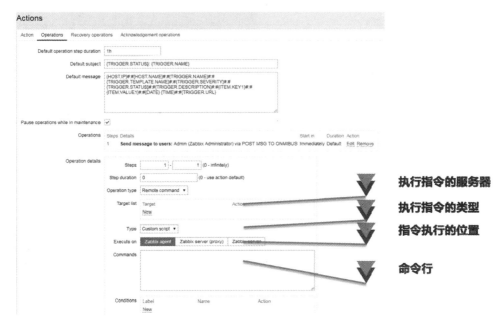

图 11-19 Zabbix Actions（自愈模块）

监控自愈的基础是自动化工具。近年来，在运维界涌现了大量的自动化工具，其中 Ansible 风头尤盛。在 2015 年 10 月，也就是 Ansible 面世的 3 年后就被 RedHat 官方收购，在 GitHub 上关注量的增涨也极为迅猛，如图 11-20 所示为自动化工具 2016—2020 年发展趋势。

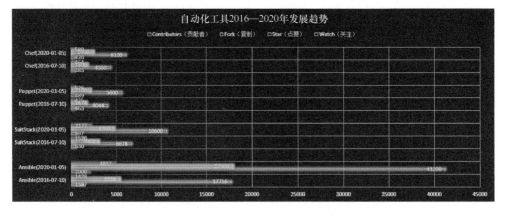

图 11-20 自动化工具 2016—2020 年发展趋势

可以看出，短短 4 年间，Ansible 的 Contributors（贡献者）、Fork（复制）、点赞（Star）、关注（Watch）出现了 2～3 倍的增长，远远超过 SaltStack、Puppet、

Chef 的相关量。红帽 RHEL（Red Hat Enterprise Linux）8 的 RHCA（Red Hat Certified Engineer）认证也将成为 Ansible 的主场。监控软件与 Ansible 集成构成监控自愈模块是自愈开发与设计的发展方向。

3. 故障定位

故障定位是自愈流程规则执行的难点，故障问题多样、同一种故障的原因也多样，我们不可能实现所有问题都能故障自愈，所以我们将问题的定位与故障排查从依靠人工决策逐步过渡到依靠机器决策，针对能实现故障自愈的部分进行告警分析，在获取到特定的告警后再触发相应的自愈动作。

4. 预设定流程

与传统生产故障排除一样，监控自愈不是"黑盒"魔法，它是通过总结某种或某类监控生产故障，人工整理出来的一套切实有效的故障排除方法。通过自愈模块对故障排除流程进行预定义。

5. 标准化

二八定律告诉我们，运维管理过程中 80% 的故障止损流程可以做标准化处理，自愈流程就是这种标准化的成果。标准化会带来运维质量的全面提升，有效减少故障止损时间，易于故障的识别和处理，降低监控运维人员的重复劳动强度。

6. 故障恢复

对于告警来说，每天数量巨大的告警绝大部分都是属于通知性的，如 CPU 使用率达到 85%、目录使用率达到 80% 等。这类问题不会立即造成系统故障，但存在一定的隐患，对于目前国内许多企业来说，没有处理也没出问题则关系不大，一旦出现问题而没有处理则责任重大，许多运维团队对这类告警的处理非常头疼，目前大部分企业都配备 7×24 小时的运维值班人员专职进行告警的处理，但一线值班人员对于全系统的告警处理专业性不够，仍经常把二线人员叫来处理告警，非常麻烦，因此告警的自动化处理非常有必要。告警是基于规则的，具有自动处理的现实性，例如，某个文件系统满了，只需要根据既定的规则清理目标文件即可，这样告警发生时即刻触发自动处理的脚本，确保故障处理 100% 的及时率，同时也能快速将问题、故障消灭在萌芽状态，有力保障系统的稳定运行。

7. 风险

故障从产生到结束的整个生命周期都存在风险，在故障未恢复之前可能会造成业务系统的迟滞、中止、响应时间过长等影响，给用户带来不好的体验。在整个故障处理过程中，单就故障止损来说，标准的故障处理流程可使故障时间显著减少、风险降低。

8. 无人值守

自愈流程的执行具有一定的智能化，流程的执行不需要运维人员干预，依靠预先定义的规则和策略实现无人值守式执行。

9. 时间/损失

故障会直接对业务系统的可用性或效率造成影响，进而影响企业的经济和社会效益。我们常用来衡量故障相关的参数有两个，分别是 MTTR（Mean Time To Repair，平均修复时间）和 MTBF（Mean Time Between Failures，平均故障间隔）。

MTBF：是衡量一个产品的可靠性指标，它反映了产品的时间质量，是体现产品在规定时间内保持功能的一种能力。具体来说，是指相邻两次故障之间的平均工作时间，也称为平均故障间隔。MTBF 的数学表达式如下：

$$MTBF = \frac{\Sigma(downtime - uptime)}{failuretimes}$$

可简单地描述为，MTBF（时间/次）=总运行时间÷总故障次数。例如，某设备在使用过程中运行 100 小时后，耗时 3 小时修理，在运行 120 小时后，耗时 2 小时修理，在运行 140 小时后，耗时 4 小时修理，则 MTBF=（100+120+104）÷3=120（小时/次）。

MTTR：是描述产品由故障状态转为工作状态的修理时间的平均值。产品的特性决定了平均值的长短，例如，硬盘错误的自动修复机制所消耗的平均时间，或者整个机场的电脑系统从发生故障到恢复正常运行状态的平均时间。在工程学中，"平均修复时间"是衡量产品维修性的值，因此这个值在维护合约里很常见，并以之作为服务收费的准则。

平均修复时间记为 MTTR 或 $\overline{M_{ct}}$，其度量方法为在规定的条件下和规定的时间内，产品在任意一个规定的维修级别上，修复性维修总时间与在该级别上被修复产品的故障总数之比。

设 t_i 为第 i 次修复时间，N 为修复的次数，表达式如下。

$$\overline{M_{ct}} = \frac{\sum_{i=1}^{N} t_i}{N}$$

可简单地描述为，MTTR（时间/次）=总修复时间÷总故障次数。例如，某设备在使用过程中运行 100 小时后，耗时 3 小时修理，在运行 120 小时后，耗时 2 小时修理，在运行 140 小时后，耗时 4 小时修理，则 MTTR=（3+2+4）÷3=3（小时/次）。

监控自愈模块可以有效缩短平均修复时间，平均故障间隔时间需要依赖生产系统运维持续改进。

11.4.2　自愈的优势

如图 11-21 所示为在日常运维中，人工处置遇到的问题。

运维时间的问题
夜间告警，运维人员在休息
下班或休假时，运维人员不在数据中心

运维响应的问题
监控告警到运维人员响应 有时延
处理过程需要查询各类资料有时延

运维决策的问题
新人入职，运维人员经验欠缺
没有收集到足够的故障信息

运维操作的问题
应急操作命令错误
应急操作过程不规范

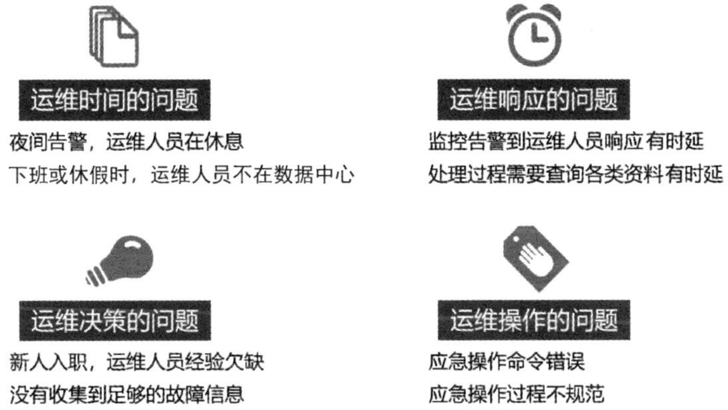

图 11-21　日常运维中人工处置遇到的问题

监控自愈解决了原先企业机构内部在非工作时间系统发生异常也需要靠人工去解决的问题。在运维响应时间上，监控告警通知运维人员本身就有延迟，运维人员还需要在各类运维支持系统上查找资料，这些都会消耗大量宝贵的故障处理时间。新员工入职、运维人员缺少经验、没有收集到足够的信息都会造成故障处置决策中的失败，带来不可弥补的损失。笔者曾自负在无复习的情况下参加了 RHCA 的某门考试，并按照要求完成了考试中的所有题目，结果却没有通过，总结经验为：满足某项运维操作需求的可以有许多条路，但是只有一条路是考试或运维系统需要的，而监控自愈为故障提供了一个标准化的操作流程。

在生产中有 80%的事件是重复发生的，并且有可流程化的步骤。使用 IBM Tivoli ITM/ITCAM 监控的企业就常会遇到，一旦生产环境代理数超过 1000，几乎每天都会有 2~5 个代理出现代理资源占用过高、心跳掉线、性能容量录库异常等故障。从异常巡检到故障处理，假设每天需要耗费约 30 分钟，通过自愈模块对其进行恢复操作，仅本场景全年可释放 30 分钟×365 天= 182 小时的工作时间。监控自愈模块可有效解决人工处理的尴尬，减少运维碎片时间，并能及时恢复生产。

据腾讯-蓝鲸的统计，监控自愈模块的利用能有效节约人力成本 30%，并 500%降低 MTTR，如图 11-22 所示。

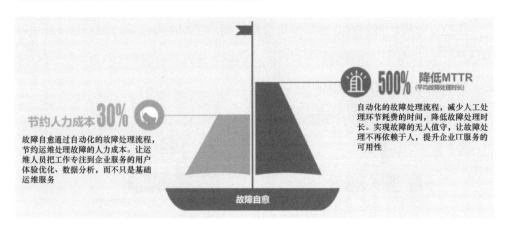

图 11-22　腾讯-蓝鲸统计自愈模块的功效

11.4.3　监控自愈模块设计

监控自愈模块设计如图 11-23 所示。

（1）故障感知：提供业务固定与智慧检测、智能异常检测功能。主要依赖于企业的各类基础监控系统。

（2）根因决策：根据不同感知方式配置不同的处理流程及自动化脚本。运维人员可根据经验证的事件历史处置经验编制监控自愈策略，存放在止损策略库中。

（3）自愈执行：提供单服务器故障处置、跨服务器故障处置、跨平台故障处理方式。主要依赖自动化模块，依照止损策略集中调用资源恢复生产。另外，回滚备份存储可用于自愈过程中的过程数据或状态数据的备份和收集。

（4）止损检测：针对执行完毕的自愈操作配置业务层级的状态检测，保障业务持续可用。

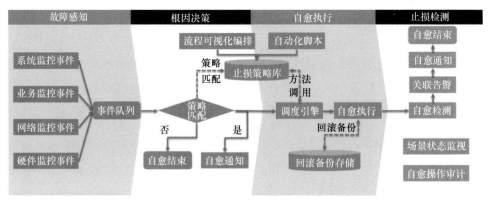

图 11-23　监控自愈模块设计

11.4.4　监控自愈案例分享

某企业使用了 IBM Tivoli ITM/ITCAM 和 Netcool OMNIbus 搭建的 Tivoli 监控解决方案。该方案中使用 Tivoli Server（主备 2 台）、OMNIbus Server（主备 2 台）、Tivoli Remote（主备 3 台）、事件和性能数据库（主备 2 台），共 9 台服务器，涉及近 40 个监控相关模块，一旦某模块出现异常，即使非常熟悉环境的工程师也需要逐层、逐台服务器推演异常原因，在解决问题后还需要逐层、逐模块检查这个监控平台的整体运行情况。

在该企业监控项目中，我们用了一套流程图式的可编辑的自动化模块设计开发了自愈系统，并梳理了整套 Tivoli 监控平台的资源情况及启动和检查顺序，使用自愈系统中的标准调用模块与命令和脚本配合，绘制了整个监控平台自愈流程。如图 11-24 所示为流程图式的自愈流程案例。

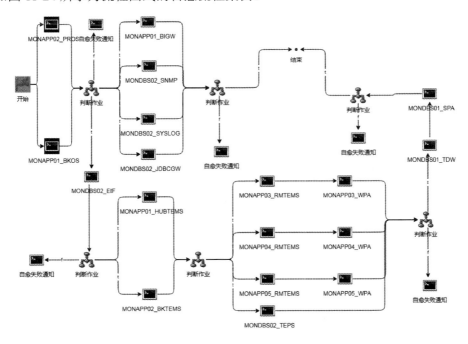

图 11-24　流程图式的自愈流程案例

该模型有效提升了问题解决的效率，当某监控模块出现异常被俘获并生成事件送入事件平台时，事件平台联动自愈系统，遍历策略库找到该事件的自愈策略，并通知事件受理工程师"Tivoli 监控平台××模块工作异常，开始执行××自愈策略。"继而激活策略执行自愈操作，执行完毕后会激活 Tivoli 监控平台可用性检查。如果事件自愈，恢复正常，则通知事件受理工程师"Tivoli 监控平台××模块工作异常，执行××自愈策略，成功。"如果失败则收集实时信息，通知事件受理工程师及时人工干预。监控自愈模块相当于一个自动化的应急切换演练模型，能够做到快速响应、高效恢复、及时止损。

本 章 小 结

本章首先介绍了 Gartner AIOPS、NoOps，以及国内高效运维社区发布的《企业级 AIOps 实施建议》白皮书中的智能监控实施路径；并以项目为案例介绍了监控数据治理工作；详细描述了监控动态阈值的设计与计算、基于动态阈值的异常检测和动态阈值的案例；最后分享了监控自愈的概念及监控自愈实际案例。

参 考 文 献

第 1 章

[1] 徐亮伟. 运维监控体系[EB/OL]. (2019-09-28)[2021-05-01]. https://www.cnblogs.com/deny/p/11605080.html.

[2] IBM.IBM Documentation[DB/OL]. (2021-05-01)[2021-05-01]. https://www.ibm.com/docs/en.

[3] Zabbix.Zabbix documentation[DB/OL]. (2021-08-15)[2021-05-01]. https://www.zabbix.com/documentation/.

第 2 章

[1] 维基百科. Data center[DB/OL]. (2021-08-13)[2021-08-16]. https://en.wikipedia.org/wiki/Data_center.

[2] 维基百科. Mainframe computer[DB/OL]. (2021-08-07)[2021-08-16]. https://en.wikipedia.org/wiki/Mainframe_computer.

[3] 维基百科. Minicomputer[DB/OL]. (2021-07-17)[2021-08-16]. https://en.wikipedia.org/wiki/Minicomputer.

[4] JUJITSU. 刀片服务器的优势[DB/OL]. (2019-02-21)[2021-04-01]. https://www.fujitsu.com/cn/products/computing/servers/primergy/featurestories/fs04-bladeserver.html.

[5] IBM. 管理 HMC[DB/OL]. (2021-05-01)[2021-05-01]. https://www.ibm.com/docs/zh/power7?topic=interfaces-managing-hmc.

[6] Monster 小怪兽. 使用 HMC 管理 Power Linux[DB/OL]. (2020-11-16)[2021-04-01]. https://blog.csdn.net/xinluosiding/article/details/109700520.

[7] 王鸿瑞. Zabbix 通过 HMC 监控 IBM 小机硬件[EB/OL]. (2021-02-03)[2021-08-01]. https://cloud.tencent.com/developer/article/1784189.

第 3 章

[1] 维基百科. 虚拟化[DB/OL]. (2012-11-23)[2021-04-01]. https://zh.wikipedia.org/wiki/%E8%99%9B%E6%93%AC%E5%8C%96.

[2] 维基百科. VMware[DB/OL]. (2021-04-04)[2021-05-01]. https://zh.wikipedia.org/wiki/VMware.

[3] 维基百科. Kernel-based Virtual Machine[DB/OL]. (2021-05-22)[20210601]. https://en.wikipedia.org/wiki/Kernel-based_Virtual_Machine.

[4] Aldin Osmanagic.VMware Monitoring with Zabbix:ESXi, vCenter, VMs(vSphere)

[EB/OL]. (2021-06-10)[2021-06-14].https://bestmonitoringtools.com/vmware-monitoring-with-zabbix-ESXi-vcenter-vm-vsphere/.

[5] Vmware 官方义档. VMware vSphere 文档[EB/OL]. (2021-06-30)[2021-07-01]. https://docs.vmware.com/cn/VMware-vSphere/index.html.

第 4 章

[1] 柴文强, 薛阳. 系统架构设计师教程[M]. 北京: 清华大学出版社, 2012.

[2] 阮一峰. 进程与线程的一个简单解释[EB/OL]. (2013-04-24)[2021-07-01]. http://www.ruanyifeng.com/blog/2013/04/processes_and_threads.html.

[3] 维基百科. Windows Server[EB/OL]. (2021-08-13)[2021-07-01]. https://en.wikipedia.org/wiki/Windows_Server.

[4] DANIEL P.BOVET, MARCO CESATI. 深入理解 LINUX 内核[M]. 中国电力出版社, 2014.

第 5 章

[1] SEBASTIEN GODARD. SYSSTAT 官方文档[EB/OL]. (2020-11-21)[2021-03-14]. http://sebastien.godard.pagesperso-orange.fr/man_iostat.html.

[2] KENNY GRYP. Yoshinorim/mha4mysql-manager[EB/OL]. (2018-03-23)[2021-03-20]. https://github.com/yoshinorim/mha4mysql-manager.

[3] Oracle 官方文档. Oracle Database High Availability[EB/OL]. (2021-06-13)[2021-04-01]. https://www.oracle.com/database/technologies/high-availability.html.

第 6 章

[1] Tomcat 官方文档. The Tomcat Story[EB/OL]. (2021-07-05)[2021-07-10]. http://tomcat.apache.org/heritage.html.

[2] ActiveMQ 官方文档. ActiveMQ Unix Shell Script[EB/OL]. (2021-04-30)[2021-07-10] https://activemq.apache.org/unix-shell-script.

[3] 维基百科.Nginx wiki[DB/OL]. (2021-07-07)[2021-07-11]. https://en.wikipedia.org/wiki/Nginx.

第 7 章

[1] IWANKGB. cAdvisor GitHub[EB/OL]. (2021-07-07)[2021-07-08]. https://github.com/google/cadvisor.

[2] YASONGXU. cadvisor Gitbook[EB/OL]. (2018-05-01)[2021-07-19]. https://yasongxu.gitbook.io/container-monitor/yi-.-kai-yuan-fang-an/di-1-zhang-cai-ji/cadvisor.

第 8 章

[1] Kubernetes 官方文档. Kubernetes 介绍[EB/OL]. (2021-06-23)[2021-07-02]. https://

Kubernetes.io/docs/concepts/overview/what-is-kubernetes/.

[2] Promethes 官方文档. Prometheus 介绍[EB/OL]. (2020-06-21)[2021-07-05]. https://prometheus.io/docs/introduction/overview/.

[3] MARKO LUKSA.Kubernetes in Action[M]. Manning, 2018.

[4] BRIAN BRAZIL. Prometheus:Up & Running Infrastructure and Application Performance Monitoring[M]. OREILLY, 2018.

[5] Node Exporter 官方文档. Node Exporter 介绍[EB/OL]. (2021-03-05)[2021-07-07]. https://github.com/prometheus/node_exporter.

[6] Kube State Metrics 官方文档. Kube State Metrics 介绍 [EB/OL]. (2021-05-20) [2021-07-07]. https://github.com/kubernetes/kube-state-metrics.

第 9 章

[1] BENJAMIN H. SIGELMAN, LUIZ A B. Dapper, a Large-Scale Distributed Systems Tracing Infrastructure[EB/OL]. (2010-04)[2021-04-08]. https://static. googleusercontent.com/media/research.google.com/zh-CN//archive/papers/dapper-2010-1.pdf.

[2] OpenTracing 官方文档. OpenTracing 术语定义[EB/OL]. (2020-08-25)[2021-03-05]. https://github.com/opentracing/specification/blob/master/specification.md#references-betw een-spans.

[3] OpenTracing 官方文档. OpenTracing 最佳实践[EB/OL]. (2017-03-19)[2021-03-06]. https://opentracing.io/docs/best-practices/.

[4] YURI SHKURO. Mastering Distributed Tracing: Analyzing performance in microservices and complex systems[M].Packt, 2019.

[5] AUSTIN PARKER, DANIEL SPOONHOWER. Distributed Tracing in Practice Instrumenting, Analyzing, and Debugging Microservices[M], OREILLY, 2020.

第 10 章

[1] 日志易学院. 日志管理与分析[M]. 北京: 电子工业出版社, 2021.

[2] 郭岩, 等. 网络日志规模分析和用户兴趣挖掘[J]. 计算机学报, 2005, 28(9):1483-1496.

[3] LIM C, SINGH N, YAJNIK S. A log mining approach to failure analysis of enterprise telephony systems[C]. Dependable Systems and Networks With FTCS and DCC, 2008. DSN 2008. IEEE International Conference on. IEEE, 2008.

[4] C GORMLEY. Elasticsearch: The Definitive Guide[J]. Oreilly Media, 2015.

[5] 林英, 张雁, 欧阳佳. 日志检测技术在计算机取证中的应用[J]. 计算机技术与发展, 2010, 20(006): 254-256.

[6] PHILLIP M.HALLAM-BAKER, BRIAN BEHLENDORF. Extended Log File Format (W3C Working Draft WD-logfile-960323)[EB/OL]. (1996-3)[2021-08-16]. https://www.

w3.org/TR/WD-logfile.html.

[7] CHUVAKIN A, SCHMIDT K, PHILLIPS C. Logging and Log Management: The Authoritative Guide to Understanding the Concepts Surrounding Logging and Log Management[J]. Syngress Publishing, 2012.

第 11 章

[1] AIOps. AIOps (Artificial Intelligence for IT Operations)[EB/OL]. (2019-05-28) [2021-08-08]. https://www.gartner.com/en/information-technology/glossary/aiops-artificial-intelligence-operations.

[2] 高效运维社区 AIOPS 标准工作组. 企业级 AIOps 实施建议白皮书[EB/OL]. (2018-06-13)[2021-07-01]. https://download.csdn.net/download/zhucett/10476322.

[3] 苏槐. 数据治理[EB/OL]. (2019-08-14)[2021-07-01]. https://www.infoq.cn/article/ubch5bdk2twgdo5xuzn.

[4] 裴丹. 清华裴丹分享 AIOps 落地路线图，看智能运维如何落地生根[EB/OL]. (2017-11-24)[2021-07-01]. https://www.sohu.com/a/206232614_505827.

[5] 全国质量专业技术人员职业资格考试办公室. 质量专业理论与实务(中级)[M]. 北京: 中国人事出版社, 2010.